园林专业综合实践教程

陈娟　郭英　李锐　著

东南大学出版社
·南京·

图书在版编目(CIP)数据

园林专业综合实践教程 / 陈娟，郭英，李锐著. —
南京：东南大学出版社，2022.8
ISBN 978-7-5766-0189-3

Ⅰ. ①园… Ⅱ. ①陈… ②郭… ③李… Ⅲ. ①园林植
物—高等学校—教材 Ⅳ. ①S68

中国版本图书馆 CIP 数据核字(2022)第 142519 号

责任编辑:朱震霞　　责任校对:子雪莲　　封面设计:顾晓阳　　责任印制:周荣虎

园林专业综合实践教程

YUANLIN ZHUANYE ZONGHE SHIJIAN JIAOCHENG

著　　者：陈娟　郭英　李锐
出版发行：东南大学出版社
社　　址：南京市四牌楼 2 号　　邮编：210096　　电话：025-83793330
网　　址：http://www. seupress. com
电子邮箱：press@seupress. com
经　　销：全国各地新华书店
排　　版：南京新洲印刷有限公司
印　　刷：南京玉河印刷厂
开　　本：787 mm×1 092 mm　1/16
印　　张：13.75
字　　数：330 千字
版　　次：2022 年 8 月第 1 版
印　　次：2022 年 8 月第 1 次印刷
书　　号：ISBN 978-7-5766-0189-3
定　　价：52.00 元

本社图书若有印装质量问题,请直接与营销部联系。电话:025-83791830

前 言

当前,在生态文明理念下,我国城乡园林日益受到重视,对园林专业人才的需求非常迫切。园林专业是一门综合性和实践性很强的专业。随着园林行业的快速发展,新的园林技术和方法不断涌现,对园林专业人才的综合素质以及实践能力等要求越来越高。当前,园林专业人才培养中,多偏重专业理论知识的培养,而实验与实训教学环节薄弱。教材编写是加强专业建设和提高教学质量的重要途径和关键环节。目前,园林专业的教材建设仍面临许多不足,一是理论知识与专业内容联系不紧密,理论性强,但缺少实践内容;二是教材内容老化,没有将前沿理论、新知识和新技术结合到新的教材中,这对于重视实践能力和实用技能的园林专业人才培养来说是不适宜的。

园林的核心是利用植物来进行环境绿化和美化。《园林专业综合实践教程》着重通过实践和实训来验证和应用理论知识,通过园林专业教学中植物类课程的理论要点和实习实践案例,使学生熟悉和掌握园林花卉、树木的识别特征和生态习性,植物造景的原理和方法,植物病虫害防治和栽培养护原理和方法,园林盆景和插花技术,植物组织培养技术,以及园林植物在环境修复中的应用等基础理论知识和实用技能,并能将这些知识运用到园林绿地规划设计中。

本教材的特点表现在:一是内容覆盖面广,知识结构全面,综合性强。本教材将相关内容适当合并,形成以植物为主线的实践教材,将各门园林植物类专业课程的实验内容进行有机结合,选取了各门专业课程中的基本理论和关键技能,避免了课程间在实验内容设置上的重复。二是具有地域性和特色性。园林是城市美化的重要途径,与地方经济建设密切相关,园林植物的选取要注重地域性和特色性,因此,实验和实践内容的设置也应该考虑各个地区的差异。本教材侧重介绍西南地区特色植物类群的识别、应用、养护和病虫害防治内容。三是实践性强。紧密结合国内园林行业发展现状,根据行业需求来编写本教材。紧密围绕园林专业特点,突出园林植物这一主线和核心模块,并通过实训案例的形式来引导学生掌握和应用理论知识点。四是注重基础理论的前沿性。园林行业发展迅速,知识更新快,本教材编写中结合最新的发展趋势,加入新理论、新材料和新技术的内容。

本书由多年从事园林专业教学、科研和工程实践的高校教师编写完成。共分为八章,主要着眼于园林植物的识别、养护及应用方面,特色在于将教学中植物相关类课程模块的基本原理与实习实践案例有机结合,促进了学生主动学习和综合素质的培养。第一章园林植物识别,由郭英和李锐编写;第二章园林植物配置与造景,由梁明霞和王誉绯编写;第三章园林植物盆景制作与插花艺术,由罗国容和杨子宜编写;第四章园林植物的栽培养护,由孙旭东编写;第五章园林植物病虫害防治,由李杨编写;第六章园林植物组织培养技术,由韩素菊和李德会共同编写;第七章园林植物资源开发与产业化,由李锐编写;第八章园林生态工程,由陈娟编写。本书中的部分图片由绵阳师范学院园林和风景园林专业的学生绘制完成,实训参考案例均来自教学实习实践活动。本书可作为园林专业教学中的实习实践指导书和参考书,也可作为园林从业者学习园林植物相关理论知识和实践技能的参考书籍。

　　本书在编写过程中受到来自北京林业大学、四川大学、西南大学、四川农业大学、中科院成都生物所、四川省农科院、四川省自然资源所等高校和研究机构的许多专家和教授的指导和帮助,在此一并致谢。由于时间仓促,书中难免有疏漏和错误之处,敬请各位专家和广大读者指正!

陈娟

2022.7

目　录

第一章　园林植物识别

1.1　植物外部形态特征

　　园林植物种类众多,形态各异。加强对植物茎、叶、花、果等基本形态特征的辨识,有助于识别园林常见植物种类。

1.1.1　茎的形态特征

1. 茎的形态特征

木本植物的茎干内含有大量坚硬的木质化成分,茎的支撑力量很大。

(1)根据植物茎的形态分类

乔木:具有一个独立的、显著的茎干,如柳树、杨树、榆树等。

灌木:没有独立主干或主干不显著,比较矮小,基部常分枝,如蔷薇、月季、牡丹、迎春、紫荆等。

藤本:具有攀缘或缠绕形式的茎,如紫藤等。

(2)根据茎的生长习性分类

直立茎:多数植物的茎背地生长,直立于地面。

缠绕茎:茎细而软,不能直立,只能缠绕在支持物上向上生长的茎,如牵牛。

攀缘茎:茎形成卷须、吸盘等结构攀缘他物生长,如黄瓜。

平卧茎:茎平卧地上,如蒺藜。

匍匐茎:茎平卧地面,节上生根,如甘薯。

2. 茎的分枝

在顶芽生长形成主茎的同时,侧芽也发育形成各级分枝。分枝的产生,使着生其上的叶的数量也随之增加,提高了植物利用阳光和 CO_2 的能力。

植物形成分枝的方式通常有单轴分枝、合轴分枝和假二叉分枝三种。

(1)单轴分枝:主茎顶芽生长旺盛,形成直立粗壮主干,而侧枝的发育程度远不如主茎。侧枝也以同样的方式形成次级侧枝。如松、白杨等。

(2)合轴分枝:顶芽生长一段时间后或死亡,或生长极慢,或分化为花芽,而靠近顶芽的一个腋芽迅速发展成为新枝,代替主茎的位置。不久,这一新枝的顶芽又同样停止生长,再由其侧下的一个腋芽发育成枝条,如此重复进行。这样形成的主轴由一段很短的主茎与各级侧枝分段连接而成。

(3)假二叉分枝:顶芽生长出一段主茎后,或停止发育,或分化为花芽,而其下对生侧芽同时发育形成新枝,新枝的顶芽和侧芽生长活动与主茎相同,如此继续发育。假二叉分枝是合轴分枝的一种特殊形式,它与真正的二叉分枝不同——二叉分枝由顶端分生组织一分为二所致,多见于低等植物。

3. 枝条的形态特征

根据节间长短的不同,可将枝条分为长枝和短枝。

(1) 长枝:节间长的为长枝。

(2) 短枝:节间短的为短枝,短枝一般着生在长枝上。

1.1.2 叶的形态特征

1. 叶形

叶形是指叶片的外形或基本轮廓。

叶形一般根据叶片的长度、宽度的比例以及最宽处的位置来确定分类,如图 1-1 所示。

常见的叶形有针形、披针形、倒披针形、条形、剑形、扇形、心形、倒心形、提琴形、盾形、箭形、菱形、鳞形等。

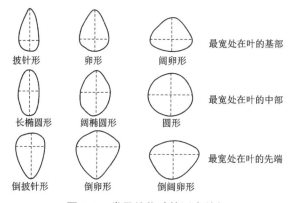

图 1-1　常见植物叶的形态特征

2. 叶端

叶端是指叶片的上端,亦称先端、顶部或上部。

植物种类不同,叶端形态差异很大,主要类型如图 1-2 所示。

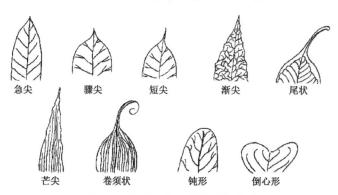

图 1-2　常见植物叶端的形态类型

3. 叶基

叶基是指叶片的基部,亦称下部,主要类型如图 1-3 所示。

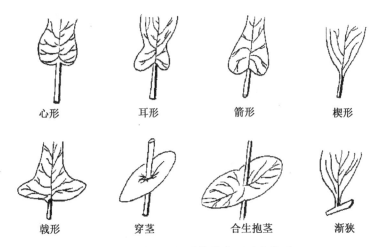

图 1-3 常见植物叶基的主要形态类型

4. 叶缘

叶缘即叶片的边缘,主要类型如图 1-4 所示。

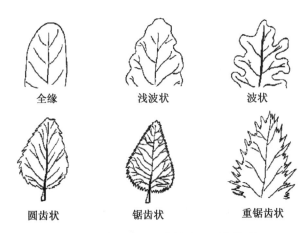

图 1-4 常见植物叶缘的主要形态类型

5. 叶裂

按叶裂的排列形式可分为两大类,在中脉两侧呈羽毛状排列的称为羽状裂,围绕叶基部呈手掌状排列的称为掌状裂,如图 1-5 所示。

图 1-5 常见植物叶裂的主要形态

6. 叶序

叶在茎上排列的方式称为叶序。植物体通过一定的叶序,使叶均匀、适当地排列,以充分地利用阳光,有利于光合作用的进行。叶序的类型如图 1-6 所示。

互生　　　　　　对生　　　　　　轮生

图 1-6　常见植物叶序的主要类型

7. 叶片的质地

植物叶片因薄厚、硬度不同,而表现为不同的质地。常见的叶片质地类型有革质、膜质、草质和肉质等。

革质:叶片的质地较厚而坚韧,如女贞。

膜质:叶片的质地极薄而半透明,如麻黄。

草质:叶片的质地较薄而柔软,如薄荷。

肉质:叶片的质地肥厚多汁,如仙人掌。

8. 叶的类型

植物的叶有单叶和复叶两类。一个叶柄上只生长着一个叶片的称为单叶,如杨树、樟树。两枚及以上分离的小叶共同着生在一个叶柄上,称为复叶,如五加、枫杨等。

根据小叶在叶轴上排列方式和数目的不同,复叶可分为羽状复叶、掌状复叶、三出复叶和单生复叶等。

羽状复叶:多数小叶排列在叶轴的两侧,呈羽毛状,称为羽状复叶,如槐树、番茄、无患子。

掌状复叶:复叶上缺乏叶轴,数片小叶着生在总叶柄顶端的一个点上,小叶呈掌状向外展开,称为掌状复叶,如五加、木通。

三出复叶:只有三片小叶着生在总叶柄顶端。如果三片小叶均无小叶柄,或有等长的小叶柄,称为三出掌状复叶,如酢浆草。

单生复叶:三出复叶侧生的二枚小叶发生退化,仅留下一枚顶生的小叶,外形似单叶,但在其叶轴顶端与顶生小叶相连处有一明显的关节,如橘。单生复叶中,叶轴的两端通常或大或小向外作翅状扩展。

常见植物叶的主要类型如图 1-7 所示。

单叶　　　掌状复叶　　　掌状三出

羽状三出　　二回三出　　三回偶数羽状复叶

奇数羽状复叶　偶数羽状复叶　二回偶数羽状复叶

图 1-7　常见植物叶的主要类型

1.1.3　花的形态特征

从形态和解剖学的角度来看,花是节间极度缩短而具有变态叶(雄蕊、心皮)以适应生殖的变态短枝。花是种子和果实的先导,可进一步发展为种子和果实。

1. 花的组成

被子植物的完全花(Flower)通常由花梗、花托、花萼、花冠、雄蕊群和雌蕊群等几部分组成,如图1-8所示。

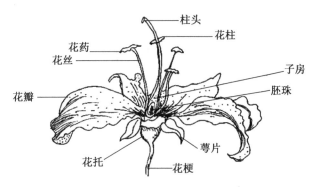

图1-8　被子植物花的组成结构

注:雄蕊包括花药、花丝;雌蕊包括胚珠、子房、花柱、柱头;所有的雄蕊称为雄蕊群;所有的雌蕊称为雌蕊群;所有的花瓣称为花冠;所有的萼片称为花萼群

(1)花梗

花梗(花柄)是着生花的小枝,结构和茎的结构相似。花梗支撑着花向各方向展布,也是各种营养物质由茎转运到花的通道。花梗的长短因植物种类而异,有的植物甚至没有花梗。

(2)花托

花托是花梗顶端略微膨大的部分,其节间很短,很多节密集在一起,花的其他部分按一定的方式排列其上。

花托有扁平、凸起、圆锥状、倒圆锥状、坛状、杯状等多种特殊形状。如草莓的花托膨大呈圆锥状,并且肉质化;莲的花托呈倒圆锥状,俗称莲蓬;桃的花托凹陷呈杯状。落花生的花托在受精后迅速延伸,将着生在其先端的子房插入土中,结成果实,这种花托又叫做雌蕊柄或子房柄。

(3)花萼

花萼由若干萼片组成。萼片结构与叶类似,但无栅栏组织和海绵组织之分。花萼的类型如下。

① 离萼:萼片彼此分离,不存在任何联合。

② 合萼:萼片或多或少存在联合,萼片彼此合生。合萼下端称萼筒,上端分离部分称萼裂片。

③ 早落萼:萼片先于花冠脱落。

④ 落萼:萼片与花冠同时脱落。

⑤ 宿存萼:萼片与果实一起发育并留在花梗上。

花萼通常一轮;多轮者,外面的花萼(叶状苞片)称为副萼。

（4）花冠

花冠由若干花瓣组成。花瓣大多颜色鲜艳,含有色体的花瓣呈黄色、橙黄或橙红色;含花青素的呈红色、蓝色或紫色。有的花瓣有香气,或有蜜腺可以分泌蜜汁。花瓣的离合、花冠筒的长短、花冠裂片的深浅,形成了各种不同的花冠。

① 花冠的分类

十字形花冠:花瓣 4 枚,对角线排成十字形,如白菜、芥菜等十字花科的植物。

蝶形花冠:花瓣 5 枚,其中旗瓣 1,翼瓣 2,龙骨瓣 2,似蝶形,如豆科蝶形花亚科植物的花。假蝶形花冠属于花瓣分离的花冠。

蔷薇形花冠:花瓣 5 枚,等大。

轮状花冠:花冠管很短,花冠平展,似轮状,如茄科茄属植物的花。

高脚碟形花冠:花冠筒细长,花冠裂片平展,呈碟状,如报春花、迎春花的花。

漏斗状花冠:下部筒状,向上渐渐扩大成漏斗状,如红薯、牵牛等旋花科植物的花。

钟状花冠:花冠筒宽且短,倒悬钟状,如桔梗科的桔梗、沙参及龙胆科的龙胆等的花。

筒状花冠:基部连合成筒,上部分离成裂片,如菊科植物向日葵、菊花等头状花序的盘花。

舌状花冠:花冠管短,花冠上部平展成舌状,如菊科植物蒲公英、苦荬菜的头状花序的全部小花。

唇形花冠:花冠基部连合成筒状,顶端分离成二唇形,上唇常二裂,下唇常三裂,如唇形科等植物的花。

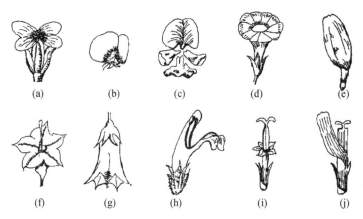

图 1-9　常见植物主要花冠类型

注:(a) 十字形花冠;(b)(c) 蝶形花冠;(d) 漏斗状花冠;(e) 舌状花冠(具三齿);(f) 轮状花冠;(g) 钟状花冠;(h) 唇形花冠;(i) 筒状花冠;(j) 舌状花冠(具五齿)

② 花瓣的分类

离瓣花:花瓣没有任何联合,如棉、桃等的花。

合瓣花:花瓣或多或少有联合。合生的下部称为花冠筒,上部称为花瓣裂片。

重瓣花:花瓣多轮,如山茶花、小桃红的花。栽培品种的重瓣类型,其内层花瓣由雄蕊瓣化而来。

③ 花瓣的排列方式

锒合状:花瓣或萼片各片的边缘彼此接触,但不覆盖。

旋转状:花瓣或萼片每一片的一边都覆盖着相邻片一边的边缘,另一边又被另一相邻片的边缘所覆盖。

复瓦状:和旋转状相似,只是各片中有一片或两片完全在外,另一片完全在内。

④ 花被

花萼、花冠合称为花被,是两轮不能发育的变态叶,在花中起保护作用。

花萼、花冠都有的称为双被花;仅有一轮花被的称为单被花,如大麻、桑、板栗的花均无花冠;完全不具花被的花称为无被花,如柳树、杨树、杜仲等。

(5)雄蕊群

雄蕊群是一朵花中雄蕊的总称,由多数或一定数目的雄蕊所组成。

雄蕊的数目随植物种类不同而不同,原始种类的雄蕊数目多而不定,较进化的则减少,但也达到一定的数目。

雄蕊由花丝和花药两部分组成。花丝细长,多呈柄状,具有支持花药的作用,也是水分和物质输往花药的通道。花丝有的聚合,有的分离,一般是等长的,但有些植物,花丝的长短不同,如十字花科植物。花药在花丝顶端,是产生花粉的地方,是雄蕊的主要部分,通常由两个或四个花粉囊组成,分为左右两半,中间以药隔相连。花粉囊里会产生许多花粉粒,花粉粒成熟时,花粉囊破裂,散出花粉粒。

雄蕊花药着生方式随植物种类不同而不同,常见的有以下类型(图1-10)。

全着药:花药全部着生于花丝上,如莲、玉兰等。

基着药:花药仅基部着生于花丝顶端,如望江南、莎草、小檗、唐菖蒲等。

背着药:花药背部着生于花丝上,如桑、苹果、油菜。

丁字药:花药背部中央一点着生于花丝顶端,故易摇动,如小麦、水稻、百合等。

花药成熟后开裂散出花粉,开裂方式如图1-10所示。

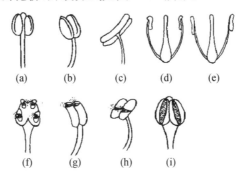

图1-10　植物花药常见着生方式及主要开裂方式

注:(a)全着药;(b)基着药;(c)丁字药;(d)内向药;(e)外向药;(f)瓣裂;(g)孔裂;(h)横裂;(i)纵裂

（6）雌蕊群

雌蕊群是一朵花中雌蕊的总称，位于花的中央。一个典型的雌蕊可分为柱头、花柱、子房三个部分。

构成雌蕊的基本单位是心皮，心皮是具有生殖作用的变态叶。

根据心皮形态的不同，雌蕊可分为离心皮雌蕊（图1-11）和合心皮雌蕊（图1-12）。

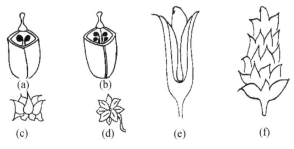

图1-11　离心皮雌蕊的主要类型

注：(a)(b) 单心皮单雌蕊；(c) 五心皮单雌蕊；(d) 八心皮单雌蕊；(e) 三心皮单雌蕊；(f) 多心皮单雌蕊

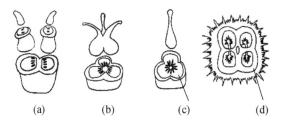

图1-12　合心皮雌蕊的主要类型

注：(a) 二心皮复雌蕊；(b) 三心皮复雌蕊；(c) 子房一室复雌蕊；(d) 二心皮（四室）复雌蕊

① 柱头：位于花柱顶端，是承受花粉的地方。多数植物的柱头能分泌水分、糖类、脂类、酚类、激素和酶等物质，有助于花粉粒的附着和萌发。柱头分泌物的化学成分和浓度随植物种类而异，从而对来源不同的花粉粒表现出不同的生理效应，具有选择性。

② 花柱：介于柱头和子房之间，是花粉管进入子房的通道。同时，花柱能够为花粉管的生长提供营养及某些向化物质，有利于花粉管进入胚囊。花柱包括花柱道、引导组织和薄壁细胞间隙。

③ 子房：雌蕊基部膨大的部分，外为子房壁，内为一至多个子房室。着生在子房内的卵形小体称胚珠，每一个子房内胚珠的数目，随植物种类不同而不同，从一个到数十个不等。

依据胚珠中胚囊与珠柄的相对关系，胚珠有以下几种类型：直生胚珠（如荞麦）、横生胚珠（如锦葵）、弯生胚珠（如油菜）和倒生胚珠（如水稻、小麦、瓜类），如图1-13所示。

④ 胎座：胚珠着生的地方叫胎座，常见的胎座类型如下。

边缘胎座：单心皮，子房一室，胚珠生于腹缝线上，如豆类，如图1-14所示。

侧膜胎座：多心皮，子房一室或假二室，胚珠生于心皮边缘，如油菜、南瓜、黄瓜，如图1-15所示。

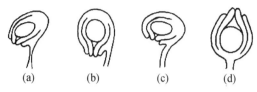

图 1-13 胚珠的主要类型

注：(a) 横生胚珠；(b) 倒生胚珠；(c) 弯生胚珠；(d) 直生胚珠

图 1-14 边缘胎座   图 1-15 侧膜胎座

中轴胎座：多心皮，子房多室，心皮边缘于中央形成中轴，胚珠生于中轴上，如棉花，如图 1-16 所示。

特立中央胎座：多心皮，子房一室，子房基部向上延伸成中轴但不到子房顶，胚珠生于轴上，如石竹科植物，如图 1-17 所示。

图 1-16 中轴胎座   图 1-17 特立中央胎座

顶生胎座：胚珠生于子房室顶部，如瑞香科植物，如图 1-18 所示。

基生胎座：胚珠生于子房室基部，如菊科植物，如图 1-19 所示。

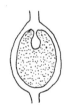 

图 1-18 顶生胎座   图 1-19 基生胎座

2. 花的类型

根据花中雌蕊、雄蕊的具备与否，可把花分为 3 类。

(1) 两性花：雌、雄蕊都具有，如桃花、梅花等。

(2) 单性花：只有雌、雄蕊之一，又可分为雌雄同株（如南瓜、玉米）、雌雄异株（如白杨、柳）。

（3）无性花：雌、雄蕊都不具有，如向日葵的边花。

3. 花序

花序，是指花在花轴上排列的情况。花序可分为无限花序和有限花序两大类。

（1）无限花序：其开花的顺序是花轴下部的花先开，渐向上部，或由边缘向中心。无限花序又称向心花序或总状花序。根据其花柄、花托等的不同又可分为简单花序和复合花序。

① 简单花序：花序轴不分枝的即为简单花序，有如下 8 种类型。

a. 总状花序，花序轴不分枝，花柄近等长，如一串红、白菜（成熟时）。

b. 伞房花序，花柄不等长，但最后花排在一个平面上，如梨、绣线菊。

c. 伞形花序，花由一点长出，花柄等长，形同一把张开的伞。

d. 穗状花序，花轴单一，无花柄。

e. 柔荑花序，花序轴上着生无柄或具短柄的单性花，开花后整个花序脱落，如杨、柳、枫杨、山毛榉科植物。

f. 肉穗花序，同穗状花序，但花序轴膨大且肉质化。有的种类具大型佛焰苞，因此又称佛焰花序。

g. 头状花序，花序轴缩短成球形或盘形，上面密生许多近无柄或无柄的花，苞片常聚成总苞，生于花序基部，如菊科植物。

h. 隐头花序，花序轴较短，肥厚且肉质化，有呈中空的囊状体，内壁着生有无柄的单性花，顶端有一小孔，孔口有许多总苞。

② 复合花序：花序轴分枝，并且每一分枝是简单花序中的一种，即称为复合花序，有下面 4 种类型。

a. 圆锥花序，又称复总状花序，如女贞、山指甲。

b. 复穗状花序，如小麦、水稻。

c. 复伞形花序，如小茴香、芹菜、胡萝卜。

d. 复伞房花序，如花楸、石榴。

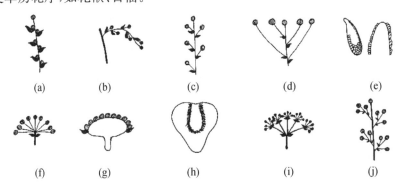

图 1-20 花序的类型

注：(a) 穗状花序；(b) 柔荑花序；(c) 总状花序；(d) 伞房花序；(e) 肉穗花序；(f) 伞形花序；(g) 头状花序；(h) 隐头花序；(i) 复伞形花序；(j) 圆锥花序

（2）有限花序：花序中最顶点或最中央的花先开，由于顶花的开放，限制了花序轴顶端的继续生长，因而开花顺序由顶点或中央渐及下边或周围。有限花序又称离心花序或聚伞类花序，它通常包括以下几种类型。

① 单歧聚伞花序：花序主轴顶端先生一花，然后在顶花下的一侧形成侧枝，继而侧枝的顶端又生一花，其下方再生一侧枝，如此依次开花，形成合轴分枝的花序。

② 蝎尾状聚伞花序：各分枝为左右间隔生长，如唐菖蒲、美人蕉。

③ 卷伞花序：如果各分枝都朝一个方向生长，则称卷伞花序，如附地菜、聚合草。

④ 二歧聚伞花序：顶花下的花序主轴向两侧各分生一枝，枝的顶端生花，每枝再在其两侧分枝，如此反复，如繁缕。

⑤ 多歧聚伞花序：花序主轴顶端发育出一花后，顶花下的主轴上又分出三个以上的分枝，各分枝又自成一小聚伞花序，如泽漆。

⑥ 轮伞花序：多为唇形科植物，对生叶序的叶腋内侧各生由 3 朵以上的花组成的花序，如益母草等（图 1-20）。

1.1.4　果的形态特征

1. 果实的形成和结构

（1）果实的形成：胚囊中的卵细胞经过受精，花萼、花冠、雌蕊群、柱头、花柱枯萎（有的植物花萼宿存，如茄、柿、茶），胚珠发育成种子，子房发育成果实，子房壁发育成果皮。

（2）果实的构造：果皮和种子。果皮可分成三层，即外、中、内果皮，三层果皮通常难以分辨，合生在一起，如花生、豆类。

2. 单性结实和无籽结实

一般来说，植物要经过受精后才能结实，也有些植物不经过受精作用就能形成果实，但果实内不含种子，如葡萄、香蕉、菠萝等。单性结实有两类：一为自发性单性结实（authomous parthenocarpy），一为诱导性单性结实（induced parthenocarpy）。农业生产中可用植物生长素处理将要开放的花蕾，诱导单性结实。单性结实能形成无子果实，但无子果实不一定完全由单性结实所致。

3. 果实的类型

（1）按来源分

① 真果：单纯由子房发育而成的果实，如桃、柑橘、柿等。

② 假果：除子房外还有花的其他部分参与果实的形成，最常见的是花托、花被、花轴，如苹果、梨、番石榴等。

（2）按果实形成源于一朵花或一个花序分

① 单果：一朵花只有一个雌蕊（单雌蕊或复雌蕊），该雌蕊发育成一个果实，大多数植物皆为此类。

② 聚合果：一朵花由几个离生雌蕊组成，每一个离生雌蕊形成一个小果，多个小果聚生在一个花托上，如八角、莲、木兰科植物。

③ 复果（聚花果）：由整个花序形成的果实。如桑葚，它是雌花序中每朵雌花形成一

个果实,可食用的是果肉质花被(只有花萼,无花冠);菠萝可食用的部分是花序轴,去掉的是苞片和花被;无花果的可食用部分是肉质的花轴。

(3) 按果实的性质及成熟后是否开裂分

① 肉果,果皮肉质化,又可分为浆果、柑果、瓠果、核果和梨果。

a. 浆果:果皮除外面几层细胞外,大部分肉质化,富含汁液,如番茄。

b. 柑果:柑橘类植物果实由多室子房、上位子房发育而来,是真果,外果皮革质,具油囊,中果皮疏松,内果皮薄膜向内愈合成囊状,分隔成室,内面长出多细胞的肉质表皮毛。如柚可食用部分为多细胞表皮毛,柑、橘、橙可食用部分为果皮及其多细胞表皮毛。

c. 瓠果:瓜类所特有,由下位子房发育而成的假果,花托与外果皮结合形成坚硬的果壁,中果皮和内果皮肉质,胎座常很发达。

d. 核果:内果皮坚硬,由石细胞构成,将种子包在里面;外果皮薄;中果皮肉质,是主要的食用部分。如李、桃、杏、橄榄的种子在内果皮中,即李仁、桃仁、杏仁、榄仁是种子;椰子中果皮纤维质,内果皮坚硬,称椰壳,里面才是种子,有硬化胚乳和水样胚乳,为球形胚。

e. 梨果:由下位子房发育而来,假果、花托和子房愈合,外果皮和花托无明显界线,中果皮肉质,带酸味,内果皮革质,可食用部分是花托。

② 干果,即果皮干燥的果实,根据果实成熟后果皮是否开裂又可分为裂果和闭果。

a. 裂果

荚果:由单雌蕊发育而成,果皮沿着背缝线和腹缝线同时开裂成两瓣,如豆科植物的果实,但也有些豆科植物的果实不开裂,如花生;也有的形成节荚,成熟时一节节脱落,又叫节荚果。

蓇葖果:由一个心皮或离生雌蕊心皮形成,果实成熟时沿着背缝线或腹缝线开裂,如羊角拗、八角、木兰科植物,常见的是两个以上的蓇葖果聚生在一个花托上。

蒴果:由两个或两个以上心皮所组成的合生雌蕊发育而成。开裂方式有纵裂[室间开裂(腹裂)、室背开裂、室轴开裂(背裂)],如棉花、茶;周裂,如马齿苋;孔裂,如罂粟。

角果:由两个心皮组成的合生雌蕊发育而来。如十字花科植物的果实,侧膜胎座,两心皮边缘合生部分长出一假隔膜,将子房隔成两室,沿着两个腹缝线自下而上开裂,中间留下假隔膜。角果又可分为长角果和短角果(图1-21)。

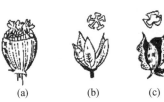

(a)　　　(b)　　　(c)　　　(d)

图 1-21　裂果的主要类型

注:(a) 孔裂;(b) 背裂;(c) 腹裂;(d) 周裂

b. 闭果,果实成熟后果皮不开裂

瘦果:果由1~3心皮组成,内含一种子,成熟时果皮与种皮易分离,1心皮如石龙芮,

2 心皮如向日葵,3 心皮如荞麦。

　　颖果:禾本科植物的果,仅含一种子,果皮与种皮不易分离,如糙米粒、麦粒、玉米粒。

　　翅果:果皮延伸成翅状,如杜仲、枫杨、槭属等。

　　坚果:果皮坚硬,革质,种子一粒,如壳斗科的板栗。

　　双悬果:由二心皮组成的下位子房发育而来的假果,成熟后果实分成两个小果,自下而上离开悬挂在中央果轴(心皮轴)的顶端,如茴香及胡萝卜等(图 1-22)。

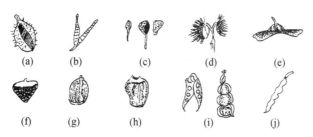

图 1-22　干果的主要类型

注:(a) 蓇葖果;(b) 长角果;(c) 短角果;(d) 双悬果;(e) 翅果;(f) 坚果;(g) 颖果;(h) 瘦果;(i) 荚果;(j) 荚果(节荚果)

1.2　园林常见花卉识别特征与生态习性

　　狭义的园林花卉是指适用于园林和环境绿化、美化,且具有一定观赏性的草本植物。生产中广义的园林花卉把木本观赏性植物也包含在内。按照生活周期和地下部分形态特征可将园林花卉分为一二年生花卉、宿根花卉和球根花卉,其中宿根花卉与球根花卉合称为多年生花卉。

1.2.1　一二年生花卉

　　一二年生花卉是指在一个或两个生长季内完成生活史的花卉。一年生花卉是在一个生长季内完成其全部生活史的花卉,一般春季播种,夏秋季开花结实,冬季来临时死亡。如百日菊(*Zinnia elegans* Jacq.)、凤仙花(*Impatiens balsamina* L.)、地肤(*Kochia scoparia*(L.)Schrad.)、波斯菊(*Cosmos bipinnatus* Cav.)、半枝莲(*Scutellaria barbata* D. Don)等。二年生花卉是在两个生长季内完成其全部生活史的花卉,通常秋季播种,翌年春季至初夏开花、结实,在炎夏到来时死亡。如紫罗兰(*Matthiola incana*(L.)R. Br.)、花菱草(*Eschscholtzia californica* Cham.)等。园林中除典型的一二年生花卉外,还常用许多多年生花卉作为一二年生栽培的。

　　(1) 鸡冠花(*Celosia cristata* L.)

　　苋科,青葙属。

　　一年生草本。肉质穗状花序,多种颜色,花被膜质,花期 6～10 月,种子黑色发亮。

　　春季播种繁殖,可自播繁衍。3 月播于温床(晚霜后可播于露地,日温＞21℃,夜温＞15℃),约 10 天后出苗,2～3 片真叶时移栽一次,6 月初定植露地,直根系,不耐移栽。夏季充分灌水,开花前追液肥。

矮型及中型品种用于花坛或盆栽观赏,高型品种适用于花境及切花。

(2) 万寿菊(*Tagetes erecta* L.)

菊科,万寿菊属。

一年生草本。叶有异味;头状花序单生,花梗中空,舌状花,边皱,花期 6～10 月;瘦果黑色。

春季播种繁殖为主,3～4 月进行,5 月下旬定植露地;也可嫩枝扦插,时间为其生长期 5～6 月。F1 种子退化严重,留种植株应隔离。

用于夏季花坛、花境、花丛或做切花,矮生品种可盆栽观赏。

(3) 矮牵牛(*Petunia hybrida* (J. D. Hooker) Vilmorin)

茄科,碧冬茄属。

多年生草本作一年生栽培。全株具粘毛;花单生,花冠漏斗形,花色极为丰富,花期 4～10 月,温室栽培可全年开花。

大花、重瓣品种可盆栽观赏,被称为"花坛植物之王",适于春夏秋季花坛及自然式布置。

(4) 一串红(*Salvia splendens* Ker-Gawler)

唇形科,鼠尾草属。

多年生亚灌木作一年生栽培。叶对生;茎四棱;总状花序,花 2～6 朵轮生;花萼钟状,宿存,与花冠同色,花期 7～10 月。

用于花坛、花台、花丛、花带、盆栽观赏、边缘种植等。

(5) 羽衣甘蓝(*Brassica oleracea* var. acephala de Candolle)

十字花科,芸薹属。又称"叶牡丹"。

二年生草本。叶缘呈细波状皱褶,外叶粉蓝色或绿色,内叶颜色丰富;总状花序,叶片观赏期 12 月至翌年 3、4 月;长角果。

(6) 三色堇(*Viola tricolor* L.)

堇菜科,堇菜属

多年生草本作二年生栽培。花侧向开放,花瓣 1 枚有距,2 枚具附属体,原种花常有黄、白、紫三色,园艺品种花色丰富,花期 4～6 月;蒴果椭圆形,三裂。

(7) 石竹(*Dianthus chinensis* L.)

石竹科,石竹属。

多年生草本作一二年生栽培。茎节处膨大;花顶生,单生枝端或数朵集成聚伞花序,花瓣先端齿裂,有白、粉、红、复色等,花期 5～9 月。

花色富丽,花期长,广泛用于花坛、花境、岩石园及镶边材料,也可盆栽成做切花。

(8) 瓜叶菊(*Pericallis hybrida* B. Nord)

菊科,瓜叶菊属。

多年生草本作一二年生栽培。全株被柔毛;叶大,形似瓜叶;头状花序簇生成伞房状,花色丰富,花期 12 月至次年 5 月。

元旦、春节、五一等节日布置的主要用花,亦可做切花及用于花篮、花圈等。

（9）鄂报春（*Primula obconica* Hance）

报春花科,报春花属。又名四季报春。

多年生草本作一二年生栽培。伞形花序,顶生,花冠高脚碟状,四季开花,以冬春季为盛;蒴果圆形,种子细小。

主要的冬春季室内盆栽花卉,暖地可置于岩石园或花坛。

1.2.2　宿根花卉

（1）菊花（*Chrysanthemum × morifolium*（Ramat ）Hemsl. ）

菊科,菊属。

原产我国。通过长时间的栽培,现已培育出很多栽培品种。

多年生草本。高 60～150 厘米,直立。茎下部木质化,上部多分枝,被灰色柔毛或绒毛。

完全叶,单叶,互生。多数品种叶柄下有托叶。一根充分生长的枝条,一般有叶片 24～36 片,30 片叶为早菊与晚菊的分界线,而叶片的特征是识别品种的主要依据。

头状花序（或兰状花序）,生于枝顶。花序的基部呈盘状或半球形,又称"托盘",其上着生无梗小花,呈螺旋状排列。花序下为花梗,花序处有总苞,苞片绿色,条形,边缘膜质。菊花的花瓣可分为平瓣、匙瓣、管瓣、桂瓣和畸形瓣五大类。花期 9～10 月。

瘦果,常不发育,果内结一粒无胚乳的种子。

四大切花之一,销售量约占切花总量 30%,是我国十大传统名花之一。艺菊品种丰富,花语有高洁、悼念、长寿;是花草四雅:兰、菊、水仙、菖蒲;也是花中四君子:梅、兰、菊、竹。

（2）君子兰（*Clivia miniata* Regel Gartenfl. ）

君子兰的名称是日本教授大久保三郎因其拉丁名的种名及富贵、高尚、美好的原意而命名的,传入中国后沿用此名。

君子兰的鉴赏主要看十条:亮度、细腻度、刚度、厚度、脉纹、颜色、长宽比、头形、座形、株形,此外还有辅助条件两条,花（花葶、果）及其他,标准为:花大色艳,花瓣紧凑,花葶粗壮,高度适当,果实色浅有光泽;无人为及其他因素损伤,无病虫害等。

（3）香石竹（*Dianthus caryophyllus* L. ）

石竹科,石竹属。

多年生草本。茎直立,多分枝,整株被有白粉,呈灰绿色,茎秆硬而脆,节膨大;通常花单生或 2～3 朵簇生,花冠石竹形,花萼长筒形,花瓣扇形,花内瓣多呈皱缩状。

（4）芍药（*Paeonia lactiflora* Pall. ）

毛茛科,芍药属。

多年生草本,高 40～70 厘米。具纺锤形的块根,地下茎产生新芽,新芽于早春抽出地面。初出叶红色,茎基部常有鳞片状变形叶,中部复叶二回三出,小叶矩形或披针形,枝梢的渐小或成单叶。花大且美,有芳香,花数朵生茎顶或叶腋,有时单生枝顶,花瓣白、粉、紫或红色,花期 4～5 月。

（5）鸢尾（*Iris tectorum* Maxim.）

鸢尾科,鸢尾属。

多年生草本。地下根茎短粗、多节并分支。株高 30～40 cm。叶片剑形,直立,嵌叠状排成 2 列,基部互相抱合。花茎自叶丛中抽出,单一分枝或二分枝,稍高于叶丛,顶端着花 1～2 朵。花被片 6,蓝紫色;外轮 3 枚大,称垂瓣,倒卵形,正面基部中央有鸡冠状突起;内轮 3 枚小,称旗瓣,呈拱形直立;雄蕊 3;雌蕊的花柱 3 裂,呈花瓣状,与花被片同色并反摺覆盖着雄蕊。花期 4～5 月。蒴果长椭圆形,果熟期 5～6 月。

分株定植时株行距 40 cm,园地必须深翻,施足基肥,清理排水沟。花前追施磷钾肥并松土除草,花后剪除残花减少养分的消耗。对母株丛定期进行分株,能使植株复壮。

植株低矮,叶形秀丽,花姿别致,花色淡雅。宜用于布置春季花坛、花境;或作地被、路边、石旁、水边的栽植材料;也可布置鸢尾专类园及做切花。

1.2.3　球根花卉

指地下部分的茎或根变态膨大成球状或块状的多年生草本植物。它们以地下球根的形式渡过其休眠期（寒冷的冬季或干旱炎热的夏季）,至环境条件适宜时,再度活跃生长并开花。

（1）唐菖蒲（*Gladiolus gandavensis* Van Houtte）

鸢尾科,唐菖蒲属。

球茎扁球形至球形;穗状花序着生 8～24 朵,花色丰富,瓣型多样,有春花种和夏花种。

世界四大切花之一,产量仅次于月季、菊花、香石竹;广泛用于花篮、花束和艺术插花,也可植于花境、水畔,或用于庭院丛植。

（2）百合（*Lilium brownii* var. viridulum Baker）

百合科,百合属。

无皮鳞茎,卵球形或圆锥形。叶具平行脉;花喇叭状、漏斗状、杯状或翻卷球形,下垂、平伸或直立;花被片 2 轮,各 3 枚;花期初夏至早秋;蒴果。

自然分球繁殖为主,也可分珠芽、鳞片扦插、播种或组培繁殖。选冷凉地或高海拔山地,10 月下旬至 11 月上旬分栽子（小）鳞茎,种植深度 15～20 cm,春季追施肥水,花期及时剪除花蕾,秋季收获种球,经 1～2 年培育可形成商品球。珠芽和鳞片扦插繁殖需 2～3 年才可繁育成开花球。播种繁殖主要用于育种,少数种类可用于生产。

象征纯洁、高雅,有"百事合意""百年好合"之意。可做盆花和切花,在园林中宜片植于疏林、草地或用于花境。

（3）水仙（*Narcissus tazetta* var. chinensis M. Roener.）

石蒜科,水仙属。

多年生草本。地下鳞茎肥大成扁球形,横径 6～8 cm,皮膜褐色。株高约 30 cm。叶片 2 列,狭长带状,稍肉质,先端钝,自鳞茎顶端长出。花葶从叶丛中央抽出,中空,顶端着生伞形花序,有花 6～12 朵,芳香,总苞膜质。花被片 6 枚,高脚碟状,边缘 6 裂,白色;副冠浅杯状,鲜黄色;雄蕊 6,子房下位。花期 1～3 月。蒴果。

(4) 郁金香(*Tulipa gesneriane* L.)

百合科,郁金香属。

鳞茎,扁圆锥形,被棕褐色膜,基生叶 2～3 枚,茎生叶 1～2 枚。花单生,花被片 2 轮、各 3 枚;花色极为丰富,花型多变,花期 3～5 月。蒴果。

现在栽培的郁金香是经过近百年人工杂交,有约 8 000 个亲本参加的杂交品种,其花型、花色、花期、株型有很大变化。1981 年,国外把郁金香分为 4 类 15 群。

郁金香是早春花卉的佼佼者,可用于布置花坛、花境、花群或专类展览,也可盆栽或做切花。郁金香代表着吉祥与幸福、胜利和凯旋。

(5) 朱顶红(*Hippeastrum rutilum* (Ker-Gawl.)Herb.)

石蒜科,朱顶红属。

鳞茎,卵圆形,被皮膜。花葶白,叶丛外侧抽出。伞形花序着生 2～6 朵,花漏斗状,平展或稍下垂,花期春夏。

适宜盆栽,布置于阳台、窗前、几案等处,也可配置于花境、花丛或做切花。

(6) 仙客来(*Cyclamen persicum* Mill.)

报春花科,仙客来属。

肉质块茎,扁圆形,叶丛生于块茎顶部,表面绿色有白色斑纹。花单生,下垂,开花时花瓣向上翻卷,形如兔耳,花色多样,花期冬春。蒴果。

元旦、春节的最佳礼品花之一,花朵造型优美,花色宜人,叶片具有很高的观赏价值。

(7) 马蹄莲(*Zantedeschia aethiopica* (L.)Spreng.)

天南星科,马蹄莲属。

肉质块茎,呈不规则扁球形,叶基生,戟形或卵状箭形,全缘。肉穗花序圆柱形,黄色,外围白色漏斗状佛焰苞,形似马蹄状,花期 12 月至次年 5 月。浆果。

花色洁白,花型奇特,是重要的切花,亦可切叶及盆栽。

1.3　园林常见树木识别特征与生态习性

1.3.1　乔木

乔木是指树体高大,由根部生出独立的主干,树干和树冠有明显区分,且高达 6 m 以上的木本植物。乔木按高度可以分为伟乔(31 m 以上)、大乔(21～30 m)、中乔(11～20 m)和小乔(6～10 m)四级。按冬季或旱季是否落叶又可分为常绿乔木和落叶乔木;结合叶片的形状和是否常绿,乔木还可细分为常绿针叶乔木、落叶针叶乔木、常绿阔叶乔木、落叶阔叶乔木四类。

1. 常绿阔叶类乔木

(1) 荷花玉兰(*Magnolia grandiflora* L.)

木兰科,木兰属。又名广玉兰、白玉兰。

常绿乔木,高 20～30 m。树冠阔圆锥形。树皮淡褐色或灰色,薄鳞片状开裂。枝与芽有锈色细毛。叶互生,椭圆形或倒卵状长圆形,长 10～20 cm,宽 4～10 cm,先端钝或渐尖,革质,表面深绿色,有光泽,下面淡绿色,有锈色细毛。花大,径 15～25 cm,呈杯状,花被 9～12,白色,芳香。聚合果,圆柱状长圆形或卵形,密被褐色或灰黄色绒毛,果先端具长喙。花期 5～7 月;果期 10 月。

播种或嫁接繁殖。

树姿优雅,四季常青,叶厚而有光泽,花开时形如荷花,是优良的行道树和庭荫树。

(2) 白兰(*Michelia* × *alba* DC.)

木兰科,含笑属。又名白玉兰、白兰花。

常绿乔木,高 10～17 m。树皮灰白色。单叶互生,长椭圆形,先端短钝尖,薄革质,有光泽。叶柄上的托叶痕达叶柄长的 1/4～1/3。花白色,花被片 10,长披针形,有浓香。花期 4～9 月。

嫁接或扦插繁殖。

白兰不仅树形端正,枝繁叶茂,而且是著名的香花树种。在华南地区多做庭荫树、行道树;长江流域以及华北地区常温室栽培。

(3) 樟(*Cinnamomum camphora*(L.)Presl)

樟科,樟属。

常绿乔木,高 20～30 m。树冠广卵形,树皮幼时绿色,平滑,老时渐变为黄褐色或灰褐色纵裂。单叶互生,叶薄革质,卵形或椭圆状卵形,离基三出脉;背面微被白粉,脉腋有腺点,揉碎有樟脑味。圆锥花序生于新枝的叶腋内,花被淡黄绿色。核果球形,熟时紫黑色。花期 4～5 月;果期 10～11 月。

以播种繁殖为主,也可以扦插繁殖。

樟树枝叶茂密,冠大荫浓,树姿雄伟,早春嫩叶红褐,是长江流域园林绿化的优良树种。多孤植作庭荫树;在草地中丛植、群植作为背景树;配植池畔、水边、山坡等作护堤树;也可作行道树、工厂绿化树、防风林。

(4) 女贞(*Ligustrum lucidum* Ait.)

木樨科,女贞属。

常绿乔木,高 6～15 m。树皮灰色,平滑。单叶对生,卵形、宽卵形至卵状披针形,先端渐尖,基部宽楔形或近圆形,全缘,革质。顶生圆锥花序,花小,白色。果肾形,蓝紫色,被白粉。花期 6 月;果熟期 11～12 月。

播种繁殖。

女贞树冠圆整端庄,终年常绿,浓郁苍翠,夏日细花繁茂,是绿化中常用的树种。其适应性强,耐修剪,常用作行道树,亦可作高篱、绿墙。北京小气候良好之处可露地应用。

(5) 蚊母树(*Distylium racemosum* Sieb. et Zucc.)

金缕梅科,蚊母树属。

常绿乔木,高可达 16 m。常栽培成灌木状。树皮灰色,粗糙。小枝略呈之字形曲折。嫩叶及裸芽被厚鳞秕。单叶互生,椭圆形或倒卵形,全缘,革质有光泽。总状花序,花小,无花瓣。蒴果,卵形,果端有 2 宿存花柱。花期 4～5 月;果熟期 10 月。

主要采用播种和扦插繁殖。

蚊母树枝叶密集,叶色浓绿,抗性强,防尘及隔声效果好,是理想的城市及工矿区绿化及观赏树种。可植于路旁、庭前草坪上及大树下;成丛成片栽植作为分隔空间或作为其他花木之背景效果亦佳;亦可修剪成球形,于门旁对植或作基础种植材料;还可用于植篱和防护林带。

(6) 榕树(*Ficus microcarpa* L. f.)

桑科,榕属。

常绿乔木,高 20～25 m。树冠庞大,枝具气生根。叶椭圆形、卵状椭圆形或倒卵形,全缘,革质。隐头花序单生或成对生于叶腋,扁倒卵球形,成熟时黄色或淡红色。隐花果肉质,熟时暗紫色。

以扦插、播种繁殖为主,也可以压条繁殖。

榕树枝叶茂密,树冠开展圆润,是我国华南地区分布广泛的优良乡土树种之一。华南地区多作行道树及庭荫树栽植,其枝上丛生如须的气根,下垂着地,入土后生长粗壮如干,形似支柱,形成独木成林的奇观;还可制作盆景。

(7) 假苹婆(*Sterculia lanceolata* Cav.)

梧桐科,苹婆属。

常绿乔木,高达 10 m。单叶互生,叶具柄,近革质,椭圆状矩圆形近披针形,全缘。圆锥花序分枝多,腋生,通常短于叶;花萼淡红色,5 深裂,外被星状小柔毛。蓇葖果被柔毛,鲜红色。花期 4 月。

种子繁殖。

树冠广阔,树姿优雅,蓇葖果色泽明艳,可作为风景园林树和林荫树。

(8) 黄槿(*Hibiscus tiliaceus* L.)

锦葵科,木槿属。

常绿小乔木,高 4～10 m。树干灰色纵裂。小枝无毛。叶广卵形或近圆形,先端急尖,基部呈心形,全缘或微波状齿缘,革质,表面深绿色,背面浅灰白色,密披茸毛和星状毛。花冠钟形,黄色,中央暗紫色;花萼裂片 5,顶端渐尖。蒴果椭球形。花期全年,以夏季最盛。

种子或扦插繁殖。

可作为热带海岸地区防风、防沙、防海潮的优良树种。

(9) 枇杷(*Eriobotrya japonica* (Thunb.) Lindl.)

蔷薇科,枇杷属。

常绿小乔木,高 6～10 m。小枝、叶背、花序内密被锈色或灰棕色绒毛。叶片倒卵形至长椭圆形,边缘具稀疏锯齿,表面羽状脉凹入,多皱,背面密被锈色绒毛,革质。圆锥花序,花紧密,密被锈色绒毛,芳香,白色。果实球形或近球形,淡黄色、黄色或橘黄色,外被锈色柔毛,不久脱落。花期 10～12 月;果期翌年 5 月。

以种子、嫁接繁殖为主,扦插或压条也可以。

枇杷树形宽大整齐,叶大荫浓,冬日白花盛开,初夏黄果累累,宜孤植或丛植于庭院、草地或作为园路树。

(10) 杨梅(*Myrica rubra* Siebold et Zuccarini)

杨梅科,杨梅属。

常绿乔木,高12～15 m。树冠球形。树皮灰色,小枝近于无毛。叶革质,倒卵状披针形或倒卵状长椭圆形,全缘,背面密生金黄色腺体。花单生,异株。核果,球形,有小疣状突起,熟时深红或紫红色。花期4月;果期6～7月。

播种、压条或嫁接繁殖。

杨梅株型丰满,叶色浓郁苍翠,可孤植、丛植、散植于庭院、草坪,或列植于路旁,亦可群植成林。其耐污染力强。

(11) 羊蹄甲(*Bauhinia purpurea* L.)

豆科,云实亚科,羊蹄甲属。

常绿乔木,高10～12 m。叶顶端2裂,深达叶全长1/3～1/2,呈羊蹄状。伞房花序,花大,花瓣倒披针形,玫瑰红色,有时白色,发育雄蕊3～4枚,芳香。荚果,成熟时黑色。花期9～10月。

播种或扦插繁殖。

为华南常见的花木,植株婆娑,花大色艳,花期长,可植于庭院或作园林风景树,也可作行道树。

(12) 银桦(*Grebillea robusta* A. Cunn. ex R. Br.)

山龙眼科,银桦属。

常绿乔木,高达25 m。树干通直,树冠呈圆锥形。树皮浅棕色,有浅纵裂。小枝、芽、叶柄密被锈色绒毛。叶二回羽状深裂,裂片披针形,边缘纹卷,密被银灰色丝毛。花两性,总状花序,腋生,无花瓣,花萼花瓣状,4枚,橙黄色。蓇葖果,长圆形。种子黑色有翅。花期5月。

播种繁殖。

树冠高大整齐,叶形细腻优雅,粉绿洁净,初夏有橙黄色花序点缀枝头,为美丽的行道树和庭院树种。

(13) 白千层(*Melaleuca* cajuputi subsp. cumingiancan(Turczaninow) Barlow)

桃金娘科,白千层属。

常绿乔木,高达20 m。树皮灰白色,厚而疏松,薄片状剥落。小枝常下垂。单叶互生,长椭圆状披针形,全缘。穗状花序顶生,花小,乳白色。果碗型。花期1～2月。

播种或扦插繁殖。

树皮白色,层层剥落,甚为奇特;穗状花序形似试管刷,形奇色洁;植株挺拔美观,具有芳香,可作园景树、庭荫树、行道树,也可以用作水边绿化。

(14) 蒲桃(*Syzygium jambos* L. Alston)

桃金娘科,蒲桃属。

常绿乔木,高达10 m。树冠浓密,球形。树皮浅褐色,平滑。单叶对生,长椭圆状披针形,先端渐尖,革质而光亮,侧脉背面至边缘明显汇合成边脉,叶肉具透明腺点。伞房花序顶生,花绿白色。浆果,核果状,淡绿或淡黄色。花期4～5月;7～8月果熟。

播种或扦插繁殖。

花繁叶茂,枝叶婆娑,绿荫效果好,可作庭荫树,也可作固堤防风树用。开花量大,花粉和蜜均多,香气浓,是良好的蜜源植物。

(15) 桂花(*Osmanthus fragrans*(Thunb.)Loureiro)

木犀科,木犀属。

常绿小乔木或灌木,高可达12 m。单叶对生,叶革质,椭圆形或椭圆状披针形,全缘或上半部有细锯齿,表面下凹,背面微凸。花簇生叶腋,花梗纤细,花小,淡黄色、浓香。核果椭球形,熟时紫黑色。花期9～10月。

一般采用压条(地压或高压)、扦插或嫁接繁殖。

桂花是我国人民喜爱的园林花木,是我国传统的十大名花之一,栽培历史已有2500余年。园林中常将桂花植于庭院内或道路两侧,也可种于假山、草坪、楼前等地。将其与秋色叶植物同植,有色有香,是点缀秋景的极好树种。

2. 落叶阔叶类乔木

(1) 玉兰(*Yulania denudata*(Desr.)D. L. Fu)

木兰科,木兰属。

落叶乔木,高15～20 m。树冠卵形或近球形。树皮灰褐色。单叶互生,长10～15 cm,倒卵形或倒卵状长圆形,顶端突尖,基部楔形或阔楔形,背面有柔毛。花大,顶生,先叶开放,杯状,白色,芳香;花被片9,长圆状倒卵形,无萼片。聚合果圆柱形,淡褐色。花期3月。

播种、压条或嫁接繁殖。

玉兰栽培历史悠久,从6世纪开始,即被种植于中国佛教寺庙的花园中。玉兰花朵硕大,洁白如玉,花形美丽,芳香宜人,是早春重要的观赏花木。宜列植堂前、点缀中庭,或丛植于草坪、常绿树丛之前,形成春光明媚的景象;或配植在纪念性的建筑前,象征品格高尚。

(2) 黄葛树(*Ficus virens* Aiton)

桑科,榕属。

落叶乔木,高15～25 m。具气生根。单叶互生,卵状长椭圆形或近披针形,先端短渐尖,基部钝或圆形,全缘,纸质。隐花果近球形,成熟时黄色或红色。花果期4～7月。

播种繁殖。

树大荫浓,宜作庭荫树及行道树,在我国西南地区应用较多。

(3) 木棉(*Bombax ceiba* Linnaeus)

木棉科,木棉属。

落叶乔木,高可达25 m。树干及枝条具圆锥形皮刺。掌状复叶互生,小叶5～7枚,卵状长椭圆形,全缘。花先叶开放,簇生枝端,红色。蒴果长椭圆形,木质,内有棉毛。花期2～3月;果期6～7月。

播种、分蘖或扦插繁殖。

木棉树形高大,雄壮魁伟,枝干舒展,花红如血,硕大如杯,故亦名"英雄树",是著名的观赏树种。华南各城市常栽作行道树、庭荫树及园景树。

（4）柽柳（*Tamarix chinensis* Lour.）

柽柳科,柽柳属。

落叶小乔木或灌木,高 2.5～5 m。小枝细长下垂,紫红色。叶片细小,呈鳞片状。春季圆锥状复总状花序侧生去年枝上,夏秋圆锥状复总状花序顶生当年枝上;花小,粉红色。蒴果 3 瓣裂。花期 5～7 月;果期 8～9 月。

扦插、播种或分株繁殖。

柽柳枝条细柔,姿态婆娑,开花繁密,颇为美观。适宜种植在水滨、池畔、桥头、河岸、堤坝,也是重要的盐碱地绿化树种。

（5）柿（*Diospyros kaki* Thunb.）

柿科,柿属。

落叶乔木,高达 15 m。树冠呈自然半圆形。树皮暗褐色,方块状开裂。叶椭圆状卵形至长圆形或倒卵形,先端渐尖,基部楔形或近圆形,表面深绿色,有光泽,叶质肥厚,近革质。雌雄异株或杂性同株。浆果扁球形,橘红色或橙黄色,有光泽,可食。花期 6 月;果熟期 9～10 月。

嫁接繁殖。

柿树树形优美,叶大,呈浓绿色而有光泽,秋季叶红,果实累累且不容易脱落,是观叶观果俱佳的观赏树。适于公园、庭院中孤植或成片种植,也可用于风景区绿化配置。

（6）山楂（*Crataegus pinnatifida* Bge.）

蔷薇科,山楂属。

落叶乔木,高 6 m。小枝暗红色,常有枝刺。单叶互生,宽卵形,羽状 5～9 裂至中部,边缘具重锯齿。顶生伞房花序,花白色。梨果近球形或梨形,红色。花期 5～6 月;果 10 月成熟。

播种、扦插或压条繁殖。

山楂树冠整齐,花繁叶茂,果实鲜红可爱,是观花观果兼备的园林绿化优良树种,可作庭院绿化及观赏树种。

（7）海棠花（*Malus spectabilis*（Ait.）Borkh.）

蔷薇科,苹果属。

落叶乔木,高可达 10 m。树皮灰褐色,光滑。小枝红褐色。单叶互生,椭圆形至长椭圆形,先端略为渐尖,基部楔形,边缘有平钝齿,表面深绿色而有光泽,背面灰绿色并有短柔毛。伞房花序,花 5～7 朵簇生,未开时红色,开后渐变为粉红色至近白色。梨果球形,黄绿色。花期 4～5 月,果期 8～9 月。

嫁接、扦插或播种繁殖。

海棠花树形优美,花朵繁密,是北方著名的观花树种,可孤植、对植、丛植、群植于庭院绿地中,也可在街道、厂矿中栽植。因海棠品种繁多,观赏性强,故园林中常设海棠专类园。

(8) 杏(*Prunus armeniaca* L.)

蔷薇科,李属。

落叶乔木,高达 10 m。小枝褐色或红褐色。叶卵圆形或卵状椭圆形,先端短锐尖,基部圆形或近心形,缘具钝锯齿;叶柄常带红色并有 2 个腺体。花单生,萼瓣 5,先叶开放,白色或稍带红晕。花期 3~5 月;果熟期 6~7 月。

播种或嫁接繁殖。

杏,其花色又红又白,胭脂万点,花繁姿娇,占尽春风。可配植于庭前、墙隅、道路旁、水边,或群植、片植于山坡、水畔,亦可用于荒山造林。

(9) 梅(*Prunus mume* Siebold & Zucc.)

蔷薇科,李属。

落叶小乔木,高可达 10 m。小枝绿色,无毛。叶宽卵形或卵形,顶端长渐尖,基部阔楔形或近圆形,边缘有细密锯齿,背面色较浅。花单生或 2 朵簇生,先叶开放,白色或淡红色,芳香,花梗短或几乎没有;萼筒钟状,常带紫红色,萼片花后常不反折。核果近球形,核面有凹点甚多。花期 2~3 月;果期 5~6 月。

播种、嫁接或扦插繁殖。

梅是我国著名的观赏花木,栽培历史非常悠久,因其冬春开花,与松、竹一起被誉为"岁寒三友"。可孤植、丛植、群植在各类绿地,也可于屋前、坡地、石际、路边自然配植。可布置成梅岭、梅峰、梅园、梅溪、梅径、梅坞、梅林等,亦可作盆景和切花。

(10) 桃(*Prunus persica* L.)

蔷薇科,李属。

落叶小乔木,高可达 8 m。树冠开展。干灰褐色;小枝红褐色或褐绿色。单叶互生,披针形或长椭圆形,中部宽,两端渐尖,缘有细锯齿。花单生,无花梗,通常粉红色。核果卵球形,肉厚而多汁,表面有短柔毛。花期 3~4 月;果实 6~9 月成熟。

播种、嫁接或扦插繁殖。

桃树形开展,花期尤早,花繁色艳,是我国古老的观赏花木和果树,常与垂柳相间,种植于湖边、溪畔、河旁,花时桃红柳绿,春意盎然。于庭院、草地孤植、散植、群植效果亦佳。园林中常建有桃花专类园。

(11) 李(*Prunus salicina* Lindl.)

蔷薇科,李属。

落叶乔木,高可达 12 m。干皮深褐色。小枝褐色,通常无毛。叶倒卵形或椭圆状倒卵形,边缘有细密、浅圆盾重锯齿。花先于叶开放,常 3 朵簇生,白色,具长柄。核果卵球形,先端常尖,基部凹陷,具 1 纵沟。花期 3~4 月;果期 7~8 月。

嫁接或分株繁殖。

李与桃、杏、梅一样,是我国古老的观赏花木和果树。李花洁白素雅,犹如满树香雪,深受人们的喜爱。可作庭园观赏植物及园林绿化树种,宜孤植、丛植或群植,亦可用于风景林。

(12) 日本晚樱(*Prunus serrulata* (Lindl) G. Don ex London)

蔷薇科,李属。

落叶乔木,高 15～25 m。树皮紫褐色,平滑有光泽,有横纹。叶互生,椭圆形或倒卵状椭圆形,先端尖而有腺体,边缘有芒齿。花白色、红色,花瓣先端有缺刻,常 3～5 朵排成短伞房状总状花序。核果球形,初呈红色,后变紫褐色。花期 3 月;果期 7 月。

嫁接繁殖。

树形洒脱飘逸,花繁而密,是早春重要的园林观花树种,宜孤植或丛植于庭院或草地,也可作园路树。国内外常有樱花专类园设置,或在樱花盛开时盛举行樱花节等花事活动。

(13) 金合欢(*Acacia farnesiana*(L.)Willd.)

豆科,相思树属。

落叶小乔木或灌木,高达 9 m。小枝常呈"之"字形,托叶针刺状。二回羽状复叶,羽片 4～8 对,每羽片具小叶 10～20 对,小叶线状长椭圆形。花小,金黄色,偶为白色,常多个簇生成绒球形头状花序。荚果近圆柱形。花期 3～6 月。

播种繁殖。

金合欢为澳大利亚国花,其花芳香而美丽,是园林绿化、美化的优良树种。

(14) 合欢(*Albizia julibrissin* Durazz.)

豆科,含羞草亚科,合欢属。

落叶乔木,高 10～16 m。树冠常呈伞状。树皮褐灰色,主枝较低。二回偶数羽状复叶,羽片 4～12 对,每羽片具小叶 10～30 对,小叶镰刀状长圆形,中脉明显偏于一边。花序头状,花瓣及花萼黄绿色;雄蕊多数,如绒缨状,花丝基部愈合,上部粉红色。荚果扁条形。花期 6～7 月;果期 9～10 月。

播种繁殖。

合欢树形优美,叶形雅致,在夏季少花季节,粉色绒花满树,能形成轻柔舒畅的气氛。宜作庭荫树、行道树,种植于林缘、房前、草坪、山坡等地。其对有毒气体抗性强,可作工厂绿化树种。

(15) 黄槐决明(*Senna surattensis*(N. L. Burman)H. S. Irwin & Barneby)

豆科,云实亚科,决明属。

落叶小乔木或灌木,高 5～7 m。偶数羽状复叶,小叶 5～10 对,卵形或长椭圆形,在叶轴的最下部 2 或 3 对小叶间有棒状腺体。总状花序生于枝条上部叶腋,有花 10～15 朵,花瓣鲜黄色或深黄色,倒卵形,近等大。荚果扁平,条形。几乎全年开花,但集中在 3～12 月。

播种或扦插繁殖。

黄槐决明树姿优美,生长迅速,花期长,花繁茂而美丽,花果几乎长年不断,为优秀的庭院观赏树。常植于路边、山坡、庭院等处,宛若金花绿伞,极为美观,耐修剪。也可作垂直绿化的材料,或作灌木状栽培。

(16) 凤凰木(*Delonix regia*(Boj.)Raf.)

豆科,云实亚科,凤凰木属。

落叶乔木,高达 20 m。树形为广阔伞形,分枝多而开展。树皮粗糙,灰褐色。小枝常被短绒毛并有明显的皮孔。二回偶数羽状复叶互生,有羽片 15～20 对,每羽片有小叶

20~40 对;小叶密生,细小,长椭圆形,顶端钝圆,基部歪斜,全缘,薄纸质。总状花序伞房状,顶生或腋生;花大,花瓣 5,鲜红色,有长爪。荚果扁平,带状或微弯曲呈镰刀形,下垂。花期 5~8 月。

播种繁殖。

凤凰木树冠高大,花期花红叶绿,满树如火,富丽堂皇,是著名的热带观赏树种。常用作行道树或庭荫树。

(17) 刺桐(*Erythrina variegate* L.)

豆科,蝶形花亚科,刺桐属。

落叶乔木,高 10~20 m。树皮灰色,具圆锥形皮刺。小枝粗壮。三出复叶互生,小叶卵状三角形,先端渐钝尖,基部楔形或广楔形。顶生总状花序,花在叶前开放,蝶形,红色;花萼佛焰苞状,暗红色。花期 2~3 月;果期 9 月。

播种或扦插繁殖。

刺桐花色鲜红,花形奇异,是南方重要的观花树种。适合单植于草地或建筑物旁,可供公园、绿地及风景区美化,也是优良行道树。

(18) 紫檀(*Pterocarpus indicus* Willd.)

豆科,紫檀属。

落叶大乔木,高 20~25 m。冠宽大。树皮黑褐色,树干通直而平滑。奇数羽状复叶互生;小叶 7~12 枚,卵形,先端锐尖,基部钝形,全缘,革质。腋生总状花序或圆锥花序,花金黄色,蝶形,有香味。荚果扁圆形,周围有宽翅。花期 4~5 月。

以枝插或高压法为主进行繁殖。

树性强健,生长迅速,冠大荫浓,为热带和亚热带地区常用的园景树和行道树。

(19) 刺槐(*Robinia pseudoacacia* L.)

豆科,刺槐属。

落叶乔木,高达 25 m。树冠椭圆状倒卵形。树皮灰褐色,深纵裂。枝具托叶刺。奇数羽状复叶互生,小叶椭圆形。花白色,芳香,总状花序腋生,下垂。荚果扁平,条状。花期 5 月;果期 10~11 月。

播种或扦插繁殖。

刺槐树冠宽阔,枝叶浓郁。可作庭荫树、行道树,也可栽植成林作防护林,但其根系浅,不宜种植于强风口处。

(20) 槐(*Styphnolobium japonicum* (L.) Schott)

豆科,蝶形花亚科,槐属。

落叶乔木,高达 20 m。树冠圆球形,树皮灰黑色,浅纵裂。小枝绿色,光滑,有明显黄褐色皮孔。奇数羽状复叶互生,小叶对生,椭圆形或卵形,全缘。花浅黄色,圆锥花序顶生。荚果呈念珠状。花期 6~8 月;果期 10 月。

播种或嫁接繁殖。

槐树树冠广阔,枝叶茂密,花朵繁稠,寿命长,又耐城市环境,因而是良好的庭荫树和行道树。由于其耐烟毒能力强,故又是厂矿区的良好绿化树种。

（21）紫薇（*Lagerstroemia indica* L.）

千屈菜科，紫薇属。

落叶小乔木或灌木，高3～8 m。树皮呈长薄皮状剥落，剥落后树干平滑细腻。小枝略呈四棱形。单叶对生或近对生，椭圆形至长椭圆形，先端尖或钝，基部广楔形或圆形，全缘。花紫红色，圆锥花序着生于当年生枝。蒴果椭圆状球形。花期6～10月；果熟期11月。

播种或扦插繁殖。

紫薇在炎夏少花之季开放，花期长，故称"百日红"，是形、干、花皆美而具很高观赏价值的树种。可栽植于建筑物前、庭院内、道路旁、草坪边缘等处，也是制作盆景和桩景的好材料。

（22）石榴（*Punica granatum* L.）

石榴科，石榴属。

落叶小乔木或灌木，高5～7 m。树皮粗糙，上有瘤状突起。具刺状枝。单叶在长枝上对生或在短枝上簇生；叶长椭圆状倒披针形，全缘。花红色，单生枝端，花萼钟形，紫红色。浆果球形，古铜黄色或古铜红色。花期5～7月；果期9～10月。

播种或分株繁殖。

石榴春天新叶嫩红，秋叶金黄，夏天红花似火，鲜艳夺目，入秋丰硕的果实挂满枝头，在我国民间代表"多子多福"之吉语，颇受群众喜爱，是叶、花、果均可观赏的庭院树，宜在庭前、亭旁、墙隅等处种植。盆栽石榴可供室内观赏。

（23）珙桐（*Davidia involucrate* Baill.）

蓝果树科，珙桐属。

落叶乔木，高15～25 m。单叶互生，阔卵形或近于圆形，先端凸尖，基部心形，边缘有粗锯齿，纸质。花杂性，着生于嫩枝顶端，基部具大型花瓣状的苞片2枚，白色，状似白鸽。核果椭球形。花期4～5月；果期10月。

播种、扦插或压条繁殖。

珙桐枝叶繁茂，花盛时白色的苞片似满树白鸽，故又名"鸽子树"，是世界著名的珍贵观赏树，宜植于池畔、溪旁及休息区。

（24）山茱萸（*Cornus officinalis* Siebold et Zucc.）

山茱萸科，山茱萸属。

落叶乔木或小灌木，高5～10 m。树皮片状剥裂。老枝黑褐色，嫩枝绿色。单叶对生、卵状椭圆形或卵形，顶端尖，基部圆形或楔形，弧形脉6～7对。伞形头状花序腋生，花小、黄色。核果椭圆形，成熟时红色。花期5～6月；果期8～10月。

播种繁殖为主，也可用嫁接和压条繁殖。

山茱萸先花后叶，早春小花呈黄色，新叶呈嫩红，秋末果实成熟时呈鲜红色至深红色，是一种很好的观花观果树种。宜在草坪、林缘、路边、亭际及庭院角隅丛植，也适于小片种植。

1.3.2　灌木

灌木的树体矮小,通常高度小于 6 m 且无明显主干,多数呈丛生状,按其叶型可分为针叶类灌木类和阔叶类灌木两大类。其中,针叶类绝大部分为常绿,阔叶灌木按冬季或旱季是否落叶又分为常绿阔叶类灌木和落叶阔叶类灌木。灌木种类繁多,属性变化丰富,很多种类可以观花、观果或观叶,甚至兼具多种观赏价值,在园林中应用方式多样,应用范围广泛,具有重要的地位。

1. 常绿阔叶类灌木

(1) 鳞秕泽米(*Zamia furfuracea* Ait.)

泽米铁科,泽米铁属。

常绿灌木。羽状复叶集生茎端,长 50～150 cm,小叶 7～13 对,近对生,长椭圆形,长 8～20 cm,边缘中部以上有齿,全缘,叶质厚且硬,幼时密被黄褐色鳞秕,小叶柄有刺。雌球果紫褐色至深褐色,卵状圆柱形,直立具长柄。

播种或分株繁殖。

本种树形奇特,可对植、丛植或散植于园林中,北方常盆栽观赏。

(2) 香柏(*Juniperus Pingii* var. wilsonii (Rehder) Silba)

柏科,圆柏属。

常绿灌木。大枝常呈匍匐状;小枝粗壮,直伸或斜展。叶全为刺叶,背部有明显纵脊,沿脊无细槽;叶排列紧密,下面叶的先端常覆于上面叶的下部,使着生小枝呈柱状六棱形。

播种繁殖。

宜作盆景及岩石园材料。

(3) 含笑花(*Michelia figo* (Lour.) Spreng.)

木兰科,含笑属。

常绿灌木,高 2～3 m。分枝多而紧密,组成圆形树冠。树皮和叶上均密被褐色茸毛。单叶互生,叶椭圆形,绿色,光亮,厚革质,全缘。花单生叶腋,花瓣 6,肉质,淡黄色,边缘常带紫晕,花香袭人,花常呈半开状,犹如美人含笑。果卵圆形。花期 3～4 月。

扦插、压条、嫁接和播种繁殖。

含笑枝叶繁茂,花香浓郁,是园林中优良的芳香花木。适宜广场、庭院及道路绿化,单植、丛植、群植和列植均宜;成林具有一定的抗火能力,可营造防火林。

(4) 月季花(*Rosa chinensis* Jacq.)

蔷薇科,蔷薇属。

有刺灌木或蔓状、攀缘状植物。叶互生,奇数羽状复叶。花单生或排成伞房花序、圆锥花序;花瓣半重瓣或重瓣,具有香气。在开花后,花托膨大,即成为蔷薇果,有红、黄、橙红、黑紫等色,呈卵球形或梨形。

(5) 十大功劳(*Mahonia fortune* (Lindl.) Fedde.)

小檗科,十大功劳属。

常绿灌木,高达 2 m。小叶 2～5 对,无柄,狭披针形,缘有刺齿,硬革质。总状花序,花黄色。浆果圆形或长圆形,蓝黑色,有白粉。花期7~8月;果期10~11月。

播种、扦插和分株繁殖。

十大功劳叶形奇特,花色明丽,观赏价值高。园林中可栽于假山旁侧及石缝中,或栽植成篱,也可成片栽植用作地被。北方常盆栽观赏。

(6)南天竹(*Nandina domestica* Thunb.)

小檗科,南天竹属。

常绿灌木,高约2 m。丛生,少分枝。2~3回羽状复叶互生,小叶革质,近无柄,椭圆状披针形,全缘,冬季常变红。圆锥花序顶生,花小,白色。浆果球形,鲜红色。花期5~7月;果熟期9~10月。

以播种、扦插繁殖为主。

南天竹姿态秀丽,枝干挺拔,羽叶秀美,入秋后树叶变红,红果累累,鲜艳夺目,异常绚丽。适宜丛植于庭院阶前、草地边缘或园路转角处,最易与石相配;亦可篱植或片植;也是常用的盆景树种。

(7)檵木(*Loropetalum chinense* (R. Br.) Oliver)

金缕梅科,檵木属。

常绿或半常绿灌木或小乔木,高4~10 m。小枝、嫩叶和花萼均被锈色星状毛。叶小,互生,椭圆状卵形,基部歪斜,先端急尖。花3~8朵簇生小枝端,花瓣4枚,淡黄白色。蒴果木质,椭圆形。花期4~5月;果期8~9月。

播种、嫁接繁殖。

檵木花开繁密,如覆白雪,甚为美丽。适宜庭院观赏,是优良的常绿异色叶树种,长江流域及其以南常用作彩叶篱,亦可丛植、群植,尤因其耐修剪而常作球形、色带、色块等规则式景观。

(8)山茶(*Camellia japonica* L.)

山茶科,山茶属。

常绿灌木或小乔木,高可达6~9 m。单叶互生,卵圆形至椭圆形,边缘具细锯齿。花单生或成对生于叶腋或枝顶,花径5~12 cm,原种为单瓣红色,栽培品种的花型、花色丰富。花期2~4月。

通常以扦插、嫁接繁殖为主,也可压条、播种繁殖。

山茶四季常青,叶色浓绿,花姿绰约,花色艳丽,且花期很长。在江南地区常丛植或散植于庭园、花径、假山旁或草坪及树丛边缘,也可配置山茶专类园。北方则常盆栽,用来布置厅堂、会场,效果甚佳。

(9)金丝桃(*Hypericum monogynum* L.)

藤黄科,金丝桃属。

半常绿小灌木,高可达1 m。多分枝,全株无毛。小枝圆柱形,红褐色。叶纸质,无柄,对生,长椭圆形。花鲜黄色,枝顶单生或3~7朵集合成聚伞花序;黄色雄蕊多数,基部合生为5束,长于花瓣。花期6~7月。

分株、扦插和播种繁殖。

金丝桃花叶秀丽,束状纤细的雄蕊伸出花瓣,灿若金丝,惹人喜爱,是南方园林中常见的观赏花木。适于群植于庭前、路边、山石旁及草坪等处,均可形成良好的景观。

(10) 金铃花(*Abutilon pictum* (Gillies ex Hook) Walp.)

锦葵科,苘麻属。

常绿灌木,多分枝。掌状叶5裂,缘具粗齿。花单生叶腋,钟形,橘黄色,有紫色条纹。花期5~10月。

扦插繁殖。

金铃花花形奇特,花色艳丽,有较高的观赏价值。园林绿地中常丛植或作为绿篱,在北方多盆栽观赏。

(11) 朱槿(*Hibiscus rosa-sinensis* L.)

锦葵科,木槿属。

常绿大灌木,高可达6 m。叶广卵形至长卵形,缘有粗锯齿,表面有光泽。花大,花冠通常为鲜红色,另有白、黄、粉色及重瓣的栽培品种;雄蕊超出花冠外;花梗长。花期夏秋。

扦插繁殖。

朱槿树形优美,枝叶茂盛,花朵硕大,色彩鲜艳,花期较长,是我国华南地区园林绿化中重要的花木之一,多散植于池畔、庭前、道旁和墙边,亦可修剪成篱。北方地区则多盆栽。

(12) 垂花悬铃花(*Malvaviscus penduliflorus* Candolle)

锦葵科,悬铃花属。

常绿灌木,高约1 m。单叶互生,卵形至长卵形,缘有锯齿。花单生叶腋,红色下垂,仅于端部略开展;雄蕊柱突出花冠外。全年开花。栽培品种"Pink"花呈粉红色。

扦插繁殖。

垂花悬铃花花朵奇特,颜色鲜红,极为美丽,可全年开花。在华南地区适于庭园和风景区栽植,长江流域及以北多盆栽观赏。

(13) 锦绣杜鹃(*Rhododendron × pulchrum* Sweet)

杜鹃花科,杜鹃花属。

半常绿灌木,高达1.8 m。分枝稀疏,枝具淡棕色扁毛。叶纸质,二型,椭圆形至椭圆状披针形,或矩圆状倒披针形。花鲜玫瑰红色,上部有紫斑,雄蕊10,芳香,花芽鳞片外有黏胶。花期2~5月。

可用播种、扦插、嫁接及压条等方法繁殖。

锦绣杜鹃花明艳美丽,有许多品种,是优良的观赏花灌木。可丛植、群植,或与其他种类的杜鹃配置成专类园,极具特色。

(14) 紫金牛(*Ardisia japonica* (Thunberg) Blume)

紫金牛科,紫金牛属。

常绿小灌木,高10~30 cm。地下匍匐茎红褐色;地上茎直立,不分枝。叶椭圆形,缘有尖齿,对生或近轮生,集生茎端,表面暗绿而有光泽。伞形总状花序,花小,白色或粉红色。核果球形,熟时红色,经久不落。花期4~5月;果熟期6~11月。

播种、扦插繁殖。

紫金牛植株低矮,果实繁多,熟时鲜红可爱,经久不落,是很好的观果类灌木,园林中常用作阴湿环境的地被植物,亦是重要的盆景树种。全株可入药。

(15)海桐(*Pittosporum tobira*(Thunb.)Ait.)

海桐花科,海桐花属。

常绿灌木或小乔木,高2~6 m。枝叶密生,树冠圆球形。小枝近轮生。单叶互生,常集生顶端,叶厚革质,有光泽,倒卵形,全缘,边缘略反卷。伞房花序顶生,花小,白色,有芳香。蒴果卵形,熟时3瓣裂,种子红色。花期5月;果熟期10月。

播种、扦插繁殖。

海桐四季常青,株型整齐,叶色油绿并具有光泽,花色素雅且香气袭人;秋季蒴果开裂露出鲜红种子,晶莹可爱。常用作基础种植和绿篱材料,可孤植、丛植于草坪边缘、林缘,或盆栽用于内饰,其切枝亦是插花艺术常用材料。

(16)火棘(*Pyracantha fortuneana*(Maxim.)Li.)

蔷薇科,火棘属。

常绿灌木,高可达3 m。具枝刺,枝幼时有锈色柔毛。叶倒卵形,有疏锯齿,基部渐狭而全缘。复伞房花序,花白色、红色。花期4~5月;果9~11月成熟,且宿存甚久。

播种繁殖为主。

火棘枝叶茂密,初夏白花似锦,入秋红果累累,且经久不凋,是一种优良的观花观果树种。可作花篱、果篱和刺篱,或丛植于草坪、路隅、岩坡及池畔,还可作盆景,其果、枝是瓶插的好材料。

(17)胡颓子(*Elaeagnus pungens* Thunb.)

胡颓子科,胡颓子属。

常绿灌木,高3~4 m。枝条具刺,小枝有锈色鳞片。叶革质,椭圆形至长椭圆形,边缘呈波浪线状;幼叶表面有鳞斑,之后变得平滑并出现光泽,背面幼时也有银白色的鳞斑,之后变成淡绿色。花银白色,下垂,有芳香。果椭球形,熟时红色。花期10~11月;果翌年5月成熟。

多用播种和扦插法繁殖。

胡颓子花开洁白芬芳,果熟红艳可爱,是我国南方园林常见的观赏树种,常植于庭院观赏。果实可食用,核可作装饰品。

(18)细叶萼距花(*Cuphea hyssopifolia* Kunth)

千屈菜科,萼距花属。

常绿小灌木,植株矮小。茎直立,分枝多而细密。叶线形、线状披针形或倒线状披针形,翠绿色。花单生叶腋,小而多;花萼延伸为花冠状、高脚碟状,具5齿,齿间具退化的花瓣;花紫色、淡紫色、白色。花期自春至秋。

以扦插繁殖为主,也用播种繁殖。

细叶萼距花植株低矮,花小而繁多,花色丰富,是花坛、花带及地被的优良材料。

(19)瑞香(*Daphne odora* Thunb.)

瑞香科,瑞香属。

常绿灌木,高可达 2 m。小枝光滑。单叶互生,叶质较厚,表面深绿而有光泽,长椭圆形,全缘。头状花序顶生,花白色或淡红紫色,芳香。核果肉质,圆球形,红色。花期 3～4 月。

播种、扦插、嫁接繁殖,以扦插繁殖为主。

瑞香株形优美,开花时花朵累累,幽香四溢,是良好的观叶观花的植物材料。宜孤植或者丛植于庭园、山坡、树丛之半阴处;列植于道路两旁也极为美观;还可盆栽观赏。

(20) 红千层(*Callistemon rigidus* R. Br.)

桃金娘科,红千层属。

常绿灌木,高达 3 m。叶互生,长披针形。穗状花序稠密,生于近枝顶,形似试管刷;雄蕊多数,鲜红,明显长于花瓣。蒴果。花期 5～7 月。

播种、扦插繁殖。

红千层株形飒爽美观,每年春末夏初,火树红花,满枝吐艳,盛开时千百枝雄蕊组成一支支艳红的"瓶刷子",甚为奇特。其生性强健,栽培容易。华南地区可丛植、群植于园林中,亦可切枝水插观赏。

(21) 青木(*Aucuba japonica* Thunb.)

山茱萸科,桃叶珊瑚属。

常绿灌木,高可达 3 m。叶革质而有光泽,长卵形至卵状长椭圆形,先端渐尖,叶缘上部疏生粗齿。圆锥花序顶生,暗紫色。果卵圆形,红色。花期 3～4 月;果期可至翌年 4 月。

多采用扦插法繁殖。

青木枝繁叶茂,叶色葱绿,四季常青;入冬后果实成熟,红果累累,鲜艳悦目,为冬季观果观叶的珍贵树木。于庭院中点缀数株效果极佳;也可盆栽供室内观赏。

(22) 冬青卫矛(*Euonymus japonicus* Thunb.)

卫矛科,卫矛属。

常绿灌木或小乔木,高可达 3 m。小枝绿色,近四棱形。单叶对生,叶片革质,表面有光泽,倒卵形或狭椭圆形,边缘有细锯齿。聚伞花序腋生,具长梗,花绿白色。蒴果近球形,淡红色,假种皮橘红色。花期 6～7 月;果期 9～10 月。

以扦插为主,亦可播种繁殖。

冬青卫矛枝叶茂密,叶色光亮鲜绿,极耐修剪,为园林中常见绿篱树种,亦可孤植或群植。其栽培变种有金边、银边、金心、金斑、银斑等,尤为美观。

2. 落叶阔叶类灌木

(1) 紫玉兰(*Yulania Liliiflora* (Desrousseaux)D. L. Fu)

木兰科,木兰属。

落叶大灌木,高 3～5 m。小枝紫褐色。叶椭圆形或倒卵状椭圆形,先端急渐尖或渐尖,基部楔形并稍下延。花大,花瓣 6 片,外面紫色,里面近白色;萼片小,3 枚,披针形,绿色。4 月开花。

分株、压条繁殖。

紫玉兰栽培历史悠久,为庭院珍贵花木之一。花蕾形大如笔头,故有"木笔"之称。宜配植于庭院室前,或丛植于草地边缘,还可作嫁接玉兰的砧木。

(2) 蜡梅(*Chimonanthus praecox*(L.)Link.)

蜡梅科,蜡梅属。

落叶灌木,高达 3 m。枝茎呈方形。叶椭圆状卵形至卵状披针形,顶端渐尖,基部圆形或阔楔形,全缘,表面深绿粗糙,背面淡绿。花单朵腋生,蜡黄色,具芳香,有光泽,似蜡质。花期 11 月至翌年 3 月。

播种、嫁接、扦插、分株繁殖。

蜡梅是我国特产的传统名贵观赏花木,有着悠久的栽培历史和丰富的蜡梅文化。蜡梅香气别具一格,色香兼备,冬季开花,花期悠长,可在公园的假山、湖畔群植或者片植,或在建筑、山石、桥旁配置;也可以在草坪中点缀孤植形成小品;亦可作盆景材料和插花。

(3) 夏蜡梅(*Calycanthus chinensis*(W. C. Cheng & S. Y. Chang)W. C. Cheng & S. Y. Chang. ex P. T. L.)

蜡梅科,夏蜡梅属。

落叶灌木,高达 3 m。单叶对生,卵状椭圆形至倒卵圆形,近全缘或具不明显细齿。单花顶生,花瓣白色,边带紫红色,无香气。花期 5 月中下旬。

播种繁殖。

夏蜡梅先花后叶,花朵洁白硕大,宜在假山、湖畔群植或者片植,或在建筑、山石、桥旁配置;也可作盆景和插花材料。

(4) 日本小檗(*Berberis thunbergii* DC.)

小檗科,小檗属。

落叶灌木,高 2～3 m。小枝红褐色,具刺,刺通常不分叉。叶簇生,倒卵形或匙形,全缘。花小,单生或数朵簇生,黄色。浆果椭圆形,熟时鲜红色。花期 5 月;果熟期 9 月。

播种、扦插繁殖。

日本小檗枝叶繁茂,春季黄花满树,入秋叶色变红,果熟红艳可爱,是良好的观叶观果树种。可作观赏刺篱,也可植于池畔、石旁、墙隅或林缘。

同属的紫叶小檗在阳光充足的情况下,叶常年紫红色,为北方最常见的常年异色叶灌木之一,可作篱植、色块、色带等,亦可修剪成球形;自然式丛植效果也很好。

(5) 牡丹(*Paeonia* × *suffruticosa* Andr.)

毛茛科,芍药属。

落叶灌木,高可达 2 m。2～3 回羽状复叶;小叶阔卵形至卵状长椭圆形,先端通常3～5 裂。花大,单生枝顶,花型多样,色彩丰富,有粉、黄、白、紫、豆绿等色及复色。花期 4月下旬至 5 月上旬。

常用分株、扦插和嫁接法繁殖,也可用播种繁殖。

牡丹是我国特有的木本名贵花卉,栽培历史非常悠久,常在古典园林和居民院落中筑花台种植;也可在公园和风景区建立专类园观赏。自然式孤植、丛植或片植均相宜,也适于布置花境、花带及盆栽观赏。通过催延花期,可以使其四季开花,满足人们日常生活和节假日的特殊需求。

(6) 木槿(*Hibiscus syriacus* L.)

锦葵科,木槿属。

落叶灌木或小乔木,高达 6 m。叶互生,卵形或菱状卵形,先端常 3 裂,裂缘缺裂状,基部楔形或圆形,叶缘锯齿。花单生叶腋,具短柄,花大、钟形,单瓣或重瓣,有白、红、淡紫等色。蒴果长圆形,密生星状绒毛。花期 7~10 月;果期 9~11 月。

播种、扦插、压条繁殖。

木槿开花达百日之久,满树繁英,是夏季开花的主要树种之一。可孤植、丛植、列植或作花篱、绿篱。木槿对烟尘和有毒气体的抵抗力很强,可在工矿区大量栽植,是优良的环保树种之一。

(7) 杜鹃(*Rhododendron simsii* Planch.)

杜鹃花科,杜鹃花属。

落叶灌木或半常绿灌木,高约 2 m。枝叶花果均密被棕褐色、扁平的糙伏毛。叶卵状椭圆形,顶端尖,基部楔形。花 2~6 朵簇生于枝端;花萼 5 裂,裂片椭圆状卵形;花冠鲜红或深红色,宽漏斗状,5 裂,片内面有深红色斑点。蒴果卵圆形。花期 4~6 月。

可用播种、扦插、嫁接及压条繁殖。

杜鹃花枝繁叶茂,绮丽多姿,萌发力强,是优良的观赏花灌木。园林中最宜成丛成片栽植于林缘、溪边、池畔及岩石旁,也可于疏林下散植,或作地被植物。杜鹃花耐修剪,是良好的花篱材料。不同种类的杜鹃配置成杜鹃专类园也极具特色。

(8) 老鸦柿(*Diospyros rhombifolia* Hemsl.)

柿科,柿属。

落叶灌木,高 2~4 m,枝有刺。叶卵状菱形至倒卵形。花白色,单生叶腋;宿存萼片椭圆形或披针形。浆果卵球形,顶端有小突尖,有柔毛,熟时红色,有蜡质及光泽。花期 4 月;果期 10 月。

常用播种繁殖。

老鸦柿秋季红果挂满枝头,鲜艳悦目;春季芽苞上有浓密的银褐色茸毛,整个树冠披盖银装,别具一格。宜植于庭院观赏,或作绿篱。

(9) 小花溲疏(*Deutzia parviflora* Bge.)

虎耳草科,溲疏属。

落叶灌木,高 1~2 m。叶片卵状椭圆形至狭卵状椭圆形,边缘具细密的锯齿,两面疏生星状毛。伞房花序,具多花,花小,花冠白色。蒴果近球形。花期 5~6 月。

可用播种和分株法繁殖。

小花溲疏花朵虽小,但花朵繁密,花色素雅,且花期正值花少的初夏,栽培于庭院中观赏甚为美丽。

(10) 绣球(*Hydrangea macrophylla* (Thunb.) Ser.)

虎耳草科,绣球属。

落叶灌木,高 3~4 m。小枝粗壮,无毛,皮孔明显。叶大而对生,椭圆形或倒卵形,有光泽,边缘具钝锯齿。伞房花序顶生,近球形;每一簇花中央为可孕的两性花,呈扁平状,外缘为不孕花,每朵具有扩大的萼片4枚,呈花瓣状;亦有花序中部几乎全为不育花,花序近球形者;花粉红色、蓝色或白色。花期6~7月。

扦插、分株及压条繁殖。

绣球株型端正,叶形秀丽,花团锦簇,花大色美,花期较长,是一种既适宜庭院栽培,又适宜盆栽观赏的理想花木。园林中可配置于林下、路缘及建筑物背面。

(11) 太平花(*Philadelphus pekinensis* Rupr.)

虎耳草科,山梅花属。

丛生灌木,高2~3 m。树皮栗褐色,呈薄片状剥落。叶卵形、卵状长椭圆形,基部三出脉,先端渐尖,边缘疏生细锯齿。花5~7(9)朵成总状花序,花瓣4,乳白色,有香气。蒴果近球形或倒圆锥形。花期5~6月;果熟期9~10月。

可用扦插、播种、分株、压条等方法繁殖。

太平花在我国栽培历史悠久,宋仁宗时就将其栽植于宫廷,并赐名为"太平瑞圣花"。其枝叶繁茂,花朵秀丽,有芳香,非常适宜在古典园林中应用,植于假山或山石旁;亦可植于草地、林缘、园路拐角和建筑物前。

(12) 贴梗海棠(*Chaenomeles speciosa*(Sweet)Nakai)

蔷薇科,木瓜属。

落叶灌木,高可达2 m,老枝有刺。叶卵形至椭圆形,先端尖,缘有锐齿,托叶大,肾形或者半圆形。花3~5朵簇生于二年生枝上,花梗极短,花瓣5,白色、粉红色或者朱红色。梨果卵形或者近球形,黄色或黄绿色,有香气。花期3~4月;果期9~10月。

常用分株、压条、嫁接等方法繁殖。

皱皮木瓜春天开花,花多而密,朱红衬托嫩绿,绰约可爱,秋天则黄果芳香,是良好的观花观果树种,为园林中的重要花木。其适合栽植于庭院、路边、花坛、草坪、水边及围墙、假山等处;亦可密植作围篱,颇为美观。

(13) 平枝栒子(*Cotoneaster horizontalis* Dcne.)

蔷薇科,栒子属。

半常绿或落叶匍匐灌木。株高约50 cm,冠幅达2 m。枝条水平开张成整齐2列状。叶小、厚革质,近圆形或宽椭圆形,先端急尖,基部楔形,全缘。花小,无柄,粉红色。果近球形,鲜红色,经冬不落。花期5~6月;果期9~12月。

播种、扦插繁殖,但以扦插繁殖为主。

平枝栒子春天小花秀丽,掩映绿叶之中;入秋红果累累,经冬不落,且秋色叶鲜红艳丽,既可观叶观花又可赏果,是不可多得的园林绿化材料。常丛植于斜坡、岩石园、水池或山石旁,或散植于草坪上,亦可用作绿篱或地被景观,还可制作盆景;果枝可用于插花。

(14) 白鹃梅(*Exochorda racemosa*(Lindl.)Rehd.)

蔷薇科,白鹃梅属。

落叶灌木,高3~5 m。全株无毛。叶椭圆形或倒卵状椭圆形,全缘或上部有疏齿,先端钝或具短尖。总状花序,花6~10朵,白色。蒴果倒卵形。花期4~5月;果期8~9月。

可分株、扦插、播种繁殖,分株成活容易。

白鹃梅树姿优美,春季白花如雪似梅,洁白无瑕,叶色翠绿,是美丽的观赏树种。宜在草坪、林缘、路边或山石旁等处栽植;桥畔、亭前配置亦有优良的景观效果;还是制作树桩盆景的良好材料。

(15) 棣棠(*Kerria japonica*（L.）DC.)

蔷薇科,棣棠花属。

落叶丛生小灌木,高 1～2 m。小枝鲜绿色,光滑,有棱。单叶互生,叶卵形至卵状椭圆形,顶端长尖,基部楔形或近圆形,边缘有锐重锯齿。花金黄色。瘦果黑色。花期 4～5 月;果期 7～8 月。

多用扦插和分株繁殖。

棣棠花枝条碧绿,花色艳丽,是既可观枝又可赏花的优良植物。可丛植于水畔、坡地、林缘及草坪边缘,也可栽植作花径、花篱,或与假山配植,景观效果极佳。

(16) 榆叶梅(*Prunus triloba*（Lindl.）Ricker)

蔷薇科,李属。

落叶灌木,有矮主干,高 3～5 m。叶宽椭圆形至倒卵形,先端尖,有时 3 裂,边缘有不等的粗重锯齿。花粉红色,常 1～2 朵生于叶腋,有单瓣、重瓣及红花重瓣等品种。核果近球形,红色。花期 4 月;果期 7 月。

可用嫁接或播种繁殖。

榆叶梅枝叶茂密,花繁色艳,且品种丰富,是我国北方春季园林中的重要观花灌木。宜植于公园草地、路边,或庭院中的墙角、池畔等处;孤植、丛植、列植或为花篱景观极佳;也可盆栽或作切花。

(17) 现代月季(*Rosa hybrida* E. H. L. Krause)

蔷薇科,蔷薇属。

现代月季是我国的香水月季、月季和七姊妹等输入欧洲后,在 19 世纪上半叶与当地及西亚的多种蔷薇属植物杂交并且长期选育而成的杂种月季品种群。灌木或藤本。叶较厚、较大且表面有光泽。花型丰富,复瓣至重瓣,淡香至浓香。连续开花,以 5～6 月及 9～10 月为盛花期。

以嫁接、扦插及组织培养繁殖为主。

现代月季的应用非常广泛,可布置花坛、花境,点缀草坪;可构成内容丰富的月季专类园;可用以构成庭院的主景和衬景;可盆栽观赏;亦是世界最著名的切花。

(18) 玫瑰(*Rosa rugosa* Thunb.)

蔷薇科,蔷薇属。

落叶灌木,茎丛生,高达 2 m。茎直立,密生刚毛与锐刺。奇数羽状复叶,小叶 5～9 枚,椭圆形或椭圆状倒卵形,边缘有锯齿,也多皱,表面深绿色,背面稍白粉色,网状脉明显,有柔毛,托叶附着于总柄上。花单生或数朵簇生,玫红色,浓香。盛花期 4～5 月。

多用播种、分株、扦插技术进行繁殖。

玫瑰花叶秀丽,花香浓烈,沁人心脾,且开花时间长,是园林中优美的香花灌木。最宜作花篱、花境及坡地栽植。玫瑰花还可提炼高级香精或作香料用。

（19）黄刺玫(*Rosa xanthina* Lindl.)

蔷薇科,蔷薇属。

落叶灌木,茎丛生,高1～3 m。小枝褐色或褐红色,具皮刺。奇数羽状复叶,小叶7～13枚,近圆形或椭圆形,边缘有锯齿。花单生,单瓣或半重瓣,黄色。果球形,红褐色。花期4～5月;果期7～8月。

可分株、压条、扦插繁殖,以扦插繁殖为主。

黄刺玫开花时一片金黄,鲜艳夺目,且花期较长,是北方春季重要的观赏花木。园林中可丛植于路缘、草坪,或者作花篱兼刺篱,均可形成良好的景观。

（20）华北珍珠梅(*Sorbaria kirilowii* (Regel) Maxim.)

蔷薇科,珍珠梅属。

落叶灌木,茎丛生,高2～3 m。枝条开展,小枝圆柱形,幼时绿色,老时红褐色。奇数羽状复叶,具小叶13～21枚,对生,披针形至长圆披针形,边缘有尖锐重锯齿。圆锥花序顶生,大而密集,花小而白色,蕾时如珍珠。蓇葖果长圆柱形。花期6～7月;果期9～10月。

可播种、扦插及分株繁殖。

华北珍珠梅的叶清秀美丽,花期正值少花的夏季,洁白的颜色正可为炎热夏季增添凉爽之感,且其性喜阴,非常适合在建筑背阴处种植,列植、丛植均有良好的效果。

（21）珍珠绣线菊(*Spiraea thunbergii* Sieb. ex Blume.)

蔷薇科,绣线菊属。

落叶灌木,高可达1.5 m。枝纤细而密生,开展并拱曲。单叶互生,叶柄短或近无柄,叶线状披针形,先端渐尖,边缘有钝锯齿,两面无毛。伞形花序,具3～5朵花,无总梗,花小,白色,蕾时如珍珠。花期3～4月。

多用分株繁殖,也可扦插及播种繁殖。

珍珠绣线菊植株轻盈,白花繁密如雪,为优良观花灌木。可丛植于池畔、坡地、路旁、岩边或树丛、草坪边缘,颇具雅趣。此外,还是做切花的优良材料。

（22）双荚决明(*Senna bicapsularis* (L.) Roxb.)

豆科,决明属。

落叶或半常绿直立灌木,高达3.5 m。羽状复叶,小叶3～5对,倒卵形至长椭圆形,先端圆钝,叶面灰绿色,叶缘金黄色;第1～2对小叶间有凸起的腺体。伞房状总状花序,花金黄色。细荚果圆柱形,种子褐黑色。花期9月至翌年1月。

扦插、播种繁殖。

双荚决明花色金黄,灿烂夺目,常散植、丛植于林缘、草坪等处或盆栽观赏。

（23）散沫花(*Lawsonia inermis* L.)

千屈菜科,散沫花属。

半常绿大灌木,高3～5 m。小枝略呈四棱形,通常有刺。叶对生,狭椭卵形或倒卵形,无毛,具短柄。圆锥花序顶生,花小,径达0.6 cm,花瓣4,边缘内卷,白色、玫瑰红或朱砂红色,具芳香。种子近圆锥形。花期夏季。

可用播种、扦插繁殖。

散沫花极芳香,是园林中优秀的芳香树种,可栽植于庭院观赏。花可用来提取香料,也可作为红色染料。

(24) 红瑞木(*Cornus alba* Linnaeus)

山茱萸科,梾木属。

落叶灌木,枝丛生,高可达 3 m。老干暗红色,新枝血红色。单叶对生,卵形至椭圆形,秋天变红。聚伞花序顶生,花小,乳白色。核果斜卵圆形,熟时白色或略带蓝色。花期5～6 月;果期8～10 月。

可播种、扦插和压条繁殖。

红瑞木枝条终年鲜红,春夏花朵洁白,入秋后树叶红艳,果熟后小果洁白晶莹,是很好的观干、观花、观叶及观果植物。园林中适宜丛植、群植于草坪、路边、角隅等处,与常绿植物相间种植,冬季雪后形成红绿白相映的效果,尤为美观。

1.3.3　藤蔓类

1. 常绿藤本类

(1) 鹰爪花(*Artabotrys hexapetalus*(L. f.)Bhandari)

番荔枝科,鹰爪花属。

常绿攀缘灌木。单叶互生,叶纸质,长圆形或阔披针形。花较大,1～2 朵生于钩状总花梗上,淡绿色或淡黄色,芳香;花瓣6,2 轮,长圆状披针形,长 3～4.5 cm;萼片 3,卵形,基部合生,绿色。花期5～8 月。

以播种繁殖为主,也可用扦插或高压法进行繁殖。

因其花似鹰爪而得名。花形奇特,花香浓郁,花期颇长,是花架、花墙的好材料,也可盆栽观赏。

(2) 薜荔(*Ficus pumila* L.)

桑科,榕属。

常绿攀缘或匍匐藤本。以不定根攀缘于墙壁或树上。全株含乳汁,小枝有棕色绒毛。叶有两型,营养枝上的叶小而薄,卵状心形,基部斜;花枝上的叶较大而近革质,卵状椭圆形,全缘;叶柄短粗。果梨形或倒卵形,长约 5 cm。花、果期5～8 月。

播种、扦插或嫁接繁殖。

薜荔叶质厚,深绿发亮,寒冬不凋。园林中宜将其攀缘于岩坡、山石、墙垣和树上,郁郁葱葱,可增加自然情趣。成熟果可食用。果、根、枝均可入药。有小叶及斑叶之栽培品种。

(3) 叶子花(*Bougainvillea spectabilis* Willd.)

紫茉莉科,叶子花属。

常绿攀缘藤本。枝叶密生柔毛,具弯刺。单叶互生,全缘,卵形,有柄,密被绒毛。花3 朵顶生,细小,黄绿色,各具有 1 大型鲜红色叶状苞片。其在我国华南多于冬春季开花,在长江流域及以北盆栽常于6～12 月开花。

常用扦插、压条、嫁接和组培繁殖。

叶子花的苞片大而美丽,鲜艳似花,色彩多变,品种繁多,给人以奔放热烈的感受。在南方常作绿篱及修剪出造型,也可作坡地、围墙的覆盖或棚架攀缘材料,北方多用于盆栽观赏以及花坛中心花材,还可做盆景。

(4) 珊瑚藤(*Antigonon leptopus* Hook. et Arn.)

蓼科珊,瑚藤属。

常绿半木质藤本。地下块根肥厚。单叶互生,箭形至矩圆状卵形,全缘,基部心形。总状花序生于顶端或上部叶腋,花序轴顶端延伸成卷须状,花两性,花被裂片 5,桃红色。瘦果三棱形,包藏于扩大而纸质的宿存花被内。花期 3～12 月;果期冬季。

播种及压条繁殖。

在热带地区四季常绿,花繁茂而美丽,是优良的垂直绿化植物,用以美化棚架、墙垣效果极佳;也可盆栽观赏。

(5) 油麻藤(*Mucuna sempervirens* Hemsl.)

豆科,黧豆属。

常绿大型木质藤本,长可达 25 m。三出复叶互生,革质,顶生小叶卵状椭圆形,侧生小叶斜卵形。总状花序常生于老茎上,长 10～36 cm,每节上有 3 花,花暗紫,蜡质,有臭味。荚果木质长带形,长约 40 cm。花期 4～5 月;果期 8～10 月。

扦插繁殖。

常春油麻藤翠绿葱郁,浓荫覆盖,开花时一串串花序宛如紫色宝石,是美丽的棚架及垂直绿化材料,也可用于岩坡、悬崖绿化。全株可供药用。

(6) 扶芳藤(*Euonymus fortunei*(Turcz.)Hand.-Mazz.)

卫矛科,卫矛属。

常绿藤本。茎借助不定根匍匐或攀缘。叶对生,薄革质,椭圆形,稀为矩圆状倒卵形,边缘齿浅不明显。聚伞花序,具长梗,顶端 3～4 次分枝,每枝由多数短梗花组成球状小聚伞,分枝中央有一单花,花小,白绿色。蒴果黄红色,近球形,种子有橙红色,假种皮。花期 5～6 月;果期 10 月。

扦插、播种、压条繁殖。

扶芳藤叶色浓绿,在气候寒冷地区入秋后叶色变红。常用于点缀园庭粉墙、山岩、石壁,亦可用作林下地被或护坡。

(7) 洋常春藤(*Hedera helix* L.)

五加科,常春藤属。

常绿木质藤本。借气生根攀缘。单叶互生,全缘,营养枝上叶 3～5 浅裂;花果枝上的叶无裂或卵状菱形。伞形花序顶生,小花黄白色。核果球形,浆果状,径 6 mm,熟时黑色。花期 7～8 月;果翌年 4～5 月成熟。

扦插或压条繁殖。

洋常春藤叶形美丽,风姿优雅,为观叶植物之上品。我国南方地区可露地栽植;用以装点假山、岩石,或在建筑阴面作垂直绿化材料,也可作地被或绿篱;华北地区可选小气候良好的稍阴环境栽植;也可室内盆养,是垂吊栽植的良好材料;其枝蔓还可用于插花。

(8) 软枝黄蝉(*Allamanda cathartica* Linnaeus)

夹竹桃科,黄蝉属。

常绿藤状灌木。株高达 4 m。枝条软,弯垂,具白色乳汁。叶近无柄,3~4 片轮生,偶对生,倒卵状披针形或长椭圆形。花腋生,花冠漏斗形,5 裂,金黄色,冠筒细长,基部不膨大,长 7~11 cm,径 5~7 cm。蒴果球形,具长刺,黑色。花期 7~9(10)月;果期 10~12 月。

扦插繁殖。

软枝黄蝉枝条柔软,自然匍匐,花大而色艳,极具观赏价值。常应用于庭院、围篱美化及花廊花架、建筑基础、驳岸、斜坡绿化等,但其树皮、叶、种子、花及乳汁均有毒,故不宜用于儿童活动区。

(9) 络石(*Trachelospermum jasminoides* (Lindl.) Lem.)

夹竹桃科,络石属。

常绿木质藤本。借气生根攀缘,具乳汁。茎赤褐色。单叶对生,椭圆形或宽倒卵形,全缘,革质。二歧聚伞花序顶生或腋生,花白色,芳香;花冠高脚碟状,裂片 5,开展并右旋,形如风车。花期 5~7 月。

压条、扦插、播种繁殖。

络石四季常青,花朵洁白芳香,暖地可用作地被植物,还可植于庭院,使其攀爬于墙垣、山石、廊架上,效果颇佳。北方可盆栽观赏。

(10) 龙吐珠(*Clerodendrum thomsoniae* Balf. f.)

唇形科,大青属。

常绿攀缘状灌木。株高 2~5 m。枝条细柔下垂。叶片纸质,对生,长圆形,长 4~10 cm。聚伞形花序腋生或假顶生,二歧分枝;花萼膨大,白色,基部合生,顶端 5 深裂;花冠深红色,雄蕊及花柱长而突出。核果球形,外果皮光亮,棕黑色。花期长,为 6~11 月。

以扦插繁殖为主,也可播种繁殖。

花开时红色的花冠从白色的萼片中伸出,色彩鲜艳,花形奇特,开花繁茂,宜布置篱垣或作垂吊盆花观赏。全株可入药。

(11) 蔓马缨丹(*Lantana montevidensis* Briq.)

马鞭草科,马缨丹属。

常绿蔓性灌木。枝下垂铺散或蔓状,被柔毛。单叶对生,卵形,揉碎后有强烈的气味,边缘有粗齿。头状花序,直径约 2.5 cm,具长总花梗,花淡紫红色;苞片阔卵形,长不超过花冠管的中部。花期为全年,以春夏为盛。

播种、扦插繁殖。

蔓马缨丹花朵美丽,可集中栽植作开花地被,或与山石、驳岸、建筑墙角搭配,柔化线条。根、叶、花可入药。

(12) 山牵牛(*Thunbergia grandiflora* (Rottl. ex Willd.) Roxb.)

爵床科,山牵牛属。

常绿大藤本。株可高达 7 m 以上，攀缘性极强，全体被粗毛。单叶对生，三角状卵圆形或心形，5～7 浅裂，基部心形，具长柄。总状花序下垂，花大，花冠漏斗状，径 9～16 cm，初期蓝色，后逐渐变淡，末期近白色。蒴果具喙，长约 3 cm。花期全年，夏秋两季最盛。

扦插繁殖。

山牵牛因蒴果开裂时似乌鸦嘴而有俗名"大花老鸦嘴"。其植株粗壮，覆盖面积大，花朵稠密，成串下垂，花期长，是大型棚架、建筑墙面及篱垣垂直绿化的好材料。

（13）炮仗藤（*Pyrostegia venusta*（Ker-Gawl.）Miers）

紫葳科，炮仗藤属。

常绿藤本。茎粗壮，长达 8 m，小枝有 6～8 纵棱。三出复叶对生，其中顶生小叶常变为 3 分叉的卷须，以攀附他物；其他小叶卵形至卵状椭圆形，全缘。顶生圆锥状聚伞花序，下垂；花冠筒状，长约 4～6 cm，橙黄色至橙红色。蒴果线形，扁平，有纵肋；种子具翅。花期 1～6 月。

常用扦插及压条方法进行繁殖。

炮仗藤因花列成串，累累下垂，状如炮仗而得名。花橙红茂密，极为鲜艳。花期长，在我国南方，花期适值圣诞、元旦、春节等中外佳节，可增加节日气氛，确属应景时花。园林中常用作装点墙垣、绿廊、棚架、山石等的垂直绿化材料。

（14）蒜香藤（*Mansoa alliacea*（Lam.）A. H. Gentry）

紫葳科，蒜香藤属。

常绿藤本，以卷须攀缘，花、叶在搓揉之后会有浓烈的大蒜香味。茎长 2～4 m，枝条披垂，具卷须和肿大的节。复叶对生，小叶 2 片，椭圆形，浓绿有光泽，全缘，叶柄木质。聚伞花序腋生或顶生，花冠漏斗形，先端 5 裂，花初开时粉红色或粉紫色，后渐变淡。蒴果扁平，长线形。花期全年。

播种、扦插、压条繁殖。

蒜香藤花色多变，盛花时花团锦簇，格外引人注目，可地栽使其攀附于篱笆、围墙、棚架之上，也可盆栽观赏。

（15）忍冬（*Lonicera japonica* Thunb.）

忍冬科，忍冬属。

半常绿缠绕藤本。茎褐色，幼嫩枝条绿色。单叶对生，叶卵圆形，有短柄，两面无毛。花成对生于叶腋；苞片 2，卵形，叶状；花冠长 3～4 cm，外有柔毛，花冠管略长于裂片，花有白色、黄色，清香。浆果，成熟时黑色。花期 4～6 月；果期 10～11 月。

播种、分株、压条、扦插繁殖均可。

忍冬俗名金银花，藤蔓缭绕，夏花不绝，黄白相映，清香宜人，而冬叶微红，是色香兼备的藤本植物。可用于篱垣、花架、花廊等的垂直绿化，或附在山石上、植于沟边、爬于山坡、用作地被，富有自然情趣。

（16）绿萝（*Epipremnum aureum*（Linden et Andre）Bunting）

天南星科，麒麟叶属。

大型常绿藤本植物。茎节处生有气根。叶卵心形至长卵形，浓绿色或镶有黄白色不规则的斑点或斑块。因肥水条件不同,叶大小差异较大。

以扦插繁殖为主。

绿萝枝繁叶茂,终年常绿,耐阴性好,热带亚热带地区以其绿化岩壁、树干,可攀缘数十米之高,北方普遍用作室内观叶植物。

(17) 龟背竹(*Monstera deliciosa* Liebm.)

天南星科,龟背竹属。

常绿攀缘藤本。茎粗壮,绿色,借助气生根攀附,长 3～6 m,节显著。叶互生,厚革质,暗绿色或绿色;幼叶心脏形,无穿孔,长大后叶呈矩圆形,具不规则羽状深裂,自叶缘至叶脉附近孔裂,如龟甲图案。肉穗花序近圆柱形,长 17.5～20 cm,淡黄色,佛焰苞,厚革质,宽卵形,长 20～25 cm,苍白带黄色。浆果,淡黄色。花期 8～9 月;果于翌年花期后成熟。

扦插和播种繁殖。

龟背竹株形优美,叶片形状奇特,叶色浓绿且富有光泽,整株观赏效果较好。园林中可用于装点大型棚架、山石、岩壁等处。盆栽置于宾馆、饭店大厅及室内花园的水池边和大树下,颇具热带风光。

(18) 春羽(*Philodendron selloum* K. Koch)

天南星科,喜林芋属。

常绿攀缘藤本。茎粗壮直立,上有明显叶痕,密生气根。叶聚生于茎顶,大型;叶色浓绿有光泽,呈革质;叶柄长约 40～50 cm;幼叶三角形,不裂或浅裂,后变为广心形,基部楔形,羽状深裂,裂片有不规则缺刻;基部叶片较大,缺刻较多。肉穗花序,单性花,无花被,总梗甚短;佛焰苞绿色,有宿存性。浆果白色至橘红色。花期 3～5 月。

以分株繁殖为主,也可扦插或播种繁殖。

春羽株形优美,叶片巨大,观赏效果好,园林中常用于装点山石、岩壁、驳岸等处。华南地区将其布置于室内,富热带雨林气氛。汁液有毒。

2. 落叶藤本类

(1) 铁线莲(*Clematis florida* Thunb.)

毛茛科,铁线莲属。

落叶或半常绿藤本。2 回 3 出复叶对生;小叶狭卵形至披针形,长约 2～5 cm。花单生于叶腋,具 2 叶状苞片;花瓣状萼片 6 枚,长达 3 cm,淡黄白色或白色。瘦果倒卵形,扁平。花期 5～6 月。

播种、压条、嫁接、分株或扦插繁殖均可。

铁线莲花大而雅致,花繁期久,开花场面壮观,是优良的棚架植物,可用于点缀墙篱、花架、花柱、拱门、凉亭,也可散植观赏,或盆栽布置阳台、窗台和室内盆架等。但本科植物繁殖较困难,所以园林中还未大量应用。

(2) 野蔷薇(*Rosa multiflora* Thunb.)

蔷薇科,蔷薇属。

落叶灌木或藤本。株高 1～2 m。枝细长,向上生长或蔓生,有皮刺。奇数羽状复叶互生;小叶 5～9 枚,倒卵状圆形至距圆形;叶柄和叶轴常有腺毛;托叶大部附着于叶柄上,先端裂片呈披针形,边缘篦齿状分裂并有腺毛。伞房花序圆锥状,花多,直径 2～3 cm,白色,芳香。果球形至卵形,直径 6 mm,红褐色。花期 5～6 月;果期 7～9 月。

以扦插繁殖为主,也可嫁接、压条、分株繁殖等。

野蔷薇花洁白如雪,红果点点,甚为美丽。可栽植作花篱,同时也是嫁接月季、蔷薇类的砧木。果实可酿酒,花、果、根、茎都可供药用。变种和栽培变种很多,园林应用时可搭配使用。

(3)紫藤(*Wisteria sinensis*(Sims)DC.)

豆科,紫藤属。

落叶大型攀缘藤本。茎左旋,缠绕于它物攀缘而上升。枝较粗壮。奇数羽状复叶互生,小叶 7～13 枚,卵形或卵状披针形,先端渐尖,基部圆形或宽楔形。总状花序侧生,下垂,长 15～30 cm。花冠紫色或深紫色,长达 2 cm,芳香。荚果扁,长条形,长 10～20 cm,密生黄色绒毛。花期 4～5 月,于叶前或与叶同时开放。

以播种、分株、压条、扦插、嫁接等方法繁殖。

我国著名的观花藤本,栽培历史悠久,早在唐代就有相关记载。我国古典园林中对其格外偏爱,多用于棚架或与山石搭配,自有一番情趣。紫藤枝叶茂密,遮荫效果强;花大色美,芳香怡人,是优良的棚架、门廊、山面绿化材料;亦可与枯树搭配形成美妙景观;也可修剪成灌木状;还可制成盆景和盆栽供室内装饰。其嫩叶及花可食用,茎皮、花及种子可入药。

(4)使君子(*Quisqualis indica* L.)

使君子科,使君子属。

落叶藤本。茎蔓长 3～8 m。单叶对生,薄纸质,矩圆形、椭圆形至卵形,表面光滑,背面有时疏生锈色柔毛。短穗状花序顶生,下垂,组成伞房花序式;萼筒绿色,细管状;花瓣 5 枚,长 1.5～2 cm,花色由白逐渐变淡红直至红色,具香气。果近橄榄核状,熟时黑色,有 5 棱。花期 5～9 月;果期 6～10 月。

可用播种、分株、枝插、压条和根插等方法繁殖。

使君子花轻盈优雅,为优良观赏藤本,园林中常应用于棚架、墙垣等绿化。种子为著名的儿科良药。

(5)南蛇藤(*Celastrus orbiculatus* Thunb.)

卫矛科,南蛇藤属。

落叶藤本。蔓长达 12 m。单叶互生,叶形变化较大,从近圆形至倒卵形或长圆状倒卵形,边缘有细钝锯齿。聚伞花序腋生,间有顶生,呈圆锥状而与叶对生,花序长 1～3 cm,小花 1～3 朵,黄绿色,雌雄异株,偶有同株。蒴果近球形,棕黄色。种子外被有橙红色、肉质假种皮。花期 5～6 月;果期 7～10 月。

播种、扦插或压条繁殖。

南蛇藤春夏叶色油绿,生机盎然,秋季叶片经霜变红或黄;叶落后蒴果裂开,露出鲜红色的假种皮,颇有趣味。可用作棚架、墙垣、岩壁的攀缘绿化材料,亦可植于溪河、池塘岸边，映成倒影，也很别致。

（6）地锦（*Parthenocissus tricuspidata*（Siebold & Zucc.）Planch.）

葡萄科，地锦属。

落叶藤本。卷须短，多分枝，顶端有吸盘。单叶对生，花枝上的叶宽卵形，通常 3 裂，也有下部枝上的叶分裂成 3 小叶，幼枝上的叶较小，常不分裂。聚伞花序通常着生于两叶之间的短枝上，长 4～8 cm；花瓣 5，顶端反折。浆果小球形，熟时蓝黑色。花期 6 月；果期 9～10 月。

以播种、压条和扦插等方法进行繁殖。

地锦俗名爬山虎，攀缘能力强，叶色浓绿，入秋叶色变红或橙黄。园林中多攀缘于岩石、大树或墙壁上，常栽培作墙面绿化用。茎、根可入药；果可酿酒。

实训案例 1　棕榈科植物种类、生长特性及园林应用调查

一、实训目的

在某一地区选取某一科属植物进行种类、生长特性及园林应用状况调查,了解植物在当地生长的适生性、栽培养护特性及园林应用前景。

二、实训要求

拟定调研方案,进行实地调查,提交研究报告。

棕榈科植物是单子叶植物纲中一个非常特殊的类群,也是最重要的热带树种代表科之一。棕榈科植物多为常绿植物,其形态有乔木、灌木或木质藤本。目前全世界约有210属2 800~3 000 种[1]。据不完全统计,原产于我国的棕榈科植物种质资源至今约有18 属 100 多种;在我国南方引种时间已久,并已归化的约 10 属 16 种[2]。可用于园林绿化及观赏的野生棕榈科植物有 12 属 44 种,其中乔木型 8 种,灌木型 36 种[3]。棕榈科是颇具特色的植物类群,为人类提供油料、淀粉、饮料、藤类、优质蜡及其他产品;也是最为独特的观赏植物,不论是园林绿化还是室内栽培均有极佳的观赏效果,是构成我国南方城市景观的重要植物类群之一[4-6]。

近年来棕榈科植物在全国各地均有引种栽培。有研究显示,四川省攀西地区引种栽培的观赏棕榈类植物共有 19 属 30 种[7-8]。绵阳市近年来也引进了部分棕榈科植物,对绵阳市棕榈科植物的种类、生长状况及应用形式的调查研究,可更好地促进棕榈科植物在绵阳园林绿化中的合理应用。

三、研究背景

1. 绵阳自然气候概况

绵阳市位于四川盆地西北,东经 103°45′-105°43′,北纬 30°42′-33°03′,属于东部亚热带季风气候区,气候温和,四季分明。年均气温在 18.7~21℃,无霜期 252~300 天,年日照时数在 927.7~1 376.7 h,相对湿度全年平均为 70%~80%,以偏北风和东北风为主要风向,年平均风速在 0.8~1.6m/s。市境冬季较温暖,降雪极少,市区年平均降雪日数为1.4~2.5 天。

2. 调查内容

分别调查绵阳市城区棕榈科植物种类、生长特性及越冬情况;绵阳市公园、居住区、道路等不同绿地类型和室内绿化中棕榈科植物的应用和配置方式。

四、调查结果与分析

1. 绵阳市棕榈科植物种类调查

如表 1 所示,绵阳市引种栽培的棕榈科植物有 10 属 14 种。其中蒲葵属(*Livistona*)2

种、棕榈属（*Trachycarpus*）1 种、棕竹属（*Rhapis*）2 种、鱼尾葵属（*Caryota*）2 种、刺葵属（*Phoenix*）1 种、假槟榔属（*Archontophoenix*）1 种、散尾葵属（*Chrysalidocarpus*）1 种、竹节椰属（*Chamaedorea*）2 种、皇后椰属（*Syagrus*）1 种、丝葵属（*Washing tonia*）1 种。在绵阳栽植数量较多的棕榈科植物主要有蒲葵属、棕榈属、棕竹属和刺葵属植物，其他种类的数量较少。

表 1　绵阳市引种栽培的棕榈科植物名录

属名	种名	原产地	繁殖方式
蒲葵属（*Livistona*）	裂叶蒲葵（*Livistona decipiens*）	中国南部	播种
	蒲葵（*Livistona chinensis*）	中国南部	播种
棕榈属（*Trachycarpus*）	棕榈（*Trachycarpus fortunei*）	中国华南	播种
丝葵属（*Washing tonia*）	丝葵（*Washingtonia filifera*）	墨西哥西北部	播种
棕竹属（*Rhapis*）	细叶棕竹（*Rhapis gracilis*）	中国华南、华东	播种或分株
	多裂棕竹（*Rhapis multifida*）	中国云南南部	播种或分株
鱼尾葵属（*Caryota*）	鱼尾葵（*Caryota maxima*）	中国南部	播种
	董棕（*Caryota obtusa*）	印度、中国	播种
刺葵属（*Phoenix*）	加拿利海枣（*Phoenix canariensis*）	西班牙加那利群岛	播种
假槟榔属（*Archontophoenix*）	假槟榔（*Archontophoenix alexandrae*）	澳大利亚昆士兰	播种
散尾葵属（*Chrysalidocarpus*）	散尾葵（*Chrysalidocarpus lutescens*）	马达加斯加	播种或分株
竹节椰属（*Chamaedorea*）	袖珍椰子（*Chamaedorea elegans*）	墨西哥	播种
	竹节椰子（*Chamaedorea seifrizii*）	墨西哥	播种或分株
皇后椰属（*Syagrus*）	金山葵（*Syagrus romanzoffiana*）	南美洲	播种

2. 绵阳市城区棕榈科植物的生态适应性调查

由表 2 看出，从形态上观察，绵阳引种栽培的棕榈科植物生长正常，与原产地的植株相比，叶型和树形均无明显差别。叶片类型主要为羽状叶和掌状叶，具有掌状叶的有蒲葵、棕榈、裂叶蒲葵、棕竹等；具有羽状叶的有假槟榔、加拿利海枣和袖珍椰子等。从树形特征上来说，有粗壮高大的乔木，也有丛生茂盛的灌木。调查结果表明，绵阳城区目前栽培的棕榈科植物株高均在 8 m 以下，即使是大型乔木树种如棕榈、裂叶蒲葵和金山葵等，株高也都较矮，可见与原产地相比，绵阳的棕榈科植物生长速度要慢一些。但总体看来，植株的叶片颜色正常，生长势良好，如蒲葵、裂叶蒲葵、棕榈、加拿利海枣、细叶棕竹、多裂棕竹等。

绵阳引种栽培的棕榈植物的耐寒能力不同。蒲葵属、棕榈属、丝葵属、棕竹属、刺葵属植物的耐寒能力较好，适应能力强，生长好。而鱼尾葵属、假槟榔属、皇后椰属的棕榈植物耐寒能力一般，生长情况略差一些，但是仍能正常露地越冬。散尾葵属、竹节椰属植物则不耐寒冷，生长也很慢，不能露地越冬，只能够在室内栽培。

表2　绵阳棕榈科植物生长表现

种名	形态	越冬情况
裂叶蒲葵 (*Livistona decipiens*)	常绿乔木,植株挺拔,高大,叶掌状,前端有点分裂,肉穗花序腋生	叶片边缘2~3 cm处变黄,变黄处有小斑点,耐寒,生长很好
蒲葵 (*Livistona chinensis*)	植株挺拔,高大,叶掌状、肾状扇形,肉穗花序腋生,排成圆锥花序	叶片长势较好,深绿色,生长旺盛,很耐寒冷
棕榈 (*Trachycarpus fortunei*)	常绿乔木,植株高大、挺拔、直立,叶片圆扇形,有狭长皱折,掌裂至中部,圆锥状肉穗花序腋生,花小而黄色,果实褐色	叶片整体长得很好,墨绿色,没有黄叶,很耐寒冷
丝葵 (*Washingtonia filifera*)	常绿乔木,主干通直,叶黄绿至灰绿色,掌状中裂,圆形或扇形折叠	其干枯的叶子下垂,覆盖在茎干上,叶簇斜上或水平伸展,下方的下垂,灰绿色,能够露地越冬,较耐寒
细叶棕竹 (*Rhapis humilis*)	常绿丛生灌木,株丛挺拔,叶形秀丽,花冠管为实心柱状体,果球形	叶尖变黄,少数干枯,能够露地越冬,很耐寒冷,生长很好
多裂棕竹 (*Rhapis multifida*)	常绿丛生灌木,株丛挺拔,叶形秀丽	叶片常绿,植株能够露地越冬,很耐寒冷,生长很好
鱼尾葵 (*Caryota maxima*)	常绿灌木,植株挺拔,叶二回羽状全裂,肉穗花序,叶似鱼鳍,果淡红色	最下面的枝条比上面的颜色较暗,叶片边缘的1~2 cm处干枯,能够露地越冬,较耐寒冷,生长较慢
董棕 (*Caryota obtusa*)	常绿乔木,植株直立、高大、挺拔,二回羽状复叶,茎秆雄壮,叶片大型	老叶弓状下垂,叶片边缘有少许的黄色,较耐寒冷,生长较慢
加拿利海枣 (*Phoenix canariensis*)	常绿乔木,叶大型,羽状复叶,株形挺拔,肉穗花序,花黄色	叶片墨绿,生长旺盛,很耐寒冷,生长很好
假槟榔 (*Archontophoenix alexandrae*)	常绿乔木,羽状复叶簇生干端,叶背有绒毛被覆物,茎干有阶梯状环纹,干的基部膨大	叶片向下垂,叶边缘干枯变黄,甚至整叶枯萎,较耐寒冷,生长一般
散尾葵 (*Chrysalidocarpus lutescens*)	常绿灌木,丛生,基部分蘖较多,羽状复叶,干光滑黄绿色,环状鞘痕明显,羽状全裂	叶片未变黄,但不能露地越冬,须室内栽培,返春后枝干中空,会向两边散开,不耐寒冷
袖珍椰子 (*Chamaedorea elegans*)	常绿矮灌木,茎干细长直立,羽状复叶	叶片颜色无明显变化,墨绿色,不能露地越冬,只能室内栽培,生长较慢
竹节椰子 (*Chamaedorea seifrizii*)	丛生灌木,茎干直立,株姿优美,羽状全裂	叶片深绿色,不能露地越冬,只能室内栽培,生长较慢
金山葵 (*Syagrus romanzoffiana*)	常绿乔木,干直立、挺拔,中上部稍膨大,光滑有环纹	叶片生长很好,颜色正常,植株生长很快,较耐寒冷

3. 棕榈科植物在绵阳市的园林应用形式

棕榈科植物是一类极其独特的园林植物,它们集形态美、色彩美、风格美于一体,具有极高的欣赏价值。作为热带风光的标志,棕榈科植物以其优美的形态、顽强的生命力及易于种植的特性为园林造景提供了极佳的素材。棕榈科植物的配置形式多样,绵阳市应用的棕榈科植物的配置形式有孤植、群植、行植、丛植等。不同形态和观赏特性的棕榈科植物的配置形式不同,从而营造出不同的景观效果。棕榈科植物在绵阳市道路、公园、居住区等均有应用。

棕榈科植物具有树形美、落叶少、便于清理等特点,常用于道路绿化,或与道路附近的建筑物和其他公共设施配套,如蒲葵、棕榈、加拿利海枣、假槟榔等单生茎干乔木,树干粗壮高大,使树叶不会妨碍司机的驾驶视线。同时,棕榈科植物根系较浅,不会危及墙基及地下管线安全。棕榈科植物在绵阳市道路中的应用比较典型的有海棕路上的裂叶蒲葵、跃进路上的棕榈,作为行道树的骨干树种,较好地体现出热带风光的宜人景致。

棕榈科植物常在居住区或庭院的中心、大门入口等重点区域进行配植,可充分发挥它的立体层次和构景作用,成为园林中的主景树种。在居住区绿化中,多将鱼尾葵、棕竹等多干丛生种类紧密种植成一道绿色屏障,用以分隔庭院空间,增加景观层次;或者将独干乔木型种类作为小区行道树,效果美观;或利用自然独特的形态来衬托规则式的建筑形体[8]。如绵阳某小区采用裂叶蒲葵和加拿利海枣、棕榈相结合作为小区行道树和游泳池配植树种。在室内绿化方面,棕榈科植物以其特有的装饰美化效果而备受青睐。经过市场调查,目前绵阳市常见的品种有散尾葵、袖珍椰子、竹节椰子和棕竹等。在公园里,棕榈科植物除了作为园中道路的绿化树种外,还可以种植形成棕榈植物区或棕榈岛,或在公园的山石、水旁、景墙、门窗前后点缀种植少量低矮、秀丽的棕榈科植物。种植时,可以单种群植,也可以多种混植成景。如绵阳市人民公园在品茶休闲区栽植成片的棕榈,组成了一个棕榈林,形成了热带风格。在铁牛广场上,坛植的裂叶蒲葵五棵一群、两棵一组,采用借景的手法和不远处的涪江和谐统一,给人一种"蒲葵岛"的感觉(图1~图4)。

图1 某小区的加拿利海枣和蒲葵、
裂叶蒲葵的混植

图2 棕竹的丛植

| 图 3　裂叶蒲葵在道路上的应用 | 图 4　铁牛广场上坛植的裂叶蒲葵 |

五、结论

绵阳市已经引种栽培的棕榈科植物有 10 属 14 种,其中蒲葵属 2 种、棕榈属 1 种、棕竹属 2 种、鱼尾葵属 2 种、刺葵属 1 种、假槟榔属 1 种、散尾葵属 1 种、竹节椰属 2 种、皇后椰属 1 种、丝葵属 1 种。其中应用较多的有刺葵属的加拿利海枣、蒲葵属的裂叶蒲葵和蒲葵、棕榈属的棕榈、棕竹属的细叶棕竹和多裂棕竹。而散尾葵属、竹节椰属、皇后椰属的应用还很少。

绵阳引种栽培的棕榈科植物中,大部分能适应绵阳的气候和环境,生长基本正常。这表明绵阳在引种栽培棕榈科植物方面具有良好的自然条件和发展潜力。但是,某些生态适应性强、观赏价值高的品种,在绵阳的应用形式还不够充分,如假槟榔在绵阳只是用作庭院树,其实树姿优美而管理粗放的假槟榔还很适宜作为行道树。

参考文献

[1] 钟如松,何洁英,伍有声,等.引种棕榈图谱[M].合肥:安徽科学技术出版社,2004.

[2] 林秀香,陈振东.我国棕榈科植物的研究进展[J].热带作物学报,2007,28(3):115-119.

[3] 王勇进.我国的野生棕榈科园林观赏植物资源[J].中国野生植物资源,2002,21(6):9-11.

[4] 孙大江,韩周林.四川棕榈科植物引种栽培及园林应用现状[J].福建林业科技,2008,35(2):260-264.

[5] 何平,罗关兴,陈建雄.四川攀西地区观赏棕榈类植物的引种调查初报[J].西南园艺,2005,33(5):28-29.

[6] 邓武军.棕榈科植物在园林造景中的应用[J].广东林业科技,2007,23(1):112-115.

[7] 梁心如,沈虹,吴桂昌,等.浅谈道路绿地中的棕榈科植物[J].广东园林,1998(4):49-50.

[8] 林秀香,陈振东,胡德友.棕榈科植物在园林绿化中的应用[J].福建热作科技,2000(1):26-28.

实训案例 2　成都市名木古树种类调查、保护现状及保护措施

　　古树指生长百年以上的老树;名木指具有社会影响、闻名于世的树,树龄也往往超过百年。古树分为国家一、二、三级,国家一级古树树龄 500 年以上,国家二级古树 300～499 年,国家三级古树 100～299 年[1]。国家级名木不受年龄限制,不分级。古树名木素有活文物之美誉,是悠久历史的见证,是宝贵的人文和自然财富。其不仅具有一般树木所具有的生态价值,而且是研究当地自然历史变迁的重要材料,能够为了解本地区气候、森林植被与植物区系的变迁,为农业生产区划提供参考[2]。在引种中,外来的古树可作为参照系,或直接作为研究材料。成都气候温和,雨水充沛,年均气温 16℃,冬无严寒,夏无酷暑,气候条件有利于植物的生长繁殖,然而随着城市化进程的日益加快,名木古树的生长状况令人担忧[3]。因此,进一步加强成都市名木古树的保护管理,选择正确的名木古树保护及复壮管理的新技术新方法尤为重要。

一、调查方法

　　主要采用到相关部门查询信息和实地考察的调查方法。由于成都市的名木古树多分布于各城区的公园或名胜古迹中,所以实地考察主要选择了成都五个城区的代表地点,分别为青羊区的杜甫草堂、武侯区的望江楼、锦江区的塔子山公园、成华的昭觉寺和动物园、金牛区的金牛公园和九里堤公园。

二、成都市名市古树种类调查、保护现状

1. 名木古树资源概况

　　据调查,截至 2011 年,成都(包括各个市区县在内)的名木古树总数为 5 473 株,树龄在 500 年以上的一级古树有 147 株,树龄在 300～499 年的二级古树有 467 株,树龄在100～299 年的古树有 4 214 株。数量在 100 株以上的共有八个树种,其中以银杏最多,共计 1 802 株,楠木 1 503 株,绿黄葛树 357 株,樟树 325 株,柏木 293 株,皂荚 228 株,红豆树192 株,罗汉松 152 株(表 1)。

表 1　成都市名木古树主要树种分布

种名	科属	拉丁名	数量/株
银杏	银杏科银杏属	*Ginkgo biloba* L.	1 802
樟树	樟科樟属	*Cinnamomum camphora*(L.)Presl	325
绿黄葛树	桑科榕属	*Ficus virens* Aiton	357
柏木	柏科柏木属	*Cupressus funebris* Endl.	293
皂荚	豆科皂荚属	*Gleditsia sinensis* Lam.	228

（续表）

种名	科属	拉丁名	数量/株
红豆树	豆科红豆属	*Ormosia hosiei* Hemsl. et Wils.	192
罗汉松	罗汉松科罗汉松属	*Podocarpus macrophyllus*（Thunb.）Sweet	152
楠木	樟科楠属	*Phoebe zhennan* S. Lee et F. N. Wei	1 503

　　成都五个市区名木古树总数为1826株,具体的分布情况为:青羊区918株,这与该区内公园和名胜古迹较多有关;武侯区468株,以武侯祠博物馆和望江楼公园为分布主体;锦江区234株,以林科院和塔子山公园为分布主体;金牛区148株,主要分布在一些单位院内;成华区58株,主要分布在动物园和昭觉寺(表2)。总体而言,古树名木多分布于各城区的公园或名胜古迹中,亦有少数分布于街道、机关单位。

表2　成都市五个区名木古树分布状况

地区	青羊区	锦江区	金牛区	武侯区	成华区
主要分布地	杜甫草堂、百花潭公园	塔子山公园、林科所	一些街道和机关院内	武侯祠博物馆和望江楼公园	动物园和昭觉寺
数量/株	918	234	148	468	58

2. 名木古树生长现状调查分析

（1）各调查点名木古树分析

① 杜甫草堂名木古树分析

　　通过调查分析,杜甫草堂共有111株名木古树。因为名木古树较多,且分散分布于草堂内各处,所以只调查了分布于各景点处的共计53株名木古树,这些名木古树隶属于10科11属,共11种,其中樟树、楠木、银杏较多,分别为23株、8株、5株。杜甫草堂中生长旺盛、枝繁叶茂的名木古树有29株;生长良好的有14株;生长一般的有8株;生长状况较差、枝叶稀疏的有2株(见表3)。

　　在调查中发现,53株名木古树中有近10株树干上有裂缝、树洞,有7株对树体进行了处理,处理方法为刮去有害的腐烂的树皮组织,再涂抹上保护剂,另外3株则未进行任何的处理,而没有及时、尽早地对树洞裂缝进行科学的处理对名木古树的生长是极其不利的。在杜甫草堂中还发现有3株名木古树树体倾斜,但都采取了相应的措施,如加水泥柱对树体进行支撑。

表3　杜甫草堂名木古树种类与生长状况统计

树种	科属	数量/株	生长状况			
			旺盛	良好	一般	较差
朴树	榆科朴属	2	1	1		
樟树	樟科樟属	23	11	6	4	2
楠木	樟科楠属	8	5	2	1	

树种	科属	数量/株	生长状况			
			旺盛	良好	一般	较差
皂荚	豆科皂荚属	1	1			
柏木	柏科柏木属	4		3	1	
雪松	松科雪松属	2	2			
银杏	银杏科银杏属	5	5			
刺楸	五加科刺楸属	2	1		1	
绿黄葛树	桑科榕属	2	2			
罗汉松	罗汉松科罗汉松属	3	1	2		
无患子	无患子科无患子属	1			1	
统计	10科11属	53	29	14	8	2

② 望江楼公园名木古树分析

据调查分析，望江楼公园共有名木古树 56 株，隶属于 6 科 6 属，共 6 种，主要为红豆树、樟树、银杏，分别为 27 株、15 株、8 株。从生长状况分析，56 株名木古树中生长旺盛的有 31 株；生长状况良好的 18 株；生长状况一般的为 4 株；生长状况较差的为 3 株（表 4）。在调查中发现，有 7 株名木古树树干上有洞且有虫害，但相关部门并没有采取措施以减少其对名木古树的伤害；有两株古树树体倾斜，但已采取了相应措施以保护树木。

表 4　望江楼公园名木古树种类与生长状况统计

树种	科属	数量/株	生长状况			
			旺盛	良好	一般	较差
红豆树	豆科红豆属	27	6	15	3	3
樟树	樟科樟属	15	13	1	1	
银杏	银杏科银杏属	8	8			
麻楝	楝科麻楝属	1	1			
紫薇	千屈菜科紫薇属	3	1	2		
罗汉松	罗汉松科罗汉松属	2	2			
统计	6科6属	56	31	18	4	3

③ 塔子山公园名木古树分析

据调查统计，塔子山公园的名木古树隶属于 5 科 5 属，共 5 种，计 44 株，其中樟树居多，为 15 株，其次为绿黄葛树 13 株，水杉 8 株。名木古树的生长状况分别为 25 株生长旺盛，14 株生长良好，5 株生长一般（表 5）。在调查中发现，塔子山公园的树木保护工作做得不是很好,很多树木上有裂缝、树洞、虫蚁,没有相关的工作人员进行养护管理,这对树木的生长是极其不利的。

表5　塔子山公园名木古树种类与生长状况统计

树种	科属	数量/株	生长状况			
			旺盛	良好	一般	较差
樟树	樟科樟属	15	8	5	2	
银杏	银杏科银杏属	6	4	2		
绿黄葛树	桑科榕属	13	3	7	3	
广玉兰	木兰科木兰属	2	2			
水杉	杉科水杉属	8	8			
统计	5科5属	44	25	14	5	

④ 动物园与昭觉寺名木古树分析

据调查,动物园与昭觉寺共有名木古树45株,隶属于7科8属,共8种。名木古树主要种类为银杏、水杉、樟树,分别有11株、11株、8株。名木古树的生长状况分别为36株生长旺盛,9株生长良好(表6)。调查发现,动物园与昭觉寺的名木古树保护工作做得很好,多数生长旺盛,但仍有3株树干有伤口且未进行有效的保护。

表6　动物园与昭觉寺名木古树种类与生长状况统计

树种	科属	数量/株	生长状况			
			旺盛	良好	一般	较差
樟树	樟科樟属	8	5	3		
楠木	樟科楠属	4	4			
银杏	银杏科银杏属	11	10	1		
水杉	杉科水杉属	11	11			
无患子	无患子科无患子属	3	2	1		
绿黄葛树	桑科榕属	6	2	4		
刺槐	豆科刺槐属	1	1			
枫杨	胡桃科枫杨属	1	1			
统计	7科8属	45	36	9		

⑤ 九里堤公园与金牛公园名木古树分析

据调查,九里堤公园与金牛公园共有名木古树25株,隶属于4科4属,共4种。名木古树种类为银杏、水杉、樟树、绿黄葛树,分别有8株、8株、5株、4株。名木古树的生长状况分别为22株生长旺盛,3株生长良好(表7)。调查发现,九里堤公园与金牛公园的名木古树由于比较少,故保护工作做得很好,多数为生长旺盛。

表7 九里堤公园与金牛公园名木古树种类与生长状况统计

树种	科属	数量/株	生长状况			
			旺盛	良好	一般	较差
银杏	银杏科银杏属	8	8			
樟树	樟科樟属	5	4	1		
水杉	杉科水杉属	8	8			
绿黄葛树	桑科榕属	4	2	2		
统计	4科4属	25	22	3		

（2）各城区名木古树种类、数量、胸径和生长势

通过对成都市五个地区的选址调查分析，名木古树在青羊区的杜甫草堂53株，武侯区的望江楼公园56株，锦江区的塔子山公园44株，成华区的昭觉寺和动物园共45株，金牛区的九里堤公园和金牛公园共25株。五个地区调查点的名木古树共计223株，分别隶属于15科18属，共18种。主要的树种有樟树、银杏、红豆树、绿黄葛树以及水杉，分别为66株、38株、27株、25株和27株（表8）。

表8 名木古树种类

树种	科名	属名	拉丁名	数量/株
樟树	樟科	樟属	*Cinnamomum camphora* （L.）Presl	66
楠木	樟科	楠属	*Phoebe zhennan* S. Lee et F. N. Wei	12
银杏	银杏科	银杏属	*Ginkgo biloba* L.	38
红豆树	豆科	红豆属	*Ormosia hosiei* Hemsl. et Wils.	27
绿黄葛树	桑科	榕属	*Ficus virens* Aiton	25
无患子	无患子科	无患子属	*Sapindus saponaria* L.	4
罗汉松	罗汉松科	罗汉松属	*Podocarpus macrophyllus* （Thunb.）Sweet	5
朴树	榆科	朴属	*Celtis sinensis* Pers.	2
紫薇	千屈菜科	紫薇属	*Lagerstroemia indica* L.	3
雪松	松科	雪松属	*Cedrus deodara* （Roxb. ex D. Don）G. Don	2
柏木	柏科	柏木属	*Cupressus funebris* Endl.	4
皂荚	豆科	皂荚属	*Gleditsia sinensis* Lam.	4
麻楝	楝科	麻楝属	*Chukrasia tabularis* A. Juss.	1
水杉	杉科	水杉属	*Metasequoia glyptostroboides* Hu & W. C. cheng	27
刺槐	豆科	刺槐属	*Robinia pseudoacacia* L.	1
枫杨	胡桃科	胡桃属	*Pterocarya stenoptera* C. DC.	1
刺楸	五加科	刺楸属	*Kalopanax septemlobus* （Thunb.）Koidz.	2
广玉兰	木兰科	木兰属	*Magnolia grandiflora* L.	2

调查结果表明,调查点名木古树胸径在 3 米以上的有 16 株,占 7.17%;2.5～3 米的共计 21 株,占 9.42%;2～2.5 米有 46 株,占 20.63%;1.5～2 米的共计 75 株,占 33.63%;1～1.5 米的有 58 株,占 26.01%;1 米以下的 7 株,占 3.14%(表 9)。从生长势看,枝繁叶茂、生长旺盛的树共计 143 株,占 64.13%;长势较好,有少量枯枝但树叶较茂盛的树共计 58 株,占 26.01%;长势一般,树干有较多裂缝的树共计 17 株,占 7.62%;生长势较差,枝叶较少的树共计 5 株,占 2.24%(表 10)。因此,成都市的名木古树需要进一步更好地养护管理,使其更好地生长。

表 9　名木古树胸径统计

胸径/m	<1	1～1.5	1.5～2	2～2.5	2.5～3	>3
数量/株	7	58	75	46	21	16
所占比例/%	3.14	26.01	33.63	20.63	9.42	7.17

表 10　名木古树生长势统计

生长势	数量/株	所占比例/%
旺盛	143	64.13
良好	58	26.01
一般	17	7.62
差	5	2.24

三、对名木古树保护管理中存在的问题的分析

1. 衰败及死亡

随着树龄的增长,树木生理机能逐渐下降,根系吸收养分水分的能力越来越差,树体的新陈代谢变慢,不能提供足够的养分能量供树体生长,因此树木消亡是必然的[4]。同时一些树木生长在不利的环境条件下,如房屋边、山坡上、墓地里等,土壤贫瘠,营养面积小,随着树体的生长增大,汲取的养分水分不能维持其正常生长,从而生长不良、衰弱甚至死亡[5]。自然状态下雷击对名木古树的伤害最大;此外,夏天大雨大风的天气较多,导致较多名木古树树体倾斜。

2. 人为影响

相关工作部门对名木古树的养护管理不是很到位,比如发现有很多名木古树存在病虫害问题,但有的并没有采取相应的措施;有些树体倾斜的古树无支撑或是支撑物已损坏,并未达到保护目的。近几年在城市改造和小区建设的工程设计中有时没有考虑避让古树,而是对古树实施斩首、修枝,极大地影响了名木古树的正常生长[6]。名木古树多生长在风景区,游客较多,有的游客缺乏对名木古树的保护意识。近几年名木古树的观赏经济价值也日益增加,因此有很多不法商贩开始盗卖、倒卖名木古树,这对名木古树的生长是非常不利的。

四、名市古树保护的措施

1. 建立更加全面的档案、增加保护名木古树的法律和宣传

在调查中发现,有的管理部门对名木古树建立了相应的档案,能更好地便于相关人员的管理以及资料的查询[7]。

2. 日常养护管理的规范化

保持树木含有适量水分,控制好供水和排水,控制其生长的土壤湿度和空气湿度,是延缓名木古树老化的首要措施。据树木生长和发育的需要,进行合理的施肥有助于树木的生长发育。因为名木古树生长年代久远,周围土壤多板结,所以应对树体周围的土壤进行松土或换土,以利于树体更好地生长[8]。由于名木古树衰老,故容易发生病虫害,加速其老化,对此应以预防为主、防治结合、综合治理。每年休眠期时应对枯枝进行修剪,生长期对病弱枝进行短截,以促发新枝。对于萌蘖能力强的树种,可截除死亡的古树干,由根蘖枝进行更新。

在调查中发现,很多名木古树的树干中存在着不同程度的腐烂,这会带来病害、风化和雨水侵蚀等危害,因此应做好树木的防护保护工作。对树木创伤应及时采取处理措施以防伤口腐烂导致病虫害。在树干创口过大不易愈合时,可采用桥接法进行创伤修补。若伤口木质部裂开、腐烂,形成树穴或树洞严重影响树木生长的,要及时采取措施修补树洞。因为名木古树年代久远,主干和主枝常有枯死,造成树木、树冠失去均衡,树体容易倾斜;又因树体衰老,枝条容易下垂,因此都需要其他物体的支撑。大多名木古树都安装有避雷针以减少雷击的发生。

3. 名木古树的复壮

根系的生长直接关系到古树的长势,因此根系复壮是名木古树复壮的重点。对于树势衰弱的古树可以用桥接法。在需要桥接的古树周围均匀种植 2～3 株同种幼树,幼树生长旺盛后,将古树树干一定高度处的韧皮部切开,将幼树的树枝削成楔形插入古树韧皮部,用绳子绑紧,以利其愈合。因为幼树根系的吸收能力强,在一定程度上改善了古树体内的水分和养分状况,对恢复古树的生长势有良好的效果。名木古树当树冠外围枝条生长弱时,可采用回缩修剪,截去枯枝、弱枝,以促发新枝。

参考文献

［1］孙超,车生泉.古树名木景观价值评价——程式专家法研究[J].上海交通大学学报(农业科学版),2010,28(3):209-217.

［2］余金良,章银柯,朱炜.杭州西湖风景名胜区古树名木保护现状及前景探讨[J].山东林业科技,2010,40(3):118-121.

［3］陈善波,杨文渊,陈善均,等.三苏祠古树名木资源调查与养护管理研究[J].黑龙江农业科学,2009(6):81-83.

［4］何贤平,邬玉芬,冯家浩.东南沿海名木古树消亡规律与保护管理对策——以浙江省宁海县为例[J].华东森林经理,2011,25(4):52-56,61.

［5］叶枝茂,吴祥青,吴盛清.庆元县古树名木减少原因及保护措施[J].现代农业科技,2009(17):212-214.

［6］廖海坤.园林古树名木的树体保护与管理[J].安徽农学通报,2012,18(24):141-142.

［7］李刚,高亚杰,张冬梅.浅谈古树名木的复壮[J].城市建设理论研究,2012(22):211-215.

［8］张秀云.浅谈名木古树的复壮与养护[J].农业科学,2011(27):157.

第二章 园林植物配置与造景

2.1 园林植物配置的特点与艺术

2.1.1 园林植物配置的特点

关于园林植物的配置，各国有各国的特点。西方古典园林以"规整式"园林为主，园内的山、水、树、石，由于理性主义哲学的主导而表现出一种"理性的自然"和"有秩序的自然"，因此，植物景观多为规则式。植物被修剪成各种几何形体和鸟兽图案，体现着一种"人定胜天"的思想。这些规则式的植物景观与规则式园林中建筑的线条、外形及体量相协调，有很高的人工艺术价值。

甚至世界上一些国家对园林的理解已不仅仅限于一个公园或景点，而是从国土规划开始就注重植物景观了。要创造出丰富多彩的植物景观，首先要有大量的植物材料。一些经济发达的西方国家，不仅限于对本国植物的利用，还大量收集引种国外树种，为园林造景服务。一些国家在植物造景时常喜欢大片栽植同一种类的植物，以体现"量大就是美"的原则。

而中国人抱着"天人合一"的思想，对自然情有独钟。中国古典园林对植物的利用是"自然有情感"的一种体现，对植物的选择与配置极为讲究。历代诗词、散文、游记等中都有对园林植物配置的相关记载。钱泳《履园丛话》中有："造园如作诗文，必使曲折有法，前后呼应，最忌堆砌，最忌错杂，方称佳构。"园林要达到曲折有致的意境，植物的选择与配置也起很大的作用。中国古典园林非常重视四季植物景观的创造。古典私家园林尤以江南园林为经典，其植物造景常以简洁取胜，"贵精不贵多"，以孤植或三四株丛植为主。单株的选择以色、香、姿俱全者为上品；两株则一俯一仰；多株丛植更是各有向背，体现动势。这种看似散乱，实则相互呼应的配置手法与中国画的"经营位置"颇为吻合。如苏州网师园小山丛桂轩，庭院呈狭长形，庭中以桂花为主，加以腊梅、白玉兰、槭树、西府海棠、鸡爪槭等，突出"小山丛桂"主题的同时也做到四季有景；又如苏州环秀山庄，假山、藤萝丛生，宛若自然。中国古典园林植物配置并无固定模式，但总是取法自然，因地制宜。

2.1.2 园林植物的配置艺术

植物配置，是运用艺术技法把各种植物的所有要素组合起来，以美的形式使园林植物的形象美和基本特性得到最充分的发挥，创造出美的环境。

园林塑造的城市美,已举世公认,而植物正是构成园林美的主要角色。植物对园林美的贡献,一般认为主要是向游人呈现出视觉的美感,其次才是嗅觉的。有人认为东方比较重视嗅觉的美感,人们历来喜爱的花卉大部分是香花,如兰花、白玉兰、茉莉、梅花等。艺术心理学则认为视觉最容易引起美感,而眼睛最敏感的是色彩,其次才是体形和线条等。根据这些情况,赏心悦目的植物,除去特殊癖好之外,最受欢迎的是色彩动人,其次才是香气宜人,然后是体形美、线条美等。因此千百年来,园林植物的栽培与选育者一直围绕着这些喜好而开展研究工作。

以自然美为基础,结合社会生活,按照美的规律与原则,即多样与统一、对比与调和、韵律与节奏、主体与从属、均衡与稳定、比例与尺度进行植物、建筑景观创作,称为园林艺术。由于植物的生长虽然具有时间的变化,但相对来说是比较缓慢的,不易察觉,静的内容胜过动的内容,可以触摸,能够观察,感受力持久且丰富多彩,并且在将自然美再现于园林之中时,甚至因集锦而提高了美感等,因此园林艺术可归入造型艺术的范畴。

2.2　植物配置的造景功能和原则

2.2.1　植物配置的造景功能

在园林建设中,植物是主要的造园要素之一,它不仅能净化空气、绿化大地、保护生态环境,而且在创造园林景观、丰富园林空间方面也发挥着愈来愈重要的作用。可以说用植物创造景观将是未来园林发展的方向。

随着社会经济的发展,城市人口迅速膨胀,用地紧张,高耸的建筑、密集的楼林,将城市居民与大自然相隔离,并阻挡了新鲜空气在郊外与市中心之间的流通,因而产生"热岛效应"。此外,工厂烟尘的排放,车辆、机械的轰鸣等,既污染了城市空气,又阻塞了居民的嗅觉、视觉和听觉,进而使城市空间境域内的生态失调,城市环境质量下降,这就使得现代人越来越渴望回到郁郁葱葱、鸟语花香的绿色世界之中。

近年来,我国的园林绿地建设比较注重植物景观的设计,强调植物的合理配置,为提高环境的生态效益、实现大地园林化作出了不懈的努力。但有些地方,园林绿地的规划建设还没有突破传统古建园林的模式,热衷于仿古建筑和假山叠石,忽视了绿色植物的功能作用。不可否认,中国传统园林是世界造园史上的艺术瑰宝,我们应当继承和发扬优秀的传统艺术。但是,随着时代的进步,环境问题已成为当代人类社会面临的一个重大热门课题。以生态学为指导,以植物为主体,建立一个完善的、多功能的、良性循环的生态系统是当今世界环境保护的必然趋势。植物不仅在保护生态环境方面发挥着重要作用,而且在创造优美的园林景观方面也发挥着重要作用,对此,我们必须加以重视。

1. 植物造景

园林植物形态各异,有圆锥形、卵状圆锥形、卵圆形、伞形、圆球形等。园林植物的叶色也多种多样,如紫、红、橙、黄、深绿、淡绿等。在绿色的基调上,不同色彩的花木能够组成绚丽多彩的画面。可以说世界上没有哪种物体可以像植物这样生机勃勃、千变万化。"万竹引清风""秋风生桂枝",利用植物材料,可以创造出富有生命活力的园林景观。

（1）园林植物能表现时空变化

园林空间是包括时间在内的四维空间。这个空间随着时间的变化而相应地发生变化,这主要表现在植物的季相演变方面。植物的自然生长规律形成了"春天繁花盛开,夏季绿树成荫,秋季红果累累,冬季枝干苍劲"的四季景象,由此产生了"春风又绿江南岸""霜叶红于二月花"的特定时间景观。随着植物的生长,植物个体也相应变化,由稀疏的枝叶到茂密的树冠,对园林景观产生了重要影响。根据植物的季相变化,把不同花期的植物搭配种植,使得同一地点在不同时期产生不同景观,给人以不同的感受。而植物与山水、建筑的配合,也会因植物的季相变化而表现出不同的画面效果。

（2）利用园林植物创造观赏景观

植物材料是造园要素之一,这是由园林植物独特的形态、色彩、风韵之美所决定的。园林中栽植的孤立木,往往因其浓冠密覆或花繁叶茂而格外引人注目。如银杏、银桦、白杨主干通直、气势轩昂,松树曲虬苍劲,这些树往往作为孤立木栽植,构成园林主景。而将几棵树按一定的构图方式配置形成树丛的形式,既能表现出树木的群体美,又能表现出树木的个体美,整体上有高低远近的层次变化,能形成较大的观赏面。更多的树木组合如群植,则可以构成群体效果。植物布局应疏密错落有致,在有景可借的地方,树要栽得稀疏,树冠要高于或低于视线以保持透视线;视线杂乱的地方则要用致密的树加以遮挡。

2. 利用植物创造空间

城市园林绿地常用建筑、山水等来分隔空间,而利用植物材料也能达到同样效果。如南京玄武湖翠洲有一块草坪,四周用雪松、海桐封闭,形成较封闭的安静休息区(图2-1),另一块临水草坪用树林相隔,构成半封闭空间(图2-2);厦门植物园内用茂密的树林围出草坪的边界(图2-3)。用绿篱来分隔空间是最常见的方式,如南京市太平北路的珍珠河畔就用绿篱将绿地与城市交通干道分隔,既能减弱噪音,构成封闭、安静的街头绿地,又与城市街道绿化相结合,为过往行人和附近居民提供小憩、活动的场地。

图2-1　玄武湖休息区　　　　图2-2　玄武湖临水草坪　　　　图2-3　厦门植物园的树林
（图片来源:《园林景观植物配置》）　（图片来源:《玄武湖秋色》）　（图片来源:《竹类植物园》）

3. 利用植物改造地形

地形的高低起伏,往往使人产生新奇感,同时也增强了空间的变化。利用植物能调节地形的高低起伏。高大的乔、灌木种于地形较高处,能加强高耸的感觉;种于凹处则使地形显得平缓(图 2-4)。园林中有时要强调地形的起伏变化,若采用挖土堆山的方法,要耗费大量的人力、物力和财力,若用植物来弥补地形变化的不足,则可达到事半功倍的效果。

图 2-4　植物调节地形变化

(图片来源:《园林景观植物配置》)

图 2-5　植物的衬托作用

(图片来源:《园林景观植物配置》)

4. 植物能够起到衬托作用

植物的枝条呈现一种自然的曲线,园林中往往利用它的质感以及自然曲线,来衬托人工硬质材料构成的规则式建筑形体,以突出两种材料的质感。现代园林中往往以常绿树作雕塑的背景,通过色彩对比来强调某一特定的空间,加强人们对某一景点的印象(图 2-5)。植物与山石相配,可表现出起伏峥嵘、野趣横生的自然景色,要乔、灌木错综搭配,树种可以多一些,树木姿态要好,让人能欣赏到山石和花木的姿态之美。

5. 利用植物进行意境的创作

植物不仅能让人赏心悦目,还可以让人借其意境创作。人们常借助植物抒发情怀,寓情于景。例如,松柏苍劲挺拔、蟠虬古朴的形态,可用来比拟人的坚贞不屈、永葆青春的意志。腊梅不畏寒冷、傲雪怒放,常常用来比拟刚毅的性格。园林绿地可以利用植物的这一特点,创造有特色的观赏效果,正如"万壑松风""梨花伴月"产生的诗情画意。

2.2.2　植物配置的原则

植物是园林的灵魂,植物配置水平的高低直接影响到园林的景观效果,因此,在植物配置时要考虑多方面的因素,真正体现园林植物的生态功能、造景功能。一般来讲,园林植物的配置应从以下四个方面进行考虑。

1. 适地适树

各种园林植物在生长发育过程中,对光照、温度、水分、空气等环境因子都有不同的要求,在植物配置时,要满足植物的生态要求,使植物正常生长,并保持一定的稳定性,这就是通常所讲的适地适树。首先,根据立地条件选择合适的树种;或通过引种驯化、改变立地生长条件,达到适地适树的目的。其次,要合理配置,在平面上要有合理的种植密度,使植物有足够的营养空间和生长空间,从而形成较为稳定的群体结构。一般应根据成年树木的冠幅来确定种植点的距离,当然若只为短期内达到配置效果,可适当加大密度。在竖向设计上要考虑植物的生物特性,注意将喜光与耐荫、速生与慢生、深根性与浅根性等不同类型的植物合理地搭配,在满足植物生境条件的前提下创造稳定的植物景观。

2. 功能要求

不同的园林绿地有不同的功能要求,植物的配置应考虑到绿地的功能,起到强化和衬托的作用。如对于纪念性的公园、陵园,要突出它的庄严肃穆的气氛,在植物选择上可用松柏等常绿、外形整齐的树种以喻流芳百世、万古长青。对于要求具有遮阳、吸尘、隔音、美化功能的行道树则应选择树冠高大、叶密荫浓、生长健壮、抗性强的树种。对于儿童乐园、休闲公园性质的绿地,可选用姿态优美、花繁叶茂、无毒无刺的花灌木,采用自然式配置方式,体现出生动活泼。

3. 景观需求

园林绿地不仅要有实用功能,而且要能形成不同的景观,给人以视觉、听觉、嗅觉上的美感,这属于艺术美的范畴。因此,在植物配置上也要符合艺术美的规律,合理地进行搭配,最大程度地发挥园林植物"美"的魅力。不同的绿地、景点、建筑物性质不同、功能不同,依据因地制宜、因时制宜、因材制宜的原则,在植物配置时要体现不同的风格。

4. 经济要求

随着城市园林绿化水平的不断提高,对园林植物的配置要求也相应提高,过去由雪松、龙柏、广玉兰一统天下的景观正逐渐被多姿多彩的园林树种所替代,但也造成绿地建设费用节节上涨。为了解决好这一矛盾,一方面可以尽量选用乡土树种,其适应性强,苗木易得,又可突出地方特色,如南京梅花山的梅花、栖霞山的红枫、玄武湖的荷花,都较好地体现出地方特色和民族风格。我国是一个植物资源十分丰富的国家,各地区都有独具特色的乡土树种,若能善加利用,在植物配置方面就会有新的突破。另一方面在重要的景点和建筑物的迎面处,可配置一些名贵的树种,充分发挥植物的观赏价值;还可种植一些观果、观叶的经济林果,如柿树、银杏、枇杷、杨梅、薄壳山核桃等,使观赏性与经济效益有机地结合起来。

2.3　不同园林植物配置的形式

2.3.1　树木的配置形式

园林树木以乔木和灌木为主,配置成具有各种功能的树木群落,分规则式配植和自然式配植两种,具体形式有对植、行植、孤植、丛植、双植、群植、片植等,这些形式各有其特点和适用范围。

1. 规则式植物配置

选枝叶茂密、树形美观、规格一致的树种,种植成整齐对称的几何图形的配置方式即为规则式配置。具体形式有对植和行植。

（1）对植

将乔木或灌木以呼应之势种植在构图中轴线的两侧,以主体景物中轴线为基线进行景观的均衡,这类种植方式称为对植,有对称和非对称之分(图2-6)。

图 2-6　对植

(图片来源:《植物造景|棕榈植物的造景艺术(二)》)

图 2-7　行植

(图片来源:《园林艺术中如何合理植配置物景观》)

（2）行植

将植物按一定的株距成行甚至是多行种植,这种方式称为行植或列植。多用于道路、林带、河边与绿篱(图2-7)。

2. 自然式植物配置

自然式植物配置方法多选树形或树体的其他部分美观或奇特的品种,或有生产、经济价值,或有其他功能的树种,以不规则的株行距配置成以下各种形式。

（1）孤植

在一个开旷的空间,如一片草地中远离其他景物的地方,种植一株姿态优美的乔木或灌木,称为孤植。孤植树应具备的条件是具有一定姿态的树形,如挺拔雄伟、俊秀端庄、展枝优雅、线条宜人等;或具有美丽的花朵与果实（图2-8）。

适合孤植的树木有雪松、华山松、白皮松、金钱松、日本金松、油松、云杉、南洋杉、美国红杉、广玉兰、白玉兰、樟树、七叶树、垂枝樱花、垂枝桦、榕树、木棉等。适合孤植的花灌木有笑靥花、菱叶绣球、金丝桃等。

图 2-8　孤植

(图片来源:《榕树日常养殖要注意哪些》)

图 2-9　丛植

(图片来源:《植物种植法则》)

（2）丛植（树丛）

3株以上同种或几种树木组合在一起的种植方法称为丛植。多布置在庭园绿地，或建筑物前庭的中心（图2-9）。

丛植采用的树木不要求像孤植树那样出众，但是搭配起来也很有吸引力。

（3）双植

同一树种两株平行种植或者前后种植，称为双植，适于布置在草坪、路旁。双植树可在姿态、大小方面有一定的差异，或一仰一俯，或一斜一直，或一高一低，以显得生动自然。其栽植距离最大不超过两棵植株成年期树冠半径之和；最小则没有太多的限制（图2-10）。

图2-10　双植

（图片来源：《英国园林》）

图2-11　群植

（图片来源：《植物配置五项原则》）

（4）群植（树群）

以一两种乔木为主体，与其他数种乔木和灌木搭配，组成较大面积的树木群体，称为群植或树群。群植能防止强风的吹袭，如北方防西北风，南方沿海防海风等，亦可供游人夏季纳凉歇荫，以及遮蔽园内不美观的部分。在园林艺术方面，群植后成片的树林可以形成明暗的对比，也可使垂直景观丰富起来，与地平线产生方向上的对比，林冠的起伏也使天际轮廓线产生较多的变化（图2-11）。

树群常用作树丛的衬景，或在草坪、整个绿地的边缘种植。树种的选择和株行距可不拘，但立面的色调、层次要求丰富多彩，树冠线要求清晰而富于变化。

（5）片植（纯林或混交林）

单一树种或两个以上树种大量成片种植，前者为纯林，后者为混交林。多用于自然风景区或大中型公园、绿地中（图2-12）。

片植大可有几百几千株，少可以只有几十株来模仿森林景观。在夏季炎热的南方，公共园林内需要有成群成片的林地。除去人工林之外，有

图2-12　片植

（图片来源：《植物配置五项原则》）

不少公园利用所在山地的树林,如长沙岳麓山、广州越秀山、南京紫金山等,许多公共园林绿地都是以林木取胜。所以,片植可以根据园林面积的大小,按适当的比例,因地制宜植造成片的树林;也可以在园林范围内适当地利用原有的成片树木加以改造来为园林服务。

要模仿自然,又要较自然更有艺术性,片植可参考以下几点来布置:

① 树木不必成行成列,要有疏有密,在适当的地点留出小块隙地,增加明暗对比以吸引林内的游人。

② 小片林地的四周,可按不同的生态条件种植一些灌木,以缓和垂直与水平线条的对比。

③ 林间小路要崎岖自然,路边种植耐荫植物,如玉簪、观赏蕨类、杜鹃、秋海棠、铃兰、细辛等,形成林下耐荫植被景观。

④ 选一种有花或有果可赏的树,造成一片小型纯林,比丛植更有气魄。国内园林中很少见到白玉兰、合欢、栾树、流苏树的人工纯林,在有条件的地方不妨一试,种植在开旷地上当十分壮丽而又别出心裁。

⑤ 林缘不取直线,整个林地不做几何形体,一刀切的边缘在自然界是不存在的,而且布置起来也很困难。

⑥ 中国传统喜好的竹林、梅林、松林都是面积不大的纯林,还可以用枫香、乌桕、银杏、金钱松、槭树类、黄栌等树种组成的纯林或混交林营造秋色宜人的"秋色林"。

总之,以发挥植物美是当前全世界园林造景的趋势。在保存人类居住环境和广袤国土上的自然风景之美的同时,以生态学理论为指导,模拟再现自然景观,为城市居民提供接近自然的风景,正是园林植物配置所要完成的任务。

2.3.2　花卉的配置形式

在绿树成荫的园林中和城市的林荫路上,布置艳丽多姿的露地花卉,可使园景和街景更加丰富多彩。露地花卉,除艳丽的色彩、浓郁的香气和婀娜多姿的形态可供欣赏之外,还可以组成变幻无穷的图案和多种艺术造型。这种群体栽植形式,可用在花坛、花境、花丛、花池和花台等。

1. 花坛

(1) 花坛布置要和环境统一

花坛是园林中的景观之一,其形状、大小、高低等应与环境有一定的统一性,比如在自然式园林中就不适合设置花坛。花坛的平面形状要与所处地域的形状大致一样,如在狭长形地段上设一圆形独立花坛就会显得不统一、不协调。

(2) 花坛要强调对比

花坛在园林绿地中的主要功能就是装饰、美化。其装饰性一是平面上的几何图形的装饰性,二是绚丽色彩的装饰性。因此,要从这两方面去考虑花坛各个因素的取舍。在纹样花坛内部各色彩因素的选择和组群花坛中各单色花坛的配置时,更要注意对比,否则,就无法突出花坛的装饰性。

（3）要符合视觉原理

人的视线与身体垂直线所成夹角不同时，视线距离也不同，从视物清晰到看不清色彩，变化很大。因此花坛布置应考虑通常状况下人的视角问题。

（4）要符合地理、季节条件和养护管理方面的要求

花坛要实现优美的装饰效果，不能离开适宜的地理位置。在北温带以北不可能做到露天花坛四季常绿。在亚热带的部分地区及热带谨慎选择花卉，可以实现一年四季保持美丽，成为永久性花坛。

2. 花境

花境是园林绿地中一种较特殊的种植形式。它有固定的植床，其边线可以是直线，也可以是曲线，植床内种植的花卉（包括花灌木）以多年生为主。花卉品种可以是单一的，也可以是混交的。

花境所表现的是花卉本身的自然美，这种美，包括破土出芽、嫩叶薄绿、花梢初露、鲜花绽开、结果枯萎等各期景观和季相变换，也包括花卉自然组合的群体美。花境是介于规则式布置和自然式布置之间的种植形式，适宜沿绿篱、栏杆、绿地边缘、道路两旁呈带状布置。其基本功能是美化，是点缀与装饰。

3. 花丛

花丛是自然式种植形式，是园林绿地中花卉种植的最小单元或组合。每丛花卉由 3 株及以上组成。每丛花卉可以是一个品种，也可以为不同品种的混合。花丛可以布置在一切自然式或混合式园林绿地的适宜地点，能够起到点缀装饰的作用，但不能多加修饰和精心管理，因此，常选用多年生花卉或能自行繁衍的花卉。

4. 花池和花台

这是两种中国式庭园中常见的栽植形式，也是两种种植床称谓。它们既在古典园林中运用较多，在现代建筑和园林绿地中也普遍采用。其实用性很强，艺术效果也很好。花池，是指边缘用砖石围护起来的种植床，在其中灵活自然地种上花卉或灌木、乔木，往往还配置有山石以供观赏。花池土面的高度一般与地面标高相差甚少，最高在 40 cm 左右。当花池的高度达到 40 cm 以上，甚至脱离地面为其他物体所支承时，就称之为花台。

2.3.3　绿地草坪植物的选择

草坪植物种类繁多，以多年生和丛生性强的草本植物为主。不同的草坪植物具有不同的特性，优良的草坪植物应具有繁殖容易、生长快、能迅速形成草皮并布满地面、耐践踏、耐修剪、绿色期长、适应性强等特点。但能具备所有这些条件的草种是不多的，这就需要因地制宜地加以选择和栽植。比如，在林下栽种草坪，应选用耐荫的草种；在湖畔栽种草坪，应选用耐湿的草种；在供游人游憩的场地或运动场上种植草坪，应选用耐践踏的草种。更重要的是，北方应选耐寒的草种，南方应选耐湿和耐酸性土的草种。不同类型绿地的配置方式如下。

1. 道路的绿地草坪配置形式

（1）园林道路绿化的布局形式

园林绿地中的道路除了组织交通、集散等功能外，主要起到导游的作用。植物配置除生态功能外，主要是为了满足人们游赏的需要。一般来讲，园路的曲线都很自然流畅，两旁的植物配植及小品也宜自然多变，不拘一格。人们漫步在园路上，远近各景可构成一幅连续的动态画卷，具有步移景异的效果。园内主要道路一般宽 3～5 m，平直的主路以规则式配置为主，而自然园路多以乔、灌木自然式配置。

主路植物配置中，选用一个树种时，要特别注意园路的功能要求，并与周围环境相结合，形成有特色的景观，如无患子，树姿挺立，入秋黄叶可构成美丽的秋色[1]。在较长的自然式的园路旁，如只用一个树种，往往显得单调，为形成丰富多彩的路景，可选用多种树木进行配置，但要有一个主要树种，以防杂乱。

次路是连接园中各区内的主要道路，一般宽 2～3 m。小路则是供游人在宁静的休息区中漫步，一般宽仅 1～1.5 m。次路和小路两旁的配植可更灵活多样。由于路窄，有的只需在路的一旁种植乔、灌木，就可达到既可遮阴又可观赏的效果。具体应用上，应根据不同类型的道路要求做出不同的设计。如山路要有一定的长度、曲度、坡度和起伏，以显其山林的幽深和陡度，树木要有一定的高度和厚度，树下选用低矮地被，少用灌木，以使游人感受"山林"意境（图 2-13）。花径则应选择开花丰满、花形美丽、花色鲜艳或有香味、花期较长的树种。如玉兰、樱花、桃花、杏花、山楂、梨花、蜡梅、棣棠、丁香、紫荆、榆叶梅、连翘等均很适宜。配置时株距宜小，以给游人"穿越花丛"的感觉（图 2-14）。平地小路常采取乔木或乔灌木树丛自然植于路边的方式。在游人少的幽静小路，要创造自然田野之趣，应注意选用树姿自然、体形高大的树种，并以不超过三个树种为宜，还可将自然石块散置路旁或设简朴的小亭等（图 2-15）。

路口及道路转弯处的植物配置，要求起到对景、导游和标志作用，一般安排观赏树丛。配置混合树丛时，多以常绿树做背景，前景配以浅色灌木或色叶树及地被等。

图 2-13　山径

图 2-14　花径

图 2-15　平地小路

（图片来源：《自然式庭院如何布置》）　　（图片来源：《自然式庭院如何布置》）　　（图片来源：《自然式庭院如何布置》）

（2）城市道路绿化的布局形式

根据道路绿地景观特性不同，城市道路绿化布局形式可分为密林式、自然式、花园式、田园式等[2]。

① 分车绿带植物景观设计。分车绿带指车行道之间可以绿化的分隔带,宽度一般不宜小于 1.5 m,一般采用复层次栽植方式,植物配置应形式简洁、树形整齐、排列一致。根据功能需求将分车绿带植物配置形式分为封闭式、开敞式、半开敞式三种。

② 行道树绿带植物景观设计。行道树绿带指布设在人行道与车行道之间,以种植行道树为主,乔木、灌木、地被相结合形成的绿带。行道树是城市道路绿化最基本的组成部分,行道树树种应以乡土树种为主,并且适宜、经济、美观。

③ 路侧绿带。路侧绿带指位于道路侧方,布设在人行道边缘至道路红线之间的绿带。路侧绿带宽度在 8 m 以上时,内部铺设游步道后,仍能留有一定宽度的绿化用地,而不影响绿带的绿化效果[3]。因此,可设计成开放式绿地,方便行人进入游览休息,加强绿地的功能。

2. 居住区绿地的配置形式

(1) 居住区绿地的功能

居住区绿地具有遮阳降温、防风防尘、隔音降噪、植物造景以及组织空间(植物能够围合或分割空间)等功能。

(2) 居住区绿地的类型及配置形式

居住区绿地的主要类型有:居住区公共绿地、居住区专用绿地、宅旁绿地以及居住区道路绿地[4]。

① 居住区公共绿地,包括居住区公园、组团绿地、儿童游戏场和其他的块状、带状的公共绿地。

② 居住区专用绿地,又称公共建筑绿地,包括居住区的医院、学校、活动中心、幼儿园、会所等专门使用的绿地。

居住区会所绿地,指居住区内居民进行文体、休闲活动及聚会场所的室外庭园绿地。会所绿地的设计原则要求美观、新颖、舒适;设计形式为花坛、花池、花台、花槽、绿篱等;多为热带特色植物。

③ 宅旁绿地,即住宅楼房前屋后的基础绿地。

a. 住户小院绿化:围护通常采用栏杆式墙、篱栅或高绿篱、树墙。将花台、花池、花槽布置在边、角处,可设小水池、小瀑布、壁泉等水景,配以山石小景、石桌,以及孤峰石或叠石,铺装小路、小场地应具装饰性。植物配置方面可栽植中型乔木 1~2 株,露土处用耐阴草类覆盖,花灌木适量,同时可栽植多年生草、花、水生植物。通常选择栽植树冠较整齐、花期较长的植物,以及一些盆栽花卉(图 2-16)。

b. 宅间活动场地绿化:树林型为乔木单纯林,景观较单调;游园型为可以游览、散步的公共花园;棚架型或设有葡萄架覆盖庭地,或在庭院入口、住宅楼单元入口处设花架,掩映入口;草坪型以草坪为主,点缀乔灌木树丛和多年生草花;篱笆型可采用编篱、蔓篱围护活动场地,种牵牛花、金银花、蔷薇等(图 2-17)。

④ 居住区道路绿地,指的是居住区主要道路、次要道路和小路的绿化地带。

在居住区干道、组团道路两侧以及宅前道路靠近建筑一侧进行绿化布置,常采用绿篱、花灌木来强调道路空间,减少交通对住宅建筑和绿地环境的影响。居住区道路绿地的绿化植物一般采用树形高大,树冠开张,生长势和适应性强,但景观效果一般的行道树。

图 2-16　住户小院绿化	图 2-17　宅间活动场地绿化
(图片来源:《私家别墅花园设计与花卉绿化搭配方案》)	(图片来源:《私家别墅花园设计与花卉绿化搭配方案》)

(3)居住区植物配置的原则

① 乔灌结合,常绿植物和落叶植物、速生植物和慢生植物相结合,适当配置和点缀花卉草坪。

② 植物种类不宜繁多,但也要避免单调,更不能配置雷同,要达到多样统一。

③ 在统一基调的基础上,树种力求变化,创造出优美的林冠线和林缘线。

④ 在栽植上,除了需要行列栽植外,一般都要避免等距离的栽植。

⑤ 在种植设计中,充分利用植物的观赏特性,创造季相景观。

(4)居住区植物配置的树种选择

① 居住区绿化树种的选择:要求所选树种冠幅大、枝叶密、深根性、耐修剪、落果少、无飞毛、无毒、无刺、无刺激性,发芽早,落叶晚[5]。

② 其他绿地树种的选择:对于大量而普遍的绿化,宜选择易管理、易生长、少修剪、少虫害、具有地方特色的优良树种,并注意速生和慢生相结合,以速生为主;儿童游戏场和青少年活动场地忌用有毒或带刺植物;体育运动场地则应避免用大量扬花、落果的树木等。

3. 屋顶花园绿化的植物配置形式

屋顶花园绿化可以广义地理解为在各类古今建筑物、构筑物、桥梁(立交桥)等的屋顶、露台、天台、阳台或大型人工假山山体上进行造园、种植树木花卉等(图 2-18)。

(1)屋顶花园绿化的基本原则

屋顶花园的绿化,应满足使用功能、绿化效益、园林艺术美和经济安全等多方面的综合要求,因地制宜,因"顶"制宜。要巧妙地利用主体建筑物的屋顶、平台、阳台、窗台、檐口、女儿墙和墙面等开辟绿化场地,并使这些绿化具有园林艺术的感染力。充分运用植物、微地形、水体和园林小品等造园要素,组织屋顶花园的空间。采取借景、组景、点景、障景等造园技法,创造出不同使用功能和性质的屋顶花园环境。要发挥屋顶花园位势居高临下、视点高、视域宽广等特点,对屋顶花园内外各种景物,应"嘉则收之""俗则屏之"[6]。

（2）屋顶花园绿化的植物选择

屋顶花园绿化植物应选择强壮并具有抵抗极端气候的能力,容易移栽成活,耐修剪,生长较慢,适应种植土浅薄、少肥,能忍受干燥、潮湿积水,能忍受夏季高热风、冬季露地过冬,抗屋顶大风,能抵抗空气污染并能吸收污染的品种[7]。无论哪种使用要求和种植形式,都要求屋顶花园绿化选配比露地花园更

图 2-18　屋顶花园

（图片来源:《屋顶花园构想》）

为精美的品种,保持四季常青、三季有花、一季有景。按植物的用途和应用方式可分为:园景树(孤赏树)、花灌木、地被植物、藤木、绿篱及抗污染树种。

2.4　植物造景的空间组成内容

2.4.1　植物构成空间的基本组成

1. 植物独立构成空间

空间的三个构成面在室外环境中,以各种变化方式互相组合,形成各种不同的空间形式。不论在何种情形下,空间的封闭度都是随围合植物的高矮、大小、株距、密度以及观赏者与周围植物的相对位置而变化[8],如水平面、垂直面和顶平面。

2. 植物与其他要素共同构成空间

植物可以与地形相结合,强调或消除地平面上地形的变化所形成的空间。如要增加由地形构成的空间效果,最有效的办法就是将植物种植于地形顶端、山脊和高地,又如要让低洼地区更加透空,最好不要种植物。

2.4.2　植物构成空间的基本形式

可用植物构成相互联系的空间序列,引导游人穿越一个个空间。植物能有效地"缩小"空间和"扩大"空间,形成欲扬先抑的空间序列[9]。

1. 开敞空间

仅用低矮灌木及地被植物作为空间限制因素。这种空间四周开敞,外向,无隐秘性,并完全暴露于天空和阳光下。

2. 半开敞空间

该空间与开敞空间相似,但它的一面或多面部分受到较高植物的封闭,限制了视线的穿透。

3. 覆盖空间

利用具有浓密树冠的遮阴树,构成一顶部覆盖而四周开敞的空间。一般来说,该空间

为夹在树冠和地面之间的宽阔空间,人们能穿行或站立于其中。

4. 完全封闭空间

这种空间与覆盖空间相似,最大的差别在于,这类空间的四周均被中小型植物所封闭。这种空间常见于森林中,它相当黑暗,无方向性,具有极强的隐秘性和隔离感。

5. 垂直空间

运用高而细的植物能构成一个方向直立、朝天开敞的室外空间。垂直感的强弱,取决于四周开敞的程度。

2.4.3　植物构成空间的应用手法

1. 划分、完善空间

植物不仅能独立或与其他设计要素一起构成不同的空间类型,还能依据地形起伏状况、水面与道路的曲直变化、空间组织、视觉条件和场地使用功能等因素,采用似连似分、多分少连、变化多样的配置方式,构成丰富的空间景色[10]。

2. 联系空间

设计者除能用植物材料创造出各具特色的空间外,也能用植物构成相互联系的空间序列。植物不仅能用树冠改变空间的顶平面,同时也能有选择性地引导和阻止空间序列的视线,还能有效地"缩小"空间或"扩大"空间,形成欲扬先抑的空间序列。

3. 屏蔽视线

(1)障景

凡能抑制视线而又能引导空间转折的屏障景物均可称为"障景"。植物作为屏障视线的材料能控制人们的视线通过,将所需的美景收入眼里,而将俗物障之于视线之外。障景的效果依景观的要求而定,若使用不通透的植物,能完全屏障视线通过;而使用有一定通透性的植物,则能达到不同的漏景效果。

(2)私密性控制

与障景大致相似的作用,具有私密性控制的功能。其利用阻挡人们视线高度的植物,对明确的所限区域进行围合。

参考文献

[1] 胡德意.论道路绿化中的植物配置与绿化形式[J].现代装饰·理论,2012(7):71.

[2] 金晶.城市道路绿化植物的选择与配置探究[J].现代园艺,2017(8):164.

[3] 程许娜,姚顺阳.浅谈城镇道路绿化植物配置[J].种业导刊,2015(7):26-28.

[4] 周宇.居住小区绿地植物配置的初步研究[D].长沙:中南林业科技大学,2012.

[5] 董莉莉,廖小凤.居住区植物配置原则与形式[J].中国园艺文摘,2012,28(9):91,99-100.

[6] 杨帆.屋顶花园植物的选择与配置[D].长沙:中南林业科技大学,2008.

[7] 沈金城.屋顶花园绿化植物的选择与应用[J].现代园艺,2016(24):159.

[8] 梁明捷.岭南古典园林风格研究[D].广州:华南理工大学,2013.

[9] 杜晓旭.园林植物空间营造研究[D].天津:天津大学,2015.

[10] 张蓉.园林空间的植物组合研究[D].长沙:中南林业科技大学,2009.

实训案例 1　中华科学家公园广场植物造景调查与分析

一、实训目的

掌握广场的植物配置要点和方法,分析植物配置的合理性。

二、实训要求

调查广场的植物配置情况,分析各个区域的景观配置情况。

三、调查区概况

中华科学家公园广场位于绵阳市游仙区富乐山脚下,芙蓉溪东侧。广场面积约为 2.65 hm²,绿地面积 1.39 hm²。场地分为四个区域,即入口景观区、竹林雅境区、中心广场区和休憩观赏区(图 1),并按照线形序列打造了廊道景观。整个公园对称布置,突出了"智慧之城"雕塑。

入口景观区　　竹林雅静区　　中心广场区　　休憩观赏区

图 1　中华科学家公园广场分区平面图

四、植物造景分析

植被层次丰富,分为乔、灌、草三层,一层乔木层选用常绿树和异色叶树种,二层灌木层多修剪为几何状,三层草本多为草坪(图 2)。

图 2　中华科学家公园广场植被平面图

1. 入口景观区

入口区位于三岔路口,其左右都是道路,左右两侧通过栽植银杏、香樟等高大乔木对公园进行围合,打造出独立的景观廊道,与周边的道路交通分割开来。公园右侧临山,左侧靠水,有较长的河道游步道可借景。

(1) 公园入口景观左侧植物配置方法

左侧的乔木选择栽植冠幅较疏松的银杏,灌木则选择栽植小叶女贞,并进行人工修整,打造高低不同的绿篱,使游览者的观赏视线通过修整后的灌木一收一放,实现河道游步道的一隐一露,由此也创造出更多的游览趣味。

(2) 公园入口景观右侧植物配置方法

右侧栽植植物主要是为了隔开山体和道路,同时也作为障景使用,所以其栽植层次较左侧高,共分为四层,分别为一层乔木香樟;二层灌木八角金盘;三层灌木规则式小叶女贞带;四层草坪。通过四层植物的栽植将公园右侧的山体和道路完全分割出去,营造出独立的景观空间。

(3) 入口景观区的整体植物栽植

通过左右大体对称栽植形成景观轴线,突出中华科学家公园雕塑(图3)。

图 3　入口景观区效果图

2. 竹林雅境区

竹林雅静区通过活字印刷雕塑进行分区,内部有大面积的竹林栽植,放置了造纸术制作工艺过程雕塑,介绍了造纸术。竹林雅静区外围分左右两侧,左侧规则式栽植含笑、加拿利海枣、小叶女贞,形成规整景观;右侧和入口植物配置相同。

3. 中心广场区

该区中心是一个大型的飞天雕塑,雕塑内部雕刻有制造火药的浮雕,雕塑四周则是银杏树阵配合座椅整齐排列。

4. 休憩观赏区

该区以休闲为主,中心为6棵大榕树,对称排列围合成一个大广场为人们提供休闲娱乐空间,周围列有文化宣传板提供文化宣传和服务的功能。

五、植物配置的几种模式

1. 银杏树列植模式

在公园边缘竖向排列,间隔 8 m,打破了园区常绿植物的单调模式,为园内增加了季相的变化;在中心广场区采用树池阵列的方式布置树阵,扩大了银杏在秋季的季节表现(图4)。

图4　银杏列植效果图

2. 香樟树片植模式(围合空间)

在公园边缘排列式栽植香樟树,利用香樟树冠幅大的特点,一方面起到障景的作用,将不好的视觉元素规避在游览视线之外;另一方面对景观的天际线进行了一定的美化,为游览者打造出一个更为具体的绿化立体空间。

3. 绿黄葛树对植模式

在休憩观赏区,将6棵大冠幅绿黄葛树两两对称布置成梯形树池,视线范围由窄逐渐变宽,引出大型主体雕塑。在广场中使用大树降低了因广场过大而造成的空旷感,也避免了使用大量小树而使得广场面积被缩小。

4. 加拿利海枣、苏铁间植模式

将加拿利海枣、苏铁等具有亚热带特色的植物和规则式的绿篱与树池规整对称排列,打造出具有鲜明亚热带特色和现代感的景观公园(图5)。

图5　加拿利海枣、苏铁间植模式立面效果图

六、植物造景特色

1. 物种丰富,亚热带气息浓郁

以常绿植物为主,大量栽植观花、观叶植物,营造出四季常青、三季有花及充满浓郁西南地区风情的绿地景观。

2. 植物景观多样，园林意蕴深厚

公园以"科学"为主要轴线打造，整体上轴线控制，具体分区上则栽植不同的植物材料，形成在整体上相对统一，在细节上又有丰富变化的优良景观。

3. 因地制宜构建植物景观，传统与现代艺术的完美结合

通过植物选种和栽植方式之间的差异（如选择传统栽植材料"竹"，运用现代布置方式"对称栽植"），以及地面铺装的改变，打造了由古代向现代逐渐过渡的景观。

4. 植物选用恰当，突显文化特色

选择竹、香樟、小叶女贞等南方材料进行栽植和造景，做到宜地宜植、因地制宜。

图 6　植物景观层次剖面图

实训案例 2　新北川永昌河景观绿化带湖心岛植物景观分析

一、实训目的

掌握滨水景观植物配置方法,探讨植物与水体的关系。

二、实训要求

拟定调查方案,完成调查报告。

三、湖心岛概况

本实训案例的绿地大环境上位于四川省绵阳市新北川永昌河景观绿化带滨河南园,小环境上位于永昌河自南北走向转向西北—东南走向的河流转折处。该绿地的主要观赏视线来自路上的行人以及入岛后的游人,所以景观设计方面也基于此进行了不同的植物空间组合,以表现多种景观特色。其景观设计的目的是在北川灾后重建中唯一保留的地域肌理——永昌河的景观打造中将该处的滨水景观建设成新北川居住区与城市主路之间的展示性滨水绿地。

四、整体布局特点

滨河南园湖心岛在空间组织上的重点是解决岛内外的空间联系、滨水景观的亲水性,以及岛内不同景观区域的空间组合三大问题,所以在入岛处设计三处景观桥作为连接岛内外空间的主要出入口,以及一处水上汀步作为连接岛内外空间的次要出入口。亲水性景观设计上通过沿岛分置三处亲水木平台来打造滨水区景观。岛内空间组合则是以"一心三轴五节点"来营造特色景观空间。其中,"一心"是指以岛内唯一的主体建筑"守拙居"所在区域构成的活动区;"三轴"是指以一条曲线构图的主要园路以及两条直线构图的次要园路相互交叉所组成的三条景观轴线;"五节点"是指位于两条次要园路上的五个方形构图所营造的五个休憩空间。总体景观设计以"亲水、亲民、亲绿"为主题,营造了具有"榆柳荫后檐,桃李罗堂前"之感的世外桃源景观空间。

图 1　绿地规划设计总平面布置

五、植物景观组织

1. 植物景观平面组织

根据景观立意,该绿地的总平面方案设计如图 1 所示。

在景观植物平面组织上,地被层占地面积最大,涵盖所有绿化区域,灌木层次之,乔木层最少(图2);水生植物沿小岛岸线分布,与小岛的岸形相呼应,同时也柔化岸线,展现了植物造景的韵律性。主要活动区的植物造景以矩形构图为主,和其周边的规则式挡土墙相呼应,几大次要景观节点周围片植果树,使总体景观在整体平面布局上呈现出一种稳定之感。

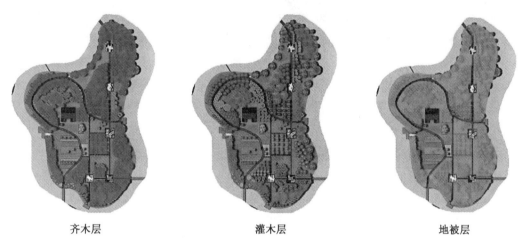

齐木层　　　　　　　　　　灌木层　　　　　　　　　　地被层

图 2　植物景观平面组织

2. 植物景观立面组织

湖心岛上植物景观立面组织大体分为五个层次,由高到低分别为乔木层、亚乔木层、大灌木层、小灌木层和地被层。乔木层由广玉兰、银杏、栾树、水杉等组成,构成美丽的树群天际轮廓线;亚乔木层由紫叶李、垂柳、鸡爪槭、桂花等组成,构成视线焦点上开花繁茂、色叶美丽的季相景观;大灌木层由海桐、蔷薇、八角金盘、棕竹等组成,构成视点与地面之间的过渡空间;小灌木层由南天竹、小叶女贞、红花檵木、狭叶十大功劳等组成,在立面空间上与乔木层构成的覆盖空间相均衡,形成稳定的立面景观;地被层由鸢尾、沿阶草、肾蕨、白三叶等组成,构成地面群体性绿植景观。整体景观层次分明、错落有致,形成如音乐般的节奏感与韵律感(图3、图4)。

图 3　植物景观东北—西南向立面组织

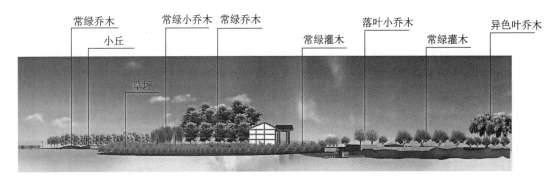

常绿乔木　常绿小乔木　常绿乔木　　落叶小乔木　　　异色叶乔木
小丘　　　　　　　　　　　常绿灌木　　　常绿灌木
草坪

图 4　植物景观西北—东南向立面组织

3. 植物景观配置

（1）植物配置种类的乡土性

湖心岛内的植物配置种类丰富，层次结构分明。乔木层的植物种类主要有：广玉兰、榕树、桂花、含笑、枇杷、山茶、橘树、水杉、银杏、国槐、垂柳、栾树、鸡爪槭、紫叶李、樱桃树、梨树、桃树等；灌木层的植物种类主要有：八角金盘、棕竹、海桐、大叶黄杨、红花檵木、小叶女贞、南天竹、狭叶十大功劳、蔷薇、洒金珊瑚、迎春等；地被类及草花主要有：半边莲、肾蕨、鸢尾、沿阶草、白三叶、马蹄金等；水生植物的主要种类有：再立花、大花美人蕉、薏仁、节节草、玉带草等；竹类植物有：黄金间碧玉、凤尾竹等。岛内的植物皆为重新栽植的，但在植物种类的选择上却尊重了本地的乡土文化，遵从"适地适树"的原则，用乡土植物来打造乡土景观，传承文化记忆。

（2）植物配置的空间营造

所谓空间感是指由地平面、垂直面以及顶平面单独或共同组成的实在的或具有暗示性的范围围合，即人意识到自身与周围事物的相对位置的过程。可利用植物的各种天然特征，如色彩、形姿、大小、质地、季相变化等，再根据园林中各种功能的需要，与小品、山石、地形等相结合，创造出步移景异的空间类型。

湖心岛景观设计利用不同植物自身的特性营造出了七种不同的景观空间，或以乔木为主，或以水生植物为主，或以山地植物景观为主。

① 守拙居　该景观区域为小岛的中心景观，所有的植物都围绕主体建筑守拙居而栽植。建筑前设计左右两个几何形种植池，其左栽植女贞，其右栽植三角梅，形成景观序列上的对景层次，并且又以女贞的常绿和三角梅开花时的色彩浓艳，形成鲜明对比。建筑后栽植栾树、槐树等高大乔木作为背景树来衬托守拙居的古雅。宅边绿地还种植一定数量的桂花树，金秋八月，桂花盛开，满室生香，以植物的香味来营造别致的空间（图5）。

图 5　守拙居

② 碧丛黄金　该区域景观主要表现的是秋季的景观效果,因此在植物造景上选择以橘树为主。片植橘树于园路旁绿地中,在秋季形成"唯有橘园风景异,碧丛丛里万黄金"的景观效果。同时,由于橘树是常绿乔木,因此四季皆有景可观(图6)。

③ 梨雪压枝　该处景观主要表现的是春景效果,以梨树为主,片植于景观节点旁。春季来临,梨花悄然绽开,花色洁白素雅,似雪压枝;金秋时节,金黄的酥梨挂满枝头,果实累累,营造出一派丰收的景象(图7)。

图6　碧丛黄金　　　　　　　　　　　　　图7　梨雪压枝

④ 窈然桃林　该处景观主要表现的是春景效果,以桃树为主,与梨花树由园路相隔,桃花的粉与梨花的白交相辉映,既形成对景又互相融合,营造出一种如梦似幻的景观意境。当桃花凋零时,花瓣飘落于流水之上,又形成了一幅"桃花流水窅然去,别有天地非人间"的美丽画卷(图8)。

⑤ 羡鱼台　该处为一驳岸滨水景观,景观主体为一亲水木平台,既可自成一景,又可作为观景区,同时也是河水与湖心岛岸线的一个过渡区域。由于其地形的特殊性,所以在植物配置上也选择了亲水程度不同的植物种类,由水面逐渐向岸边过渡,分别配置玉带草、大花美人蕉等。这些水生植物亲水性强且叶绿花娇,可以起到美化岸线的作用,且植株低矮,使向湖一面,疏朗开阔。在亲水木平台之后配置黄金间碧玉,可形成背景层,阻挡景观视线,构成一个半开敞的景观空间(图9)。

图8　窈然桃林　　　　　　　　　　　　　图9　羡鱼台

⑥ 地方石筑　该处为五大次要景观节点之一,是砖石围合的方形空间。砖石上迎春垂挂,砖石旁芦苇飒飒摇曳,迎春明丽的黄与芦苇苍翠的绿形成强烈的对比,更加凸显了景观环境的野趣横生;而且迎春是向下垂挂,芦苇是向上生长,一上一下共同营造出景观

的竖向层次(图10)。

⑦ 曲岸和风 滨水之岸,汀步缓延,面向水面的一侧植物配置以地被植物马蹄金和小乔木垂柳为主,营造开阔的视线区域,并且由小乔木与湖面形成框景;远离水面的一侧则配置鸢尾、肾蕨来增强空间的幽深度,其后栽植水杉,加强竖向空间的延展性(图11)。

图10 地方石筑　　　　　　　　　图11 曲岸和风

4. 对滨河南园湖心岛的设计感悟

滨河南园湖心岛的设计是基于永昌河滨水景观绿化带需要承担整个北川县城的历史记忆而规划设计的,是在2008年地震后需要全面重建的一个区域,所以在设计理念上尽量避免提及过去的伤痛,而是大力弘扬昂扬的抗震精神以及展望未来的美好生活,展现在植物配置上是通过不同质地、色彩、形态、大小、高矮的植物来营造丰富的怡人的景观空间,来提高人们对此地的安全感与归属感。

总体而言,滨河南园湖心岛的植物景观设计是相对成功,且值得借鉴与学习的。植物种类上多选用乡土植物来展现地方文化特性,同时根据地形以及所要营造的空间类型而选取高矮、大小、色彩不同的植物,形成丰富的季相景观。在植物的布局上,采用自然式与规则式相结合的方式,使空间变化既不会因为只有自然式布局而显得空幽,也不会因为只有规则式布局而显得呆板。立面空间上采取"乔、灌、草"相结合的设计原则,丰富立面空间层次。植物造景融入美好的文化理念,让空间不仅仅是空间,而是一个充满意境的身、心、灵均可栖居的家园。

实训案例 3　城市道路绿地植物配置调查——以绵阳市九洲大道中段为例

一、概述

涪城区以绵阳为依托,社会经济稳定,是全国文明卫生绿化先进城市、中国西部科学电子城和四川省第二大城市——绵阳市政府所在地,是绵阳市经济、文化、科技中心和川西北交通枢纽。管辖区内有以中国长虹电子集团为代表的 200 多家大中型工业企业,有中国工程物理研究院和中国空气动力研究与发展中心。

为与绵阳"十二五"规划同步,2015 年 11 月,九洲大道园林景观提升工程全面启动。该工程全面对九洲大道的绿道绿地进行栽植,装饰景观墙面,施工建设街头公园以及栽植灌木、草皮,对天生桥原有景观进行提升,对人行绿道、骑行绿道、乔木栽植也进行全面改造。九洲大道是连接园艺山与科创园区的一条东西走向的大道,绿道全长 7.2 km,绿化面积约 129 900 m²。

本区域内丘陵起伏,沟谷纵横,地势西北高,东南低,最高海拔 693 m,最低海拔410 m。丘陵地带较为平缓,呈条状分布,相对高差不超过 50 m,且浅丘面积较大。九州大道是一条快速景观生态路。本次调查路段为九洲大道中段,其道路板式为两板三带式,全长 100 米,路幅宽度约 15 m,中分带约 8 m,人行道两侧绿化带约 12 m。

二、植物的选择

涪城区位于绵阳中部偏西,地处涪江西岸,属于亚热带湿润季风气候,四季分明,日照充足,年日照时数为 868~1 403 h;雨量适中,夏秋雨水充沛,年均降雨量 859.9 mm;气候宜人,年平均最高气温 27.2℃,年平均最低气温 3.9℃。虽冬春时有干旱发生,但年平均空气相对湿度在 70% 以上,因而终年湿润。调查路段内的道路景观在结合实地环境条件设计下,选择适合的乡土植物和特色植物,形成特色鲜明、优美稳定的绿化景观。选择的主要树种见表 1。

表 1　绵阳九洲大道中段景观工程植物一览表

序号	类型	主要种类
1	常绿乔木	香樟、天竺桂、女贞、桂花、雪松
2	落叶乔木	绿黄葛树、银杏、紫叶李、桃树、樱花、小叶朴、山杨、木芙蓉
3	灌木	小叶女贞、红花檵木、南天竺、海桐球、石楠
4	地被	金钱草、早熟禾、高羊茅

三、植物造景的实际应用

1. 中分带的植物造景

绵阳涪城区九洲大道中分带宽约 8 m,用以分隔东西方向各四股机动车道(图1)。在考虑分隔绿带上的植物配植时,不但要考虑到增添街景,还要满足交通安全的要求,不能妨碍司机及行人的视线,所以要以低矮植物为主。在造景的形式上有规则式,有自然式,外围用低矮的石楠和红花檵木交错组成大面积的色块,中部每隔50 cm规则地种植高度为50～80 cm不等的小叶女贞灌木带,在灌木带中间点植樱花和天竺桂。本次调查路段中分带植物配置主要分为三段,段与段之间以小叶女贞和南天竺围合形成圆形分界点(图2)。从而在形式上,自然与规则两者互相交融,有统一又有变化;在层次上,灌木与灌木之间、灌木与乔木之间高低错落,不仅形成了天然的屏障,还具有很好的节奏感和韵律感。中分带以常绿植物为主,因此在冬季也有绿色。

图1 道路中分带绿化

图2 现场景观

2. 两侧景观带的植物造景

九洲大道两侧的景观带主要为整齐的列植形式(图3),其主要起分隔机动车道和人行步道以及居住绿地的作用。行道植物以天竺桂、雪松和香樟这类常绿树种为主,林下地被为匍匐茎的金钱草和鸢尾。临近居住区一侧的景观带以微地形作分隔,利用地形的高低与植物搭配形成不一样的视觉空间,不仅虚化了空间边界,而且植物以地形为依托,随地形高低错落加强林冠线的变化,丰富了整体景观的立面构图。而植物的林缘线与地形的结合设计可以构成多层次的空间关系。

图3 绵阳九州大道实景图

四、总结

本次调查路段用于造景的植物共有 21 种,隶属于 14 科。其中常绿乔木 5 种,落叶乔木 8 种,常绿灌木 5 种,地被 3 种。最常见的乡土树种为香樟和天竺桂。此路段道路景观配置模式为两板三带,行道树的种植方式为树池式,株距为 8 m,基本合理。主要绿化模式有群落式复层混交、乔木＋灌木＋地被、乔木＋地被、灌木模纹、灌木球＋地被。

实训案例 4　城市阳台绿化调查与设计

一、实训目的

通过对城市阳台绿化现状及存在问题的调查,了解当前阳台绿化的不足,提出改进的措施。

二、实训要求

拟定调查问卷和方案,实地调查并形成调查报告。

阳台绿化是城市立体绿化的组成部分,它能够缓解土地资源紧缺的矛盾,有效提高城市绿地率,丰富城市绿化的空间结构层次,提升城市居住环境。阳台绿化具有降温增湿、净化空气、美化环境、丰富生活、增加经济副产品等多方面的益处。

阳台绿化作为一种新型的城市绿化途径,已经被越来越多的城市居民所接受。在美国、澳大利亚、瑞士、新加坡等国的都市,都有着千姿百态、风格各异、风景绮丽的阳台风景。我国一些城市如北京、上海、重庆等也开始规划阳台绿化,将其作为城市绿化的新亮点。本文调查了绵阳城区阳台绿化的现状、存在的困难、居民对阳台绿化的认识等,并基于美学、生态学原理,从阳台的布局、绿化方式、绿化植物的选择等方面探讨了阳台的绿化设计。

三、绵阳城区阳台绿化调查

1. 绵阳市概况及调查方法

绵阳位于四川省西北部,地理坐标为东经 $103°45'-105°43'$,北纬 $30°42'-33°03'$,属涪江中上游地带,辖区面积 20 249 km^2。市区建成区面积 80 km^2,城区人口 70 万。

此次调查选取绵阳城区内 10 个典型住宅小区,采用向小区居民发放调查问卷表和实地调查相结合的方式进行调查。问卷表包括阳台面积、朝向、数量、封闭与否等环境状况,阳台绿化形式,绿化植物选择,居民对阳台绿化的满意度,阳台绿化中存在的问题,居民对政府推行阳台绿化政策的态度等方面的内容。

2. 结果及分析

本次调查共向 10 个住宅小区的居民发放问卷调查表 380 份,回收问卷 342 份,有效回收率达到 90%。

(1)阳台环境状况调查

调查显示,有 59.6% 的住户阳台是封闭的,有 35.7% 的住户阳台未封闭,还有 4.7% 的住户正准备把阳台封闭。这说明多数居民倾向于把阳台作为一个私密空间或者作为家中的一个功能区,而很少考虑到阳台的展示功能和公共景观效果。调查显示,88.5% 的住宅房屋有 1～2 个阳台,有 11.5% 的住户拥有 3 个阳台。阳台数量的不同,意味着阳台绿化空间的灵活性、绿化量大小、绿化形式的不同。调查显示,阳台面积在 $8m^2$ 以下的占被调查总数的 64.7%,在 $5m^2$ 以下的占 57.8%,可见目前住宅中多数的阳台面积还相对较小,因此阳台绿化中要重要讲究阳台的合理布局和功能分区。在新修建的住宅中阳台的数量和面积都有增多的趋势,为阳台绿化提供了更多的空间。调查显示,南向和向阳的阳台较多。这样的阳台光照充足,通风良好,对阳台绿化和植物的生长有利,但是对某些植物种类来说光照较强不利生长,因此应选择适宜的植物。

（2）阳台绿化形式的调查

调查显示,进行了阳台绿化的住户有 72.2%,正准备对阳台进行绿化的占 11.7%,还有 16.1%的住宅住户不打算对自家的阳台进行绿化。这说明大多数的居民都对阳台进行了绿化,或有意愿进行阳台绿化。

进行了阳台绿化的住户所采用的绿化方式中有 58.8%的住户采用摆放盆花式,14%的住户采用花架式,13.7%采用悬挂花盆式,采用固定的种植槽种植方式的占 13.5%,可见住户采用的阳台绿化形式较为简单,多为摆放花盆,垂直和立体利用空间的绿化方式较少。

（3）阳台绿化植物的调查

调查显示居民选用较多的阳台植物是仙人掌类、夜来香、六月雪、茉莉、杜鹃、桂花、仙人球、栀子花、吊兰等,这些植物多为芳香型或者生长容易、管理粗放的植物。这说明很多居民在植物选择上较少考虑到植物的观赏特性、观赏季节、功能性以及植物相互间的配置,在选择香型植物时也没有考虑到某些香型植物对人的不利影响,如夜来香对某些高血压和心脏病人群并不适宜。

（4）阳台绿化中存在问题的调查

在对阳台绿化的满意度上,仅有 46.1%的住户满意自己的阳台绿化效果。很多住户表示阳台绿化效果并未达到期望值。缺乏阳台绿化的相关知识,是绿化效果不佳的主要原因之一。在被问及自家的阳台绿化是否有请专业人士设计时,几乎所有的住户都选择了"否",但他们大多选择接受社区开展的绿化培训方式,由此可见,居民更愿意接受相关知识的培训,然后自行进行阳台设计,更注重自身参与度,追求独创性和个人风格。

在被问到阳台绿化过程中所遇到的问题时,有 34.0%的住户不知道该如何选择适宜的植物;44.4%的住户认为植物养护麻烦,病虫害比较多,植物生长不良或者容易死亡;21.6%的住户认为阳台上的植物布置杂乱,显得拥挤。由此可见,养护管理问题是住户最感头痛的问题。阳台植物选择和养护管理问题共同占到问题总数的 78.4%,而这两个问题都需要绿化专业知识来解决。综上可知,对居民进行阳台绿化知识的培训是很重要的。

（5）居民对政府推行阳台绿化计划的态度

调查显示,53%的居民对政府推行阳台绿化计划表示赞同,17%的居民对此很感兴趣,30%的居民对此不感兴趣。可见,大部分居民愿意或有兴趣对阳台进行绿化,也希望政府促成阳台绿化的计划。目前,阳台绿化在国内还没有形成积极的氛围,一方面是政府对阳台绿化的宣传不够,阳台绿化增加城市绿地量、改善城市环境的积极作用还没有被更多的人所认识;二是阳台绿化没有提升到科学、专业化层面,绿化的效果不尽人意。这些均不利于城市阳台的绿化和城市的美化。

四、城市阳台绿化设计要点

城市阳台绿化的设计目标是美观、生态、实用、安全。应基于生态学和美学原理,设计时力求做到以植物造景为主,把生态功能放在首位,在满足生活空间设施的前提下,合理布局,精心设计,取得较为理想的艺术效果。

1. 因地制宜、合理布局、精心设计

城市阳台环境有着不同于一般空间的特性,如阳台面积一般都比较小,阳台底部与顶部的垂直距离只有 2.6~3.2 m,植物向上和向外发展受到限制;楼层越高,阳台的受风强度越大;住宅阳台朝向不同,光照和通风条件也不同。应考虑到具体楼层、朝向的特点,因地制宜地进行阳台绿化。阳台的承重也有限,应尽量减少阳台上不必要的负荷,避免阳台绿化对楼层结构造成破坏。在阳台绿化时应合理进行功能分区和布局,遵循艺术布局的美学原理,绿化区域、绿化材料要和建筑物保持和谐,结合阳台地面、顶部、墙面进行立体绿化,并注意相互间的协调。

2. 阳台绿化形式的多样化

目前,城市阳台绿化的形式主要有:① 花坛式(种植槽),可分为固定式和活动式两种。活动式种植槽的安放又有落地式及悬挂式两种。悬挂式种植槽的固定架可用小型角钢或厚扁钢等制作。落地式种植槽适用于镂空式长廊阳台,可让植物枝条从镂空处悬垂下去,形成一道绿色的风景线[1]。② 花架式,即利用立体化的多层或阶梯式花架放置花卉植物,陈列盆花或盆景。③ 悬吊式,是指利用吊盆植物进行阳台空间装饰。这种方式特别适合小面积阳台,使阳台平添立体感。悬吊时吊盆与吊盆之间应注重外观上的构图美和色彩搭配。④ 藤蔓式,即利用盆栽攀缘植物上部的枝叶沿着墙壁或人工的线网伸展,从而形成独特的立面景观[2]。在阳台绿化时应灵活运用多种绿化形式,特别是墙面垂直绿化方式,既增加绿化量,又获得多角度的阳台景观。

3. 选择适生性的绿化植物

适用于阳台绿化的植物种类较多,应结合阳台的环境特点、植物的生态习性进行植物的选择和配置,构建复层的"人工生态群落",营造色彩丰富、形式多样、四季有景的阳台景观。阳台朝向不同应选择不同的植物。南向的阳台,阳光充足,光照时间长,宜选择喜欢光照的花卉以及耐热、耐旱的植物;北向的阳台,宜养喜阴或耐阴的观叶花卉,如观赏蕨、绿萝、万年青类等;东向的阳台,宜养短日照花卉和喜半阴的花卉,如蟹爪兰、山茶、杜鹃、君子兰等;西向的阳台,宜养耐半阴耐热的藤本花木,如络石、凌霄、扶芳藤等。阳台绿化应适当配置观叶、观花、观果和藤本植物,以获得较好的观赏效果。可供选择的观叶类植物有吊兰、橡皮树、小苏铁、棕竹等;观花类植物有月季、迎春、茉莉、米兰等;观果类植物如金橘、四季橘、火棘、小石榴等;藤本植物有常春藤、金银花、牵牛花、绿萝等[3-4]。为使阳台四季有景,还应配置不同季节的观赏植物。绿色植物在室内有净化空气、杀菌、消尘和调节温湿度的作用[2],因此可选择相应的功能植物,以改善居住环境质量,如芦荟、常春藤、虎尾兰、龟背竹等。

4. 城市阳台绿化的养护管理

城市阳台绿化的养护管理是居民感到困难的地方，也是阳台绿化效果不佳的主要原因之一。阳台植物的日常管理主要是水肥管理及病虫害防治。水肥供给要适当，施水原则是及时浇水，浇必浇透；施肥原则是薄肥轻施，根据植株特性，因盆制宜；病虫害的防治要坚持预防为主、综合治理的原则。

五、小结

如今在许多城市，本应成为展示城市文明程度的阳台显得凌乱无序，城市景观大打折扣[4]。阳台属于私人空间，但是从城市构成来看，又属于公共空间，是城市公共视觉空间中不可忽视的重要视觉形象。

绵阳市城区阳台绿化状况调查显示，阳台绿化状况不尽人意，政府也未进行相关的宣传和规划工作。从调查结果可看出，居民对政府推行阳台绿化计划非常支持，也希望通过社区培训等方式获取阳台绿化的知识。政府应借鉴国内外一些城市的成功经验，采用多种形式大力宣传阳台绿化，将阳台绿化的意义上升到改善城市生态环境、提升城市形象的层面，给予一定的资金、政策支持，逐步规范城区的阳台绿化，使城市阳台成为城市新的风景。

实训案例 5　城市绿地植物配置分析——以绵阳市涪滨路为例

一、实训目的

掌握城市街道绿地植物配置原理及其方法。

二、实训要求

拟定调查方案,完成调查报告。

城市街道绿地是城市景观中不可缺少的部分,在组织交通、美化城市、遮阴避风、净化空气、减弱噪音、调节温湿等方面具有重要作用[5]。除此之外,城市街道景观也扮演着城市文化名片的角色。精巧别致而具有地域文化特色的街道景观会带给人们不一样的文化体验,甚至可以成为城市的文化标志之一[5]。城市街道绿地景观的成功营造很大程度上取决于街道绿化植物的合理配置。本文以绵阳市涪城区涪滨路为例,探讨城市街道绿地植物配置原理及其方法,并在调查的基础之上分析其优点与不足,提出改进建议。

三、区位概况

本次调查区域为绵阳市涪城区涪滨路绿化带,其临涪江,可远眺桃花岛。该街道属于两板三带式,详见图 1。该街道生态景观绿道是 2014 年市政府批准实施的市政重点项目之一,主线全长约 8.4 km,起于滨河北路东段已建成的绿道,经南山公园东广场,沿涪滨路绿化带,止于三江大坝北端,遵循"统一规划,循序渐进、先易后难、逐步推进"的城市绿道建设原则[6]。

图 1　绵阳市涪滨路区位图

图片来源:百度地图

四、植物的选择

1. 遵循适树适种的原则

涪城区位于绵阳中部偏西,属于亚热带湿润季风气候,四季分明,日照充足,雨量适中,夏秋雨水充沛,气候宜人,年平均最高气温 27.2℃,年平均最低气温 3.9℃,终年湿润。绵阳市涪滨路结合本地自然地理条件和植物的生态习性,坚持"适树适种"的原则选择合适的植物,多选择香樟、银杏等乡土树种,其中香樟是绵阳市市树,具有城市文化特点。调查区域所选的主要树种见表 1。

由表 1 可知,乔、灌、草搭配层次中体现了常绿与落叶的变化,但灌木的种类较为丰富。常绿乔木的种类较少；植物的品种较常见，缺少新颖的品种。

表1　绵阳市涪城区涪滨路主要绿化植物一览表

序号	类型	主要种类
1	常绿乔木	香樟
2	落叶乔木	银杏、五角枫、紫叶李
3	常绿灌木	苏铁、海桐、八角金盘、雀舌黄杨、红花檵木
4	落叶灌木	小叶女贞、杜鹃、红叶石楠
5	地被植物	麦冬、葱兰

2. 注重植物季相变化与色彩的运用

在植物配置与造景中，通常讲究植物的色彩变化和季相变化，使景观富有时间和空间变化，丰富视觉欣赏效果，做到四季有景可赏。调查区域植物季相分析与色彩变化分析见表2。

表2　绵阳市涪城区涪滨路植物季相与色彩变化分析表

序号	植物名称	科名	观赏期	植物色彩
1	香樟	樟科	四季	常绿
2	银杏	银杏科	秋季	绿色、黄色
3	五角枫	槭树科	秋季	红色或亮黄色
4	紫叶李	蔷薇科	四季	紫色
5	苏铁	苏铁科	四季	常绿
6	海桐	海桐花科	四季	常绿
7	八角金盘	五加科	四季	常绿
8	小叶女贞	木犀科	夏季	叶色青绿、花色白色
9	雀舌黄杨	黄杨科	四季	黄绿
10	杜鹃	杜鹃花科	春季	红色
11	红花檵木	金缕梅科	四季	紫色
12	红叶石楠	蔷薇科	春秋季	红绿
13	葱兰	石蒜科	夏秋季	白色
14	麦冬	百合科	四季	常绿

由表2可知，调查区域的植物以常绿树种为主，如香樟、苏铁、海桐、八角金盘、麦冬等，其次为春或秋季观赏树种，如银杏、五角枫、杜鹃等，缺少冬季开花树种，但常绿树种保证了冬季也有绿景。植物色彩变化较为丰富，如有红花檵木、雀舌黄杨、红叶石楠等常色

叶树种和银杏、五角枫等异色叶树种。

3. 注重功能效应

行道树具有美化环境、滞尘、遮阴、防护等功能[9]。一般来说,由于街道有车辆排放的尾气、空气中的烟尘和有毒气体等问题,所以会选择抗性或适应性较强的植物。如银杏、香樟、海桐等植物能够吸收臭氧,苏铁、八角金盘等能够吸收二氧化硫等有害气体。

五、道路绿带及其植物配置

道路绿带是指道路红线范围内的带状绿地,分为分车绿带、行道树绿带和路侧绿带[10]。

道路绿带一般起着分隔空间、绿化环境等作用[11],而此次调查的内容主要集中在分车绿带和行道树绿带,详见图2。

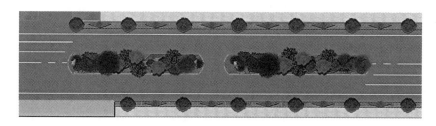

图 2　绵阳涪滨路道路绿带平面图

1. 分车绿带

分车绿带是指车行道之间可以绿化的分隔带,位于上下机动车道之间的为中间分车绿带,位于机动车道与非机动车道之间或同方向机动车道之间的为两侧分车绿带[8]。

绵阳市涪城区涪滨路的设计为两板三带式,分车绿带只有中间一带,具有分隔车行道、景观绿化的作用[9],如图3和图4。为了保证交通安全性,分车绿带不得阻碍驾驶员和行人的视线,因此,通常选择通透性较好的植物或低矮灌木和草本等,不宜种植过多的乔木[10]。但通过现场调查可知,分车绿带的植物第一层乔木层为香樟、银杏、五角枫和鸡爪槭等,第二层灌木层为苏铁、红叶石楠、雀舌黄杨、小叶女贞等,第三层地被层为麦冬或葱兰等。由于植物较为密集,树形冠幅相互构成荫蔽的效果,垂直空间层次较为饱满,尤其是分车绿带两端未预留开阔位置,阻碍了两边车行道驾驶员和过路行人的视线,易发生交通事故,详见图5。

图 3　道路绿化断面图(1：120)

图4　道路绿化立面图(1∶430)

图5　分车绿带阻隔视线

2. 行道树绿带

行道树绿带是指人行道与车行道之间以种植行道树为主的绿带[10]。

绵阳涪滨路有两条行道树绿带,用以分隔人行道和车行道,多采用规则式手法列植行道树,如香樟;灌木层则为修剪齐整而低矮的绿篱植物,如红花檵木、小叶女贞、红叶石楠等;地被层多为常绿麦冬等,通透性较好,整体形成较为和谐统一的规则式布局。美中不足的是,有的灌木层由于缺乏养护管理出现枯败现象,且地被层植物较为稀疏,出现小面积土壤暴露在外的情况,影响道路美观效果。

六、改进建议

通过调查分析,绵阳市城市道路绿地景观的植物配置原则与应用手法具有一定的借鉴价值,但同时也存在一些不足之处,如有的植物种植高度、间距和密度不太合理,对交通安全性与视线空间层次的关系未考虑周全;植物品种选择较为普通,植物种植图案或色块缺少创新性;地域文化特色不够突出;后期对植物的养护管理不够细致,较为粗犷等等。在发现问题、分析问题的基础之上,提出相关建议。

第一,通过适当移植乔木和修剪灌木的方式增加分车绿带的空间通透性。在分车绿带的两端,由于植物较为密集,空间较为拥挤,两旁的车行道难以互通视线,易造成车辆碰撞等交通事故。因此,可以考虑将分车绿带两端的乔木适当移植,同时将灌木修剪到合适的高度,使分车绿带在分隔车道的同时,保证良好的视野通透性。

第二,适当种植观赏期较长的草本植物点缀地被层,丰富景观层次。由于植物品种较为普通,地被层较为单一,因此从经济成本和美化城市环境的角度出发,可以在原有基础上增加适量的草本植物,尽量选择观赏期较长且抗性较强的植物,保证地面不露土。

第三,在进行植物种植设计之前,需要结合地域文化选择适当的主题进行立意,通过设计植物色块或绿篱图案展现城市文化特色。此外,也可通过文化宣传牌、路灯图案、公交站台宣传栏等展示文化特色。

第四,定期修剪植物枝干形态,加强病虫害防治,做好后期的植物养护管理工作。需要配置专门的人员对城市道路景观进行监管与养护,建立长效的植物养护管理机制。

七、小结

本次调查区域总共涉及 14 种不同科属的植物,其中乔木有 4 种,灌木有 8 种,地被植物有 2 种,所选树种较为常见。本次调查的道路属两板三带式,植物层次较为丰富,典型的种植模式为乔木＋灌木＋地被,自然式与规则式混合使用,灌木层多采用规则式绿篱。植物配置注意把握色彩和季相变化,遵循适树适种的原则,同时也注重种植设计前后的综合因素。

实训案例 6　居住区的景观绿化配置合理性分析——以绵阳某小区为例

一、实训目的

掌握居住区的景观配置手法及其原理,学会分析植物配置的合理性。

二、实训要求

拟定植物配置分析要素,完成分析总结报告。

随着人们生活水平的提高和"园林城市"构想的兴起,人们更加注重对生活质量的追求。作为与人们的生活息息相关的居住区环境,人们对其景观绿化配置的要求也在不断提升。优秀的居住区景观绿化能给予居民优美宜居的生活环境,满足当代人们对自然、对生态的追求和对内心宁静的向往,营造社会交往空间,能够对居民的身心健康产生积极的影响,而低劣的居住区景观绿化环境则难以达到如此效果[10]。

因此,值得探讨的是,打造怎样的居住区景观绿化环境才能更好地符合居民对优美宜居的生活环境的追求?本文以绵阳某花园小区为例,结合居住区建筑特点,分别从居住区空间布局、植物配置原则、植物配置模式等方面分析居住区景观绿化配置的方法和原理,并且通过对比景观节点在植物配置应用方面的不同,体会景观绿化配置的应用特点。

三、居住区概况

1. 建筑特点及其建筑风格

通过观察与分析,判断该居住区的建筑风格为现代风格,表现特点为线条感较强,体现出较强的时代感和现代感,高层耸立,色彩较沉稳,简洁大方。为了使景观能与周围环境相协调,需要采用与建筑风格相统一的景观设计风格,可选择简约自然或现代式景观风格。

2. 地理概况

该花园小区交通便利,四通八达,居住区呈南北走向行列式布局,周围被植被环抱,而花园小区四周则通过十字形道路连接其他居住区或者建筑物。花园景观的存在可谓营造了一个"居闹市而不喧"的环境。

四、植物配置的一般原则

1. 总体布局要协调,营造和谐的植物空间

植物配置主要是利用艺术的表现手法和科学的技术手段合理地搭配乔木、灌木和草本等不同层次的植物,从而带给人们以愉悦的感受。而在进行植物景观设计时,不能

只片面地展现植物的个体美,还要注重植物的群体美,而营造群体美则需要注重空间布局。

园林空间类型一般包括开敞空间、半开敞空间、覆盖空间、垂直植物空间和完全封闭植物空间等。不同的植物空间类型通过不同的植物配置模式进行营造。

开敞空间一般指视野开阔的空间,让人们可以远眺风景,给人以愉悦的视觉感受。该居住区的开敞空间主要通过草坪、低矮的灌木,以及花卉、地被植物等进行营造。半开敞空间一般指某一部分形成封闭空间,但四周并不完全封闭,此种空间类型在景观设计中较为常见。该居住区内主要通过在水面一侧种植高大乔木和小乔木形成半围合空间,在另一侧种植紫藤、锦带等植物与之相呼应,使空间在富有韵律变化的同时保持协调统一。覆盖空间和完全封闭植物空间一般指四周封闭度较好的空间,常用以保护人们的私密性。在该居住区内此类空间多出现在园区内的小广场,通过环植银杏、雪松等乔木,辅以火棘、瓜子黄杨、金叶女贞等灌木包围小广场,并在广场内设置座椅,形成一个私密性较强的休憩空间。垂直空间多指借助高大乔木的枝干、叶等,在垂直于地面方向营造一个较为封闭的空间,一般体现出植物天际线的变化,引导视线向上,富有韵律感和节奏感[11]。该居住区内多通过对植行道树来体现。

2. 注重植物的季相变化

植物景观除了在空间的维度上千变万化,在时间的维度上也有变化。因此在植物景观设计中,通常要考虑植物的季相变化,使一年四季形成不一样的景观,满足居民不一样的视觉和嗅觉等感官需求。

在该居住区中,春季以常绿植物为主,利用梅花等冬春衔接植物和常绿乔木搭配草坪地被植物,同时种植红叶李、金叶女贞等叶色奇特的小乔木或灌木,形成观花、观叶等景观效果;夏季仍以绿色植物为主,但其中的红枫、紫藤、金叶女贞和美人蕉等呈条带状布置,使夏季景观色彩富有变化,显得生动活泼;秋季景观突出银杏等黄色叶植物,在游乐场和入口处等道路两旁对植或单面列植银杏不仅起着引导视线的作用,同时秋叶潇潇的景象营造出的垂直空间也带给行人强烈的视觉感受,除此之外,彼时悬铃木也开始变得金叶翩跹,红叶李和红枫也鲜红如火,色彩缤纷的景观效果丰富了秋季的景观层次;而冬季除了广玉兰、墨松、罗汉松等常绿树种可赏之外,失去鲜艳叶色的悬铃木仍有观枝干、观纹理的景观价值,使冬季萧索的景观中仍有景可赏,详见图1。

3. 全面考虑植物观赏特性及其景观效果

在植物配置中,一般基于植物的色彩、形态、大小、质感等要素选择观赏效果较好的植物[9]。全面考虑植物的观赏特性及其景观效果有助于最大程度发挥植物的美感。

植物的颜色可以引导人们的视线,增加景观深度,同时不同的颜色也会使人们产生不一样的心理效应。如颜色较为亮丽的红叶李、秋季的银杏等带给人们浓烈的视觉感受,而如雪松等绿色植物和紫色的紫叶李等冷色调植物则给人带来一定的距离感,加强了视觉延伸效果。

使用球形、伞形、垂枝形、塔形、圆柱形等不同形态的植物可丰富景观层次,使景观不至于显得呆板单调。如居住区中修剪成球形的海桐、小叶女贞等,塔形的雪松、塔柏和圆

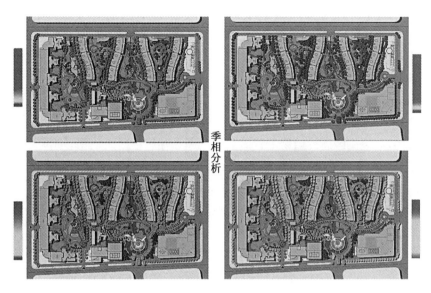

图 1　居住区季相分析图

柏等,圆冠阔叶的榉树、广玉兰、悬铃木等,使景观富有变化。

　　植物有大小之分,实践中通过不同规格大小的乔木和灌木等植物形成单体或群体的空间体块。需要考虑植物初植和成熟期的大小,以保证植物有足够的生存空间,因此植物种植间距和密度也是需要考虑的[9]。

五、常见植物配置模式

　　该居住区的植物配置中植物类型有乔木、灌木、藤本、草本植物,第一层为常绿乔木和落叶乔木层,第二层为小乔木或大灌木层及藤本植物层,第三层为小灌木层,第四层为草地和地被花卉层。选取以下几处值得借鉴的景观配置区域进行分析。

　　1. 乔灌草复层混交带——景观入口景观

　　居住区的东西南北方向皆有入口,道路纵横交错,满足了居民进出的便利性。主入口在南方,左侧通过对植银杏树引导视线,右侧通过列植、对植银杏形成较为丰富的景观层次吸引人们前行。入口可见水体环绕的圆形广场,该处景观环绕水体种植植物,分为乔木、灌木、草地和花卉地被三个层次。在水畔植有水杉、垂柳,凸显水畔的静谧;另一侧花架上植有紫藤,既有遮阴功能,又增添浪漫情趣。在圆形广场旁种植榉树与西府海棠、红枫、黑松等,既在色彩上相互配合,又具有季相变化,同时在质感上也相互补进,榉树的粗糙和诸多小乔木的细腻结合,使得环境相互统一又富有变化。

　　2. 道路绿化模式——红枫小道

　　从种植方式上看,红枫小道是通过在道路两侧主要对植红枫形成的道路景观,通常作为垂直景观空间营造出浪漫唯美的意境。红枫常年鲜红欲滴,配合两侧道路旁的常绿乔灌木、草地和开花植被等,构成一幅色彩缤纷的画卷。此类手法常见于行道树列植或对植,该小区中的银杏小道也是同理。

3. 条带状景观模式——叠彩欲舞

宅前绿地及小径间的条带状绿化使得整个小区花园富有韵律和节奏感,给人青春、活力、自由的感觉。主要为金叶女贞、杜鹃、美人蕉,同时相间种植樱花和红枫,满足不同高度和不同季相色彩的观赏要求。

六、总结

综上所述,对居住区进行植物配置需要先判断居住区的建筑风格,结合周围环境和地域文化特点打造与之相适应的景观风格。在选择植物品种时要运用生态原则和生物学原理,综合考虑其生态习性、功能性和观赏效果,运用特定的艺术手法和科学手段营造适当的植物空间,综合考虑植物配置中的各个要素,使植物景观在丰富变化的层次中和谐统一。

参考文献

[1] 王益熙,刘冰. 阳台绿化布置谈[J]. 中国林业,2001(12):27.

[2] 陈学君,张淑萍,赵国怀,等. 阳台绿化的适宜植物和绿化形式[J]. 山东林业科技,2003(4):40-41.

[3] 金波,王月薪. 阳台绿化和美化[J]. 中国园林,1997,13(5):52-54.

[4] 王丽霞. 浅谈居室绿化与植物配置[J]. 山西建筑,2008,34(26):339-341.

[5] 屈海燕. 园林植物景观种植设计[M]. 北京:化学工业出版社,2012.

[6] 付江,王波. 绵阳涪滨路生态景观绿道工程即将启动建设[N/OL]. 四川在线-绵阳频道,2014-08-26[2018-03-18]. http://mianyang. scol. com. cn/ms/content/2014-08/26/content_51611826. htm? node=155378.

[7] 谢国文. 园林花卉学[M]. 北京:中国农业科技出版社,2002.

[8] 袁犁. 风景园林规划原理[M]. 重庆:重庆大学出版社,2017.

[9] 刘建福. 植物构成空间在环境设计中的应用[J]. 广东园林,2004(4):20-23,29.

[10] 谢龙安. 园林景观设计中空间尺度研究[J]. 农家科技(下旬刊),2017(1):173-174.

第三章　园林植物盆景制作与插花艺术

3.1　园林盆景制作方法

盆景是我国传统的园林艺术,它以植物、山石和形色协调的盆盘几架为材料,经过艺术构思和技术造型、精心培育与加工,再现祖国大自然的壮丽景观。

园林盆景的主要制作步骤如下。

3.1.1　采掘

树木盆景的素材有两个来源:一是采掘树桩;二是繁育树苗。从山野采掘多年的树桩,培养加工,因材处理,可以缩短盆景造型时间,且往往可以选到形态自然优美、古雅朴拙的老桩,制作成盆景佳品。幼苗繁育有播种、扦插、压条、嫁接等法,造型比较自由,但费时较长。

采掘树桩一定要掌握科学的方法,否则难以成活,更难以成品。首先要选择好木桩,从树种、树龄、形态以及培养前途来综合考虑。树种以常用的桩景为宜,各地环境条件不同,树种的分布也有差异,要因地取材。

采掘树桩的时间,宜在树木进入休眠期后,以初春化冻,树木尚未萌芽之前为佳。秋末、冬初采掘亦可。在偏北地区,寒冬腊月,土层冻结,采掘困难,且易伤根,掘后应进行温室培养。

采掘树桩一般将主根截断,但要多留侧根和须根。松柏类和直根系树种,宜多留些主根,否则不易成活。掘后树桩要进行一次重修剪,一般保留部分主要枝干并短截,其余均剪去,并要考虑以后加工造型的需要。掘好的树桩要尽快带回栽种。

3.1.2　养胚

山野采掘的树桩,无论其自然形态如何优美,都必须经过一定时期的培育,才能上盘加工,这一过程称作养胚。

1. 树桩处理

(1)根部处理:主根短截,应尽量多留侧根和须根,根的底部修成水平状。切时不可一步到位,可等发出新根,再逐渐修剪短截。

(2)枝干处理:对野外采集来的树桩的枝干进行初步重修剪,同时根据树胚材料的特点,决定表现什么样的题材和如何造型。如有些树桩主干挺直,可顺其自然,做成直干式,如图 3-1(a)所示;有些树桩自然弯曲,适宜做成曲干式或悬崖式,如图 3-1(b)所示;有些树桩主干枯萎,宜做成枯峰式。

（3）截口处理:在树型确定以后,要截去多余的枝干,并对锯口作处理,因为植物习性不同,处理方法也不同。如早春雀梅,锯口贴近主干,很容易炸皮,影响美观。故锯截时可稍留一节枝干,愈合后再截除之。对一般伤口易愈合的三角枫、黄杨、白蜡等树种,则可贴近主干截锯。截口应尽量避开正面,要平整光

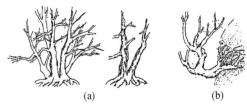

图 3-1　直干式（a）与悬崖式（b）

滑,使截口与主干自然吻合,不致有碍观赏。截口最好及时涂上防腐剂或蜡油,以防伤口感染病虫害。

2. 栽植

采掘树桩大多要养坯一年后再进行上盆加工,在此期间,先进行就地栽植。栽植方法有地栽和容器(盆钵或木箱)栽植(图 3-2)。要选择土壤疏松肥沃、排水良好、阳光充足的地方养坯。

（1）地栽:栽前应深翻土壤,挖好排水沟,最好在栽植时掺入 1/2 山土。树桩宜用干土,则根的缝隙易于捣实,浇水后,土和根可紧密融合,利于树桩成活和生长。在南方雨水多、土质黏性大的地方,应采用垄栽法,以利于排水,防止烂根。垄的宽、高,可根据树桩大小而定。地栽树桩应适当栽深一些,仅枝干顶部露出地面,这样有利于发根和萌生新枝,也有利于加工造型。

（2）容器栽植:选用泥盆、木箱、箩筐等栽培。容器底部须留有排水孔,为了使透气性良好,也可在容器底部垫层粗砂。容器栽植有利于结合造型加工和精细管理。

3. 套袋

野外采集的老桩,根心枯空,树龄老化,新陈代谢功能差,成活率低,冬季易受冻害,可采取套袋法养胚。即将树桩栽植在地里或泥盆内,用塑料薄膜袋或其他袋状物将枝干套住,留出顶部芽点位置,周围填土,待叶芽萌发后,再将套袋由上往下逐渐拆除。套袋法可以保暖保湿,有利于老桩的萌发更新,提高成活率。

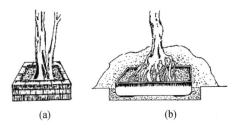

图 3-2　砖围地栽（a）与盆栽（b）

3.1.3　造型

树胚的加工制造要遵循一系列盆景创作的艺术手法。对树桩材料先进行仔细观察和推敲,因材加工,决定塑造什么形式的盆景,对其根、干、枝要协调、匀称地进行蓄养安排。

1. 造型

在树木盆景造型过程中,枝干弯曲是不可缺少的重要内容。一般通过攀扎弯曲来改变枝干原本的形式,合理占有空间方位,从而达到形式美。在我国传统的树木盆景造型

中,多用棕丝、棕皮来攀扎弯曲调整枝干,称为"棕法",其技巧值得借鉴。随着现代工业的不断发展,在树木盆景造型过程中,对树木枝干弯曲、调整的攀扎材料及方法更为广泛,尤其是金属材料受到越来越多的树木盆景制作者的青睐。传统棕法攀扎不易伤害植物,工整秀丽,但技术要求高,工时长。金属丝攀扎易于操作,可随心所欲,省工省时,攀扎的作品自然、有力度,但易损坏植物表皮,且难拆卸。所以弯曲攀扎时,可据制作者的喜好及造型需要,选用棕丝或金属丝,也可并用。对枝干弯曲,要了解不同树种的习性,根据粗细,把握好时间、季节,灵活运用不同的方法。尤其对主干的弯曲要做到胸有成竹,能弯曲到什么程度就弯曲到什么程度,亦可分阶段逐步加大弯曲度。弯曲时要注意保护好木质部和表皮。对一些粗干造型可弯可不弯的,尽量少弯或不弯。从小苗培育的盆景树材应自幼作弯曲攀扎;由山野采挖的大型盆景树桩,可通过改变种植形式,或巧借树势来减少弯曲度。

(1)金属丝攀扎:常用的金属丝有铜丝、铅丝、铁丝。攀扎应先主枝,后次枝,再小枝,由下往上、由里往外、由粗至细。将金属丝始端固定,可一根,也可两根并用,贴紧枝干,使金属丝和枝干呈 45°夹角,至需要的位置时,将金属丝末端紧靠树皮,不得翘起。

(2)棕丝攀扎:一般先把棕丝捻成不同粗细的棕绳,用棕绳的中段缚住需要弯曲的枝干的下端,将两头相互绞几下,放在需要弯曲的枝干上端,打一活结,将枝干徐徐弯曲至所需弧度,再收紧棕绳打成死结,即完成一个弯曲(图 3-3、图 3-4)。

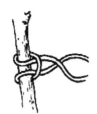

图 3-3　系棕方法:单套、双套、扣套　　　图 3-4　打结方法:活结、死结

2. 修剪

从造型来讲,修剪是为了改变枝干的弯曲形式、占有的空间位置等,从而达到树木造型的目的。从养护管理来看,修剪是为了保持和维护已成型的树木景观。修剪的方法如下。

(1)摘心:摘去新梢顶端细嫩部分,促进腋芽萌动,多长分枝,利于扩大树冠。

(2)摘芽:摘去尚未展叶或刚开始展叶的嫩芽,促其枝叶短密,达到微缩的目的。

(3)抹芽:抹去树木主干与基部的不定芽。

(4)短截:将一年生枝条剪去一部分,在生长期进行。其中短截,形成中短枝多;中短截,形成长枝较多;重短截,总生长量小,但可促发强枝。

(5)回缩:将多年生枝条截去一段。回缩对全枝有削弱作用,但对剪口下方附近枝芽生长有一定的促进作用,有利于更新复壮。

(6)疏剪:将一年生或多年生枝条从基部剪去,在休眠期进行。

3. 嫁接

树木盆景嫁接是一种造型方式,通过嫁接不仅可获得优良的盆栽树木,而且可加快盆景成型,取得事半功倍的效果。例如大叶罗汉松嫁接雀舌罗汉松,白花昂木嫁接红花昂木,不仅改良了品种,也提高了观赏效果。

嫁接前应备好工具,如芽接刀、切接刀、手锯、木槌、修枝剪,以及捆绑所需的塑料袋、麻皮等。嫁接时应尽量做到平、准、快、严、紧,这样可有效提高成活率。嫁接的方法有以下几种。

(1)枝接:选取一年生枝条或当年生新梢做接穗,接于砧木之上,称为枝接。常用的枝接方法有劈接、切接、腹接、靠接。

(2)芽接:芽接是取接穗的芽进行嫁接的方法。在树木盆景造型过程中,芽接可改良树冠,也可作为枝接的补救措施。它的优点是,可以在砧木的小枝条上嫁接数个接穗芽,待成活后,根据造型的疏密要求,再剪裁取舍。一些皮层较厚的树种改良,都可采取芽接方法。

(3)根接:山野挖掘树桩或在翻盆剪栽时,往往能得到比较理想的根型,可采取根接法换冠。在 3 月翻盆移植时,将形体好的根放入水里清洗干净,剪除茸根和多余的侧根,根据根的粗细采取劈接或切接方法换冠。采同一树种 1～2 年生枝条作接穗,保留 2～3 芽,嫁接成活后,松除绑扎物并逐渐将根露出,便得到一盆新的桩景。

此外,在实际生产中,还常用到补枝和补根的措施。

当一株盆景其干部缺枝,可利用本体树枝和本体外同属树种,采取靠接方法补枝。在缺枝部位,横向切割坑槽呈口唇状,深达木质部,其切口的长、深度以和靠接枝切割面能充分吻合为宜。将选用的靠接枝的"丁"字形接面削成和砧木切口相合的形状,然后将其靠在上补枝的坑槽内,对准形成层,用带状物扎实。

在山野挖掘到的造型优美的树桩,往往因缺根显得美中不足。若缺根部诱发不了新根,可采取靠接方法补根。

4. 雕刻

由于自然树桩采掘日渐不易,人们大多在自己栽培的树木中选择粗壮的素材进行人工雕琢,甚至劈开树干,使树桩呈现出在大自然中经风雨雷劈的姿态。

主要雕刻技艺有:雕干法、撬皮法、朽蚀法、贴木法、撕裂法及蚂蚁蛀蚀法(图 3-5)。

雕干法　　　　　撬皮法　　　　　贴木法　　　　撕裂前　撕裂后
　　　　　　　　　　　　　　　　　　　　　　　　　　撕裂法

图 3-5　雕刻的主要技艺

3.1.4　上盆

经过加工造型的树坯,可上盆配景,以供观赏。首先要选择恰当的盆钵,盆的大小、深浅、质地、色彩都要依据树景的具体情况而定,在款式上要协调一致。

1. 用土

树木盆景的用土,要根据树种的生物学特性来选择,不同树种对土壤理化性质要求不同。在南方山地生长的杜鹃、赤楠、山茶等一些树种,要求酸性土壤;有的树种如榆、榉、朴、柽柳等,则要求中性土或钙质土。一般来讲,盆景用土都需要肥沃疏松、富含腐殖质的营养土,通常有腐叶土、山土、塘泥土、稻田土等,还可根据不同情况配制加肥培养土和普通培养土。普通培养土由田园土、腐叶土各 4 份,加河沙 2 份,再加适量砻糠过筛拌匀而成;如再掺入腐熟饼肥 1~2 份即成加肥培养土。上盆时间宜选择早春树木萌动前。

2. 栽植

在选好盆钵和盆土的基础上,即可进行栽植。如用深盆栽种,盆底需用碎瓦片填在排水孔上,筒盆还需用较多瓦片及粗砂填于盆底,以利排水。填孔是上盆栽植的关键措施,如不注意,盆孔堵塞,将会造成树木烂根。用浅盆栽种,需用金属丝将树根与盆底扎牢在一起。先在盆底放一根铁棒,将金属丝穿过盆孔拴住铁棒,这样在栽种树木时,将其根部固定在铁棒上,就不会因盆土浅而摇动,影响根系发育。树木在盆中栽植的位置确定后,即可放入培养土,先将粗粒土放在盆下,再将细土塞在根部捣实。培土时,一边放土,一边用竹扦将土与根贴紧,但盆土也不能压得太紧,以免通气透水性不好。填土宜稍浅于盆口,以利于浇水。树木栽种的深浅,也要根据造型的需要确定,一般根部宜稍露出土面。栽植好后即可浇水。新栽的盆景,宜用喷壶喷浇,第一次浇水必须浇透,然后放置于半阴处养护。之后也要经常浇水,保持盆土湿润。提根式盆景一般用盆较浅。树木刚栽时,培土要堆成馒头形,高于盆面;待生长正常后,通过浇水,逐渐冲洗堆土,使根部露出土面。附石式盆景的栽种比较复杂,一种是将树根栽于山石的洞穴中,用竹扦将土与根贴实;另一种是将根系包在附石的四周,再将树根嵌在石缝中,外面覆盖泥土,然后用青苔包裹并缚扎起来,连石一起栽进选好的盆中(较深泥盆),待 2~3 年后,根部生长正常,同石缝嵌紧,再移栽至浅盆中,成为附石式盆景。

3. 配置山石或配件

树木盆景为了构成一定景观和意境,往往选用适当的山石或配件布置于盆中。例如在松柏盆景中,放置几块山石,可使盈尺之树有参天之势。悬崖式盆景,根际放上一尖峭峰石,使树木如生长在悬崖绝壁之上。如松石盆景和竹石盆景都是模仿古人画意的艺术手法。故山石点缀了树木盆景,增添了诗情画意。

3.2　盆景养护管理

树木盆景是艺术造型后有生命活动的有机体,它的养护管理不同于一般盆栽植物。首先它要通过各种管理措施来满足盆景正常生长所需要的环境条件;其次是通过修剪、攀扎等技术措施来维护盆景完美的造型。

3.2.1　浇水

树木盆景的浇水是养护管理的一项重要工作。常用的浇水方法有浇、淋、喷、灌、浸。

生长在盆钵之中的树木,盆土有限,很易干燥,如不及时补充水分,风吹日晒,植物很快就会因缺水而萎蔫死亡。但浇水不当,水分过多,盆土太湿,植物根部呼吸不良,也易导致烂根死亡。所以盆景浇水一定要适量,根据季节、气候,以及盆体大小、深浅、质地等因素来确定浇水的多少、次数和时间。

树木盆景要因时浇水,不同生长季节需水情况不同。一般夏季高温期要早晚各浇一次水,春秋季可每日或隔日浇一次,冬季处于休眠期可数日浇一次,梅雨期或阴雨天可不浇水。此外,盆土的持水量与土质有关,沙质壤土透水性好,可多浇水些;黏性土透水性差,则应少浇些水。

浇水还要因树而浇,树种不同,对水分的需求情况也不同。阔叶树比针叶树蒸发量大些,容易失水,要多浇一些;喜湿树种要多浇一些,耐旱树种要少浇一些。

浇水还要因盆而浇,即根据盆的大小、深浅、质地去浇水。浅盆、泥盆、粗砂盆应多浇;釉盆、瓷盆、深盆应少浇。小型盆景易失水,最好的办法是将盆置于沙床上,令沙床保持一定湿度即可。

3.2.2　施肥

树木盆景在不断生长的过程中,要从盆土中吸取养分,而盆土的养分有限,不能充分满足植物生长所需营养,植物会因缺肥而叶片发黄、枝条细弱、花稀果小,对病虫害抵抗力减弱,观赏价值降低,为此就应该注意补充适当的肥料。但一般树木盆景生长缓慢,不宜施肥过多,以免徒长,影响树姿美观。施肥时不仅要注意适时适量,还要掌握肥料的种类。

树木生长主要需要氮、磷、钾三种元素。氮肥促进枝叶的生长;磷肥促进花芽形成,使得花繁色艳、果实早熟;钾肥促进茎干和根部生长,增强抗性。盆景施肥需要注意有机肥或饼肥不腐熟不施;浓肥不施,一定要稀释后才使用;刚上盆的树木不宜施肥;雨季、伏天、盆土过湿不宜施肥。

3.2.3　修剪

树木盆景上盆造型后,为防治其枝叶徒长、树形杂乱,在养护管理过程中,要经常修剪,长枝短剪,密枝疏剪,以维持优美的树姿。一般养护修剪可采用以下措施。

(1)剥芽:树木在生存期,其根部及根干常萌发一些不定芽,特别是萌芽力强的树种会同时萌芽很多,大量消耗养分,也会影响树木长势,因此须将其剥除。

(2)摘心:为抑制树木盆景的生长高度,促进侧枝发育伸展,可摘去枝梢的嫩芽,使树冠保持一定的形态。摘心还可使养分集中于成型的枝叶上,促其腋芽萌发,增加枝叶密度。

(3)修枝:树木盆景在生长过程中常萌生出许多新枝条,为保持其造型美观,应经常修枝。

3.2.4　**翻盆**

树木盆景在不断生长过程中,其根系往往密布盆底,影响通透性和排水,也不利于养分的吸收,有碍树木正常生长,这时就应进行翻盆换土。翻盆可以用原盆或大一号的盆,根据树种及树木大小来决定。翻盆时,将树木自盆中连土脱出,除去土球周围 1/3～1/2 宿土,松柏类除去 1/5～1/3 宿土,同时结合修剪除去一部分老根及腐根,但剪口须平滑,不可撕裂根部。然后重新放入盆中,盆底及盆周围填进培养土,并以木棒捣实。

3.2.5　病虫害防治

树木盆景特别是桩景易遭病、虫危害,轻则影响生长,重则导致死亡。树木盆景常见的病虫害有以下几种。

(1) 根的病害:老桩盆景根部老化,易引起各种细菌寄生,使根部腐烂或产生根瘤病。应注意盆土消毒和控制浇水量。

(2) 枝干的病害:常见的有茎腐病和溃疡病,如在枝干的表面出现腐烂,干心腐朽,树脂流溢,表皮裂隙,枝条上出现斑点等。应及时用药物防治,可喷洒波尔多液或涂以石硫合剂。

(3) 叶部的病害:常见的有叶斑病、黄化病、白粉病等,如叶面出现黄棕色或黑色斑点,叶片萎缩、枯萎、早期落叶等。叶斑病可摘去病叶,或喷洒波尔多液;黄化病可用硫酸亚铁溶液喷洒叶面;白粉病可用石硫合剂喷洒。

3.3　园林植物插花艺术

近年来,我国花卉行业发展迅猛,建立了以广东、福建、云南为示范的花卉省市。昆明、湖北等地花卉产业的发展,一直成为乡村振兴、促进林业高质量发展的重要抓手。鲜切花逐渐走进人们的日常生活,市场需求量也越来越大。互联网送花、鲜花速递等现代化的交易、流通方式已经深入到花卉流通领域,大大提升了鲜切花的交易量和流通性。

经过 30 余年的发展,全国建成了 3 000 余个花卉交易市场。花卉业的发展也带动了相关产业链的迅速发展。花艺培训如雨后春笋,蓬勃壮大。国际、国内的花艺设计大赛引领着人们的审美视野,消费导向。人们对美的需求、对心性修养的需求与日俱增。

据统计,全国 2 000 多所院校中,几乎所有的农林院校都开设了插花艺术课程,各类大赛相继促进和引领着行业的发展。花艺作为园林的一个细分,有着很好的应用前景。

各层级花艺赛事成为促进花艺交流和进步的主要渠道。中国杯插花花艺大赛、世界杯花艺大赛等集结了全球顶级花艺资源,业内翘楚更是数次站在了世界的领奖台上。2020 年,由人力资源和社会保障部批准的国家级二类职业技能竞赛"全国插花花艺行业职业技能竞赛"首度在全国七个地区推开,开创了中国插花竞赛的新模式。科学化、规范化、专业化的竞赛能够促进交流,传承与弘扬中国传统插花,倡导文化先行、文化自信。国家大力推动工匠精神,对整个行业技能和素质的提升有着极大的促进作用。

3.3.1 立意构思

每一枝切花和枝叶,都源于自然,是自然精华的表现。取自然于瓶盘方寸之间,舒天地之宽广。我们在插制一个作品的时候,不仅是对枝叶进行一种简单的技术加工,更是融入了自身的情感表达。对花的解读能体现出创作者的情感价值观以及文化理念,甚至综合素养。这也就是我们常说的意境,不矫揉造作,只情真意切。故而在艺术创作之前,要认真收集和熟悉素材,对其进行筛选提炼,进而运用技巧、倾注感悟,用发自内心的情感将素材物化为造型艺术,达到主题明确、构思精妙、意在笔先。

3.3.2 选择素材

1. 以文化属性搭配花材

花材的文化属性决定了作品的思想内涵、创作者的思想情感和人格品性。花材中凝聚着民族的人文气质和品德。选择作品所需要的花材,是创作的首要环节。要考虑作品的外部环境,如节气、场所、对象、目的、氛围等。要善于利用花材本身的象征含义表达作品的内涵。

在我国悠久历史文化长河中,流传着无数的诗词歌赋,人们借花言情喻志,为每一种花都赋予了人文的含义。牡丹富贵王者之风,梅花清离疏瘦,兰花幽生空谷,荷花濯清涟而不妖。《瓶史》中列举出多种象征高人雅士的品格的花。更有些花卉的名称就蕴含深意,如仙客来、万年青、火龙珠、百合、百子莲、报春、勿忘我等等。将多种花卉加以组合,衍生出更多的含义,如富贵满堂(牡丹加海棠)、松鹤延年(松柏加鹤望兰)等。

一般选用格调高雅、极富生命力、具有物质性和精神性双重含义的花材,以表达作品的内在品德气蕴。

2. 以形态表达搭配素材

在花艺制作中通常把花材分为散状花材、线状花材、团状花材以及不规则花材,各种花材在表现力上各有不同。

(1)散状花材:分枝较多,花朵较小,一枝上有许多小的花朵,常见的如勿忘我、满天星、澳梅等。多用在主花之间,用于填补空间、增加层次、丰富作品质感,在花艺设计中充当“点”。

(2)线状花材:即线条状的花材。如山苏叶、一叶兰、雪柳、尤加利、马蹄莲、南蛇藤等。多用于表现作品的框架。根据其是直线或曲线、粗犷或阴柔,表现力量、柔美等不同的风格。在花艺设计中充当“线”。

(3)团状花材:即花朵较大,呈团块状或近似圆形的花材,如牡丹、向日葵、霸王花、针垫花等。在花艺设计中充当“面”的作用。

(4)不规划花材:指外形较为奇特的花材,如红掌、蝴蝶兰、朱顶、鸡冠花等。因其外形不规则,在插花作品中为了保持其特殊形状,在构图时会当焦点、主花来使用。

3. 以色彩元素选择花材

插花属于空间造型艺术,色彩尤为重要,是其最富表现力的要素。色彩不单能表现形式美,更能直接表现创作者的心理活动和性格特点。在插花作品中通常要遵循以下几个配色原则。

(1) 单色系和同色系组合:采用同一色相作深浅、浓淡、明暗的变化关系组合,产生和谐统一的视觉效果,体现出韵律感和层次感。

(2) 近似色组合:采用色环中相邻的几种过渡颜色的组合,又称为类似色组合。

(3) 对比色组合:对比色又称互补色,在色环中相差180°,对比强烈。对比色组合是最强烈的配色,体现醒目、热烈的冲击感。

此外,还可以运用多色彩组合,也可以根据季节以冷暖色作搭配等,总之应依据作品想要体现的主题、效果来决定。

花材的选择还可以根据花材的生长环境来搭配,体现水生景观或是枯山水景观。

不同花材的组合会让一盆插花作品产生对比,增加作品的丰富度。

3.3.3　选择器皿

容器的作用一是盛水保养花材,二是成为作品的一部分。花器应当注重色彩、质感、大小等元素,保持作品整体的平衡与和谐。中华花艺对花器的选择相当考究,认为容器是花的精舍,是大地。一件神韵天成的作品,须重视整体的完整性,赋予花器之崇高使命地位与生命存在意义是相当重要的。

中国传统插花花器有“瓶、盘、碗、篮、筒、缸”六大器皿。在作品中,花与花器要相得益彰,不同的花材使用不同的器皿,如牡丹宜使用青铜器,梅花宜采用瓷瓶等。色彩上需要选择主花材的对比色系,再根据所选择的花材特性、形状选择与之相适应的器皿。

3.3.4　整理花材

自然界的花材各具形态,而插花中所遇到的枝材,也可能不符合造型所需,这就需要对花材进行整理和加工,在保持其自然形态的前提下,顺势而为,进行修剪和造型,以突出其特点,呈现活泼、生动等优美的特色,符合整体所用。

(1) 木本花材:选枝、审枝、弯曲造型,修剪病枝、丛枝、枯枝、残枝,观察其天然的走势与形态。

(2) 草本花材:弱小细微的花材,需对其枝脚进行支撑固定。

(3) 叶材配花:保持枝脚干净,修剪叶片并保持清洁、完整,做好弯曲造型的基础工作。

3.3.5　构图造型

1. 确定比例

中式插花以三大主枝为基本框架结构布局。三主枝之比例关系为3∶5∶7,近似黄金比例,但不追求绝对,可以根据插制过程中具体情况确定比例关系、空间关系和三主枝之间的层次关系。三主枝呈不等边三角形构图为最佳。

选定第一主枝的长度(作品中最长的枝条),为容器高度的1.5~2倍,中华花艺称之为使枝;第二主枝长度为第一主枝的 2/3 左右;第三枝的长度通常为第二主枝的 2/3 左右,如此比例最接近中国洛书中记载的比例 3∶5∶7(图 3-6)。第一主枝的确定及插花主枝间的关系,并非死板的规定,有时需要根据具体的情况而略微变动,比如因为插花陈设环境的需要,第一主枝与花器的尺寸比例可在 1～3 倍之间变动,以和环境相协调。

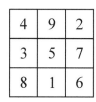
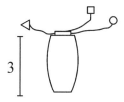

图 3-6 洛书与插花

三大主枝完成后,为加强作品框架空间,可选择三主枝的副枝条进行插制,以丰富作品框架,使之更充实。从枝是陪衬烘托各主枝的,高度比它所陪衬的主枝短,数量多寡不限,只要能达到效果便可。

最后增加些点状花材以丰富作品,基部增加面状花材以增加作品稳固性和视觉平衡感,同时更加衬托主体花卉。

2. 基本构图

一般来说,中国式插花花体呈现的是一个倒三角锥体,花叶空间分布其中,空疏自然,以少胜多。通过三主枝上下位置、角度的变换,可形成不同的形态。根据第一主枝的走势,插花造型大体上可分为四种。

(1) 直立型

作品表现挺立向上的气势,体现端庄稳健的力量之美(图 3-7)。一般适用于较为隆重、严谨的场合。

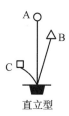

直立型

图 3-7 直立型插花造型

① 首先插入第一主枝(最长枝),直立向上插入容器中,代表着力量,最大倾斜度在 30°以内。

② 随后斜插入第二主枝,位于第一主枝两侧皆可。可以加入从枝呼应协调。第一、

第二主枝可以是相同的花材,也可以不同,数量上也可以不只一枝,可以是一丛的表现形式,根据不同场合、不同花材来确定。

③ 第三主枝为主花。中华花艺强调主花要南面而王。即是说主花要面向南面,体现气势,表明作品焦点所在。

注意第一、第二、第三主枝整体呈不等边三角形构图,三主枝不在同一立体面上,前后位置略错。

④ 加入基盘叶。基盘叶起到收紧枝脚、遮挡剑山、聚拢视线、承托主体的作用。

⑤ 最后再加入从枝以及补花填充空间。分别插在三主枝骨架顶点连线内的整个空间里,务必分插在不同层次上,并对花枝长短、花朵大小及疏密、花色深浅等进行调节,增加层次感,观照各部分之间的相互位置协调关系,插出立体感和灵动感。

⑥ 整理台面、工具。

(2) 倾斜型

图 3-8　倾斜型插花造型

作品表现出自然、柔美、轻盈活泼的状态(图 3-8)。

① 第一主枝应当选取弯曲造型的枝条,倾斜度在 30°~60°,表现出动态感。

② 第二、第三主枝应当有两丛以上,平衡分布于两侧,形成不对称三角形构图,保持稳定、均衡,重心要稳,不可倾倒,保持三大主枝之间的有机协调。

③ 为避免出现凹陷感,要根据配色等情况加入相应的副主花。副主花需较主花花头小。

④ 加入基盘承托枝脚。

(3) 水平型

表现花材横向平铺的静态之美(图 3-9)。

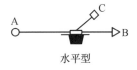

图 3-9　水平型插花造型

① 枝叶依附水面,平静深远。三主枝枝条选取以线条弯曲柔美为佳,形成蜿蜒流动的美感。

② 水平型的欣赏角度是由上至下,重点在于平面空间的细微变化,水面造型应灵动而富于变化。

③ 第一主枝横向近水面插入容器中,第二、第三主枝平或微斜插在第一主枝两侧,仍然呈不等边三角形布局。

(4) 倒挂型(下垂型)

枝干斜出面低于器口的花型,意在表现花材飘逸、流畅的线条美和犹如飞瀑倾泻而下的动态美(图 3-10)。

① 选择高身容器,以及枝条柔韧或藤本花材。

② 第一主枝向下悬垂,第二、第三主枝可以根据整体造型进行调整,保持作品的平衡性,并与第一主枝相关联。

图 3-10　倒挂型插花造型

3.3.6　审美标准与评判

中国人崇尚自然,将自然作为心灵的寄托和归依是其一方面,另一方面表现在对自然纯朴的推崇,爱"天然"而忌"雕饰",让每一支花的自然形态都得以充分舒展和体现,以及用比较少的花量,力图通过疏密、虚实的巧妙安排,在小天地里做大文章,使其尽显风流之态,形成独特的审美标准和美学原则。

1. 插花艺术审美的标准

(1) 错落有致。花材要高低错落,在不同平面形成不等边三角形,突出层次感和节奏感。

(2) 疏密有间。花材组合布局要疏密得当,整体上保持上聚下散、上疏下密。

(3) 虚实结合。作品中要有虚有实、虚实结合,创造出生动或是幽远的意境。比如在作品中要有前景、中景和远景,通过拉长景深表达更丰富的层次,其中有强化突出的正面观赏,也有半藏半掩的侧面观赏,使其表现更具想象力。

(4) 俯仰呼应。在花材的组合中,要有呼应和联系。要关注花材的阴阳面,走势不可左右分离,背心面对;花材之间要有交流和顾盼,形成一定的动势。

(5) 上轻下重。保持作品的均衡和重心。从花型大小上来说,上小下大,在色彩方面则是上浅下深,体量上要上轻下重,以保持视觉上的平衡。这也是一个基本的造型构图原理。

2. 插花艺术遵循的原则

（1）纪律。强调安全，实操时会使用工具，特别是在制作大型作品时，木本枝条以及切割、固定工具都具有一定的危险性，在操作时，要兼顾自身和他人的安全。

（2）仪态。插花是美的创造，要求创作人端身正立、轻言细语，保持轻松、愉悦的状态。

（3）心性。插花者要提升心性的修养，认真对待每株花草，保持身心的和谐和平静，定而后能安。

（4）习惯。学习养成整理的习惯。作品完成后要对工作环境进行全面清理，整理工作台面、布景，方可移步欣赏。

实训案例 1　巴蜀园林盆景流派制作

一、实训背景

盆景流派就是盆景创作和盆景与插花艺术理论方面因风格类型的差异而形成的派别,换句话说,盆景的风格类型就是盆景流派。一种盆景地方风格就是一种盆景风格类型或一个盆景地方流派,也就是说,地方风格和地方流派是同义词,比如说,徐晓白先生在《盆景》中称盆景的地方风格包括扬州风格、苏州风格、四川风格、安徽风格、岭南风格、上海风格,而在他主编的另一本专著《中国盆景》中则称盆景的艺术流派为扬派、苏派⋯⋯可见,地方风格和地方流派的含义是一样的,只是叫法不同而已。

巴蜀地区因唐朝贞观元年(公元 627 年)设置剑南道,故该地盆景流派又名"剑南盆景"。巴蜀盆景艺术造型上经历了从简单到繁杂,再从繁杂到简练的过程,一般采用"地上初加工,成型上盆细加工"的方式。独特的巴山蜀水,孕育出了独特的巴蜀文化。天然丰富的风景资源和植物材料,通过盆景艺人的观察、思考、创作,凝结在一件奇妙的盆景作品中,体现了盆景本质的艺术特征——"以小见大,缩龙成寸""藏天翻地覆,天地灵气于盈握之中"。

二、实训内容

1. 巴蜀园林盆景的特点

巴蜀园林盆景多模拟老树的姿态,总结和创新出不同的形式。桩景以古朴严谨、虬曲多姿为特色;山水盆景则以气势雄伟取胜,其高、悬、陡、深,表现了巴山蜀水典型的自然风貌。

2. 巴蜀园林盆景的植物材料

金弹子、六月雪、罗汉松、银杏、紫薇、贴梗海棠、梅花、火棘、茶花、杜鹃等。

3. 山水盆景材料

砂片石、钟乳石、云母石、砂积石、龟纹石,以及新开发的材料。

4. 巴蜀园林盆景的形式

巴蜀园林盆景有"十身",即掉拐、滚龙抱柱、对拐、方拐、三弯九道拐、大弯垂枝、直身加冕、接弯掉拐、老妇梳妆、巧借法;"三式",即平枝式、滚枝式、半平半滚式。

(1) 十身

① 掉拐:树斜向呈 30°～40°栽植,等树干发出新枝后做弯。第一弯为正面弯,第二弯侧面见弯,第三弯向上偏斜见弯,第四弯顶部向第一弯背部偏斜,第五弯转正,顶部与第一弯基部呈垂直状态,如图 1。

② 滚龙抱柱:简称滚龙法,亦称螺弯法。主干第一、二弯与掉拐相同,之后呈螺旋式向上弯曲,如图 2。

图 1　掉拐,多用于罗汉松、银杏、紫薇、石榴　　图 2　滚龙抱柱,多用于梅

③ 对拐:亦称正身拐。主干向上来回弯曲,弯拐呈来回状且两两相对,如图 3。

④ 方拐:亦称"汉文"拐。主干来回呈方形弯曲,近似"弓"字体态,如图 4。

图 3　对拐,多用于罗汉松、银杏　　图 4　方拐,多用于罗汉松

⑤ 三弯九道拐:主干 W 面向上扎 9 个小拐形成 9 个小弯,转向 V 面向上扎 3 个大弯。如图 5。

图 5　三弯九道拐,多用于罗汉松

⑥ 大弯垂枝:即大拐垂条法。主干蟠成一个大弯,之后去枝或在大弯背部留一枝条,在大弯内侧用嫁接法嫁接枝条,该枝条稍斜向下垂枝,类似"悬崖式"。多用于贴梗海棠、银杏、石榴。

⑦ 直身加冕:选用大中型树桩,树干基部留有可蟠三层以上枝条,而树干主干留有可蟠 2~3 个弯的枝条,从而使其形如皇冠加冕。多用于金弹子、银杏。

⑧ 接弯掉拐:亦称逗身掉拐法。树干从基部向上留 30~60 cm,去掉多余枝条,等其发出新枝,选粗壮新枝作主干,其余新枝作足盘。

⑨ 老妇梳妆:造型奇特的老桩上留 1~3 枝树枝作主干,近而再行蟠扎。若留两干为两出头,留三干则为三出头。多用于金弹子。

⑩ 巧借法:又称综合法。主干一部分类似其他身法或直接作直干处理,再根据树干形态,选取适宜造型。

（2）三式

① 平枝式:用棕丝将枝蟠扎弯曲,形成略下垂的椭圆形或扇形枝片。

② 滚枝式:枝条不分层、不作片,而是均匀地安排在树冠中,构成一圆锥形。

③ 半平半滚式:平枝、滚枝结合的一种形式,先自然生长,后向扎片演化。

三、实训小结

巴蜀园林盆景的造型有规则式与自然式两种形式。其中规则式造型是巴蜀园林盆景艺术的代表,讲究"身法",即蟠缚主干的造型方法,也是巴蜀园林盆景艺术的主要特色。植物的主干和侧枝自幼用棕丝按不同形式作各种角度、各个方向的弯曲,注重立体空间的构图,难度较大。

实训案例 2　微型盆景制作

微型盆景特指盆钵小于手掌范围的微型艺术盆栽,它是当今国际上盛行的主要艺术盆栽形式,也是我国目前盆景出口的主要产品。

微型盆景以"微"入世,造型夸张,趣意横生。因其可置于掌,故又称"掌上盆景"。早于元代就有"些子景"的制作,有诗证:"仿佛烟霞生隙地,分明日月在壶天。旁人莫讶胸襟隘,毫发从来立大千。"虽与现今微型盆景有异,但"些子景"仍对微型盆景具有影响。微型盆景制作要"意在笔先,胸有成竹",根据植物原有姿态和习性,顺其自然,顺势而为达到植物造型的形意合一。

一、实训目的

了解微型盆景的制作要点。

二、实训方法

选取某些适合微型盆景的植物材料加以制作。

三、适宜制作微型盆景的植物

(1) 针叶类:五针松、小叶罗汉松、黑松、锦松、白皮松、杜松、桧柏、真柏、紫杉等。

(2) 杂木类:观叶树种有红枫、紫叶李、紫叶小檗、斑叶枫、花叶竹、金边瑞香、朝鲜栀子、水蜡、银杏、文竹、小叶白蜡、黄栌等;观花树种有杜鹃、山茶、茶梅、福建茶、六月雪、梅花、碧桃、樱花、海棠、紫薇、紫荆、栀子、羽叶丁香、小叶丁香、榆叶梅、郁李、麦李、贴梗海棠、金雀、锦鸡儿、迎春、迎夏等;观果树种有小石榴、金弹子、老鸦柿、寿星桃、橘、金橘、山楂、枸子、胡颓子、火棘、天竹、枸杞等。

(3) 草本类:菖蒲、姬鸢尾、半支莲、小菊、吉祥草、万年青、兰花、碗莲、姬睡莲、芦苇、水仙等。

(4) 藤木类:金银花、凌霄、络石、常春藤、薜荔、爬山虎等。

四、制作要点

1. 养坯整形

选准材料后,先疏去过多的枝干和残断根系,伤口要剪平;栽在大于根系范围的泥盆中养护一年;换盆后再对杂乱、繁密的枝条进行疏截。为防止搬动或受风吹晃动而影响新根生长,对于那些树冠较大或主干较高的植株,需要用绳索或尼龙捆绳围绕根颈连盆缠牢;而后进行养护。

2. 加工要领

包括主干、枝丛、根系的加工。

（1）主干造型

桩景小品的主干是植株显露其艺术造型的主要部分,可根据主干的自然形态见机取势、顺理成章、因干造型。如直干式,主干不需蟠扎,蓄养主枝即可;斜干式,上盆时把主干偏斜栽植,倾侧一方的枝丛应多保留,长而微垂些;曲干式、悬崖式,可用硬度足以使主干弯曲成型的铁丝缠绕干身,使之弯曲成符合构思的形式,为增强苍古感,可对树干实行雕琢,或锤击树皮。

（2）枝丛造型

枝叶不宜过繁,否则容易失去平衡,应以简练、流畅为主,达到形神兼备,充分显示自然美。对那些不必要的杂乱枝条,都应除去或实行短截、变形。蟠扎枝条时,要根据原有形态设计构思,然后适当地作画龙点睛式的加工。

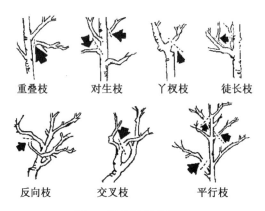

重叠枝　　对生枝　　丫杈枝　　徒长枝

反向枝　　交叉枝　　平行枝

图1　枝丛造型的类型

枝条蟠扎造型的方法有:棕丝蟠扎、铁丝蟠扎、折枝法、嫩枝牵引法、倒悬法、倒盆法等。

（3）露根处理

微型盆景露根可以弥补盆面上细小树干的单调感。一般说来,可在上盆时将根颈部位直接提起,稍稍超越盆面,用泥土或苔藓壅培,经日常浇水和雨水冲刷逐渐裸露出根系来。对于根系强健的树种,如金雀、火棘、贴梗海棠、榆树、迎春等,可将它们的部分根系沿着根颈处盘结起来,上盆定植时让其裸露在盆面,形成盘根错节、苍古入画的意境。

（4）配盆

上盆定植时,要根据树形姿态配上相宜的盆钵,以增强其艺术效果。一般情况下,高深的签筒盆适用于悬崖式、半悬崖式;腰圆或浅长方盆,栽植直干或斜干;圆形或海棠形盆,宜配干身弯而低矮的植株;多边形浅盆宜植高干植株,上面着生细枝,呈现柔枝蔓条扶疏低垂之态,显得格调高雅、飘逸。

实训案例 3　学生自由创作插花和盆景作品

一、实训要求

学生自行创作插花和盆景作品。考查学生是否掌握插花和盆景的制作要点，并能学以致用，结合自己的构思，独立创作。

二、实训方法

学生自行准备插花和盆景制作所需材料。如插花所需的花器、时令花材及辅助用具，包括铁丝、绿胶布、剪刀、花泥、订书机等。

三、评价标准

学生提交作品说明及作品制作进度的过程材料等。采取教师评分与学生互评相结合的评价模式。对学生作品的创意与主题、造型与设计、色彩配置、技巧与做工等方面进行评价，给予相应的分值。

实训案例 4　东方式和西方式插花制作

一、实训要求

掌握东方式和西方式插花制作的要点,使学生理解东方式瓶插、盆插,西方式单面观和四面观插花的构思要求,了解它们的基本创作过程,掌握制作技巧、花材处理技巧、花材固定技巧。采用老师示范,学生模仿的方式,完成插花作品。

二、实验用具或材料

(1) 容器材料:花瓶、浅盆花器、塑料高脚花器和各式塑料花器。

(2) 花材:创作所需的时令花材,包括:线条花,如银柳、唐菖蒲及其他木本枝条;焦点花,如百合、月季、非洲菊等;补充花,如小菊、情人草、勿忘我等;叶材,如肾蕨、龟背竹等。

(3) 其他用具:铁丝、绿胶布、剪刀、花泥。

三、实训内容

教师示范,学生模仿,制作和完成插花作品。教师打分与学生互评相结合来评价学生的作品和制作过程。主要评价方面有:

(1) 立意和构思合理,具有意境美。

(2) 花材选择和色彩配置合理。

(3) 花器选择正确。

(4) 花材修剪和造型处理准确,方法和技术熟练,不露痕迹。

(5) 花材固定位置和方法正确,技术熟练。

(6) 命名贴切,符合主题。

(7) 现场清理干净,用具摆放整齐。

实训案例 5   盆景园和花店的调查

一、目的和要求

通过对当地盆景园的调查实习,使学生掌握盆景使用的材料,了解盆景的风格类型。通过对花店的调查,使学生识别主要的花材特征、花器类型、插花风格及制作特点。

二、实训内容

(1) 记录盆景园的树种,包括名称、科属、拉丁学名;通过对盆景的类、型、式进行分析,总结盆景风格类型,按观花、观果、观叶、观根、观干顺序整理;记录盆景的型号(特大、大、中、小、微型盆景)。

(2) 记录花店的鲜切花种类及特征、花材的新鲜度。

(3) 完成调查报告并提出相应的问题及建议。

第四章　园林植物的栽培养护

4.1　园林植物栽培养护基本技术

园林植物的栽培养护管理是园林绿地管理的主要内容。

基本内容包括：水分管理、施肥、除草松土、修剪与整形、病虫害防治、防风、补洞补缺、加土扶正等。

4.1.1　水分管理

灌溉依据植物的生长发育期、当地的气候和土壤因素而定，一天中最好是早晨和傍晚。灌水的次数和灌水量的原则是土壤水分不足就应立即灌水，以水分浸润根系为宜。

灌溉的方式方法有：树盘灌溉、喷灌、沟灌、漫灌。

常见的排水方法有：地表径流法、明沟排水法、暗沟排水法。

4.1.2　施肥

施肥的时间：施基肥的时间应在早春根系生长前、秋季快落叶时，以雨后进行为好，并结合松土进行。

施肥方法如下。

（1）土壤施肥：环状施肥多在秋末和休眠期进行；放射沟施肥多用于成年大树；穴施适用于中龄以上的乔木、大灌木；全面施肥适用于灌木及草本植物；淋施适用于小型灌木或草坪植物。

（2）根外追肥：将要用的肥料溶解于水中制成溶液，用喷雾的方法将肥料溶液喷洒于植物的叶、枝、果实的表面。

4.1.3　除草与松土

除草原则：在杂草开始结籽而未成熟时及时除草。

松土深度：原则上浅根性植物宜浅，5 cm左右即可；深根性植物适当加深，5～10 cm。

松土范围：从树冠投影半径的1/2以外，到树冠投影外1 m以内的环状范围内。

4.1.4 园林植物的修剪整形

1. 修剪形式

（1）自然式修剪整形

在保持植物自然冠形的基础上适当修剪，称自然式修剪。适用于自然树形优美的植物及萌芽力、成枝力弱的植物。

修剪对象：枯枝、病弱枝、少量影响树形的枝条。

（2）规则式修剪整形

根据观赏的需要，将植物树冠修剪成各种特定的形状。

常见的形状有：正方形、长方形、圆柱形、杯状形、心形、球形、半球形、不规则几何体等。

2. 园林植物修剪整形的依据

（1）植物的生长习性。耐修剪植物如红檵木、月季、杜鹃等多剪；不耐修剪植物如桂花、玉兰、雪松等少剪；乔木树种一般采用自然式修剪。

（2）树龄树势。长势强的重剪，长势弱的轻剪。

（3）园林功能。观赏为主的植物以自然式为主，绿篱类宜采用规则式修剪，庭荫树以自然式树形为宜；应与周围环境、附近其他园林植物、建筑物的高低及格调协调一致。

（4）不同的气候带修剪方法也应有所侧重。干燥的北方地区，修剪不宜过重；冬季长期积雪的地区，应重剪。

3. 园林植物修剪整形的时期

落叶树一般在休眠期修剪，即 11 月到次年 3 月。冬季严寒地区，早春修剪为宜；冬季温暖的南方地区，自落叶后至翌春萌芽前均可修剪；有伤流现象的树种，要在春季伤流期前进行修剪。常绿植物、一年内多次抽梢开花的植物、观叶观姿态的植物一般在生长期进行修剪。

4. 园林植物修剪整形的方法

（1）截

剪去一年生或多年生枝条的一部分。

据修剪的强度可分为：摘心与剪梢，解除顶端优势，促发侧枝；轻短剪，剪去一年生枝的少量短段，促进花芽形成；中短剪，春梢中上部饱满芽下剪截；重短剪，在春梢中下部剪截；极重短剪，在春梢的下部剪截。

（2）回缩与疏

回缩即将多年生枝条的一部分剪掉。

疏（疏剪），指的是将枝条从分枝点的基部剪去。疏的对象包括病虫枝、密生枝、枯枝、衰老下垂枝、干扰枝、并生枝。疏的强度分为轻疏、中疏和重疏。萌芽力、成枝力都强的植物应重疏；幼树、萌芽力、成枝力弱的植物应轻疏；成年树应中疏。

（3）伤

缓和树势，削弱受伤枝条的生长势。

5. 园林植物修剪整形的实施方法

（1）环状剥皮：剥皮宽度一般是枝粗的 1/10。

（2）刻伤：春季萌芽前，在芽的上方刻伤；植物旺盛生长期，在芽的下方刻伤。

（3）扭枝：生长季内，扭伤或折伤生长过旺的枝条。

（4）变：改变枝条的生长方向。方法有曲枝、拉枝和抬枝。

（5）放：对部分长势不等的枝条长放不剪，促进花芽形成。

（6）其他方法：摘蕾、摘花、摘果、摘叶、支缚等。

剪口处理：剪口处应离剪口芽顶尖 0.5～1.0 cm；剪口处用利刀削平伤口，用硫酸铜溶液消毒，再涂保护剂。常见的保护剂有豆油铜素剂、保护蜡。大枝剪截采用锯截，使用三锯法。

4.2　地被植物的养护管理

4.2.1　地被植物概述

地被植物指覆盖于园林地面并形成一定景观的低矮植物，包括多年生草本植物、半蔓性的灌木以及藤本植物。草坪草是最为人们熟悉的地被植物。

地被植物的分类：按生活习性可分为一、二年生草本，多年生草本，蕨类，蔓藤类，矮生灌木类和矮生竹类；按生态习性可分为喜光耐践踏型，喜光又耐阴型，耐半阴型，耐浓荫型，耐干旱瘠薄型，耐阴湿型，喜酸型，耐盐碱型。

地被植物的选择：植株低矮，高度不超过 100 cm；全部生育期均可在露地栽培；繁殖容易，生长迅速，覆盖力强，耐修剪；花色丰富、持续时间长，或枝叶观赏性好；具有一定的稳定性；抗性强，无毒、无异味；便于管理。背阴处，多选用耐阴湿的地被植物；在林缘或大草坪上，多采用枝、叶、花色彩变化丰富的品种；空旷环境中，宜选用有一定高度的喜阳性植物；在空间有限的庭院中，选用低矮、小巧而耐半阴的植物；岩边、水旁选用耐水湿的湿地植物。

4.2.2　草坪的养护

草坪的养护在于保持草坪整齐、美观以及充分发挥草坪的坪用功能。

修剪给草坪草以适度的刺激，可抑制其向上生长，促进枝条密度加大，还有利于改善草层的通风透光，使草坪草健康生长。因此，修剪是草坪养护管理的核心内容。

草坪修剪一般遵循"1/3"的原则，即每一次修剪中，被剪去的部分是草坪草垂直高度的 1/3。如果一次修剪得太多将会由于叶面积的大量损失而导致草坪草光合作用能力减弱，现存碳水化合物大部分被用于形成新的幼嫩组织，致使根系无足够养分维持而大量死亡，最终的结果是草坪退化。

草坪的修剪高度也称留茬高度，是指草坪修剪后立即测得的地上枝条的垂直高度。不同种类的草坪草忍受修剪的能力是不同的，因此，草坪草的适宜留茬高度应依草坪草的生理、形态特征和使用目的来确定,以不影响草坪草正常生长和功能发挥为原则。一般草坪草的留茬高度为 3~4 cm,部分遮阴和损害较严重的草坪草留茬应高一些。通常,当草坪草长到 6 cm 时就应该修剪,新播草坪一般在长到 7 cm 高时第一次修剪。确定适宜的修剪高度,是进行草坪修剪作业的依据。

修剪时期和次数与草坪草的生长相关,一般而论,草坪修剪始于 3 月终于 10 月,通常在晴朗的天气进行。修剪频率取决于多种因素,如草坪类型、草坪品质、天气、土壤肥力、草坪在一年中的生长状况等。在温度适宜、雨量充沛的季节,冷季型草坪每周需修剪 2 次,而在正常气候条件下,每周修剪一次就可以了。夏季,暖季型草坪需要经常修剪,但在其他季节,因温度较低,草坪草生长变慢,修剪间隔天数要适当增加。大量施肥和灌水的草坪比一般草坪生长速度要快,因此需要经常修剪。一些生长迅速的草坪草,如假俭草、细叶羊茅等修剪频率相对要较高。

修剪的技术要点包括:修剪前最好对刀片进行消毒,特别是七八月份病害多发季节。修剪机具的刀片一定要锋利,以防因刀片钝而使草坪刀口呈现丝状。应避免在温度很高的中午进行修剪,因为这样做将造成草坪景观变成白色,同时还容易使伤口感染,引发草坪病害。同一草坪,每次修剪都要更换方向,防止在同一地点沿同一方向多次重复修剪,这种做法将使草坪草趋于退化,使草坪生长不平衡。修剪完的草屑一定要清理干净,尤其是草坪草湿度大时,因为留下的草屑利于杂草孳生,易造成病虫害发生和流行,也易使草坪因通气受阻而过早退化。修剪应在露水消退以后进行,通常在修剪的前一天下午不浇水,修剪之后应隔 2~3 小时再浇水,防止病害的传播。

4.3 绿篱的养护管理

4.3.1 绿篱的分类与栽植

绿篱依其高度可分为:矮篱,高度控制在 0.5 m 以下;中篱,高度控制在 1 m 以下;高篱,高度在 1.0~1.6 m;绿墙,高度在 1.6 m 以上。

绿篱按其纵切面形状可分为矩形、梯形、圆柱形、圆顶形、球形、杯形、波浪形等。用带刺植物,如红叶小檗、火棘、黄刺玫等组成的绿篱,又称刺篱。

绿篱的栽植用苗以 2~3 年生苗最为理想。株距应根据其生物学特性而定,应为绿篱植物的日后生长留足空间,不可为了追求当时的绿化效果而过分密植。栽植过密,通风透气性差,易生病虫;地下根系不能舒展而影响养分吸收,加上单株营养面积小,易造成营养不良,甚至枯死。

4.3.2 绿篱的修剪形式

主要有整形式修剪与自然式修剪 2 种。前者是以人们的意愿和需要不断地将绿篱修剪成各种规则的形状;后者一般不作人工修剪整形,只适当控制高度和疏剪病虫枝、干枯枝,任其自然生长,使枝叶相接、紧密成片,提高阻隔效果。然即使是整形式绿篱,定植后第 1 年也最好任其自然生长,以免修剪过早而影响根系生长。从第 2 年开始,按照预定高度和宽度进行短截修剪。同一条绿篱应统一高度和宽度,凡超过规定高度、宽度的,不论是老枝还是嫩枝一律剪去。修剪时,通常截去苗高的 1/3～1/2。为使苗木分枝高度尽量降低,多发分枝,提早郁闭,可在生长期内(5～10 月)对所有新梢进行 2～3 次修剪,如此反复进行 2～3 年,直至绿篱的下部分枝长得匀称、稠密,上部树冠彼此密接成形。高篱、绿墙除了栽植密度要适宜外,栽植成活后,还须将顶部剪平,同时将侧枝一律短截,以后每年在生长季均应修剪 1 次,直至高篱、绿墙形成。

绿篱的修剪整形包括:休眠期修剪(冬季修剪)和生长期修剪(夏季修剪)。落叶树种从落叶开始到春季萌芽前,常绿树种从 11 月下旬到次年 3 月初是休眠期修剪的适期。生长期修剪应根据不同的植物种类灵活掌握。常绿针叶树种应当在春末夏初进行第 1 次修剪,立秋后进行第 2 次修剪。大多数阔叶树种 1 年内新梢都能加长生长,可随时修剪(以每年修剪 3～4 次为宜)。花篱大多不作规则式修剪,一般花后修剪 1 次,以免结实,并促进开花;平时做好常规疏剪工作,将枯死枝、病虫枝、冗长枝及扰乱树形的枝条剪除。绿篱每年都要进行几次修剪,若长期不剪,则易使篱形紊乱,向上生长快,下部易空秃和缺枝,而且空秃一旦出现就较难修复。

绿篱成形后,可根据需要修剪成各种形状。应确保绿篱修剪后平整、笔直划一,高、宽度一致。对于较粗枝条,剪口应略倾斜,以防雨季积水导致剪口腐烂;同时注意直径在 1 cm 以上的粗枝剪口应比篱面低 1～2 cm,使其掩盖于细枝叶之下,避免因绿篱修剪后粗剪口暴露,影响美观。

4.4　园林树木栽植养护

将树木从一个地点移植到另一个地点并使其继续生长发育的过程,称为树木栽植。在园林绿化工程中,树木栽植更多地表现为"移植"。一般情况下,包括起挖、装运、定植三个环节。如果树木运输到目的地后因诸多原因不能及时定植,需作"假植",即将树木根系用湿润土壤临时性埋植。

4.4.1　园林树市的栽植技术

1. 树木起挖

将要移植的树木,从生长地连根(裸根或带土团)掘起的操作,主要有露根掘苗和带土球掘苗。

(1)露根掘苗

一般情况下,树木挖掘过程中所能携带的有效根系,水平分布幅度通常为主干直径的 6～8 倍;垂直分布深度,为主干直径的 4～6 倍,一般在 60～80 cm,浅根系树种多在 30～40 cm。

树木起出后要注意保持根部湿润,避免因日晒风吹而失水干枯,并做到及时装运、及时种植。运距较远时,根系应打浆保护。

（2）带土球掘苗

一般常绿树、名贵树和花灌木的起挖要带土球。

掘苗规格、根部和土球的规格一般参照苗木的干径和高度来确定。可参照下式计算：

$$土球直径(cm)=5×（树木地径-4）+45$$

乔木，土球直径为树干胸径的数倍，其中落叶乔木为9～20倍，分枝点高的常绿树为7～10倍，纵径是横径的2/3(表4-1)；灌木，土球直径是冠幅的1/2～1/3。

表 4-1　乔木树种苗木土球挖掘的最小规格

地径/cm	3～5	5～7	7～10	10～12	12～15
土球直径/cm	40～50	50～60	60～75	75～85	85～100

土球的形状一般有三种，即弹头型，适合深根性树种；普通型，适合一般的树种；碟型，适合浅根性树种。

带土球的树木是否需要包扎，视土球大小、质地松紧及运输距离的远近而定。一般近距离运输，土球紧实且较小的树木不必包扎；土球直径在30 cm以上的一律要包扎，以确保土球不散。其中，运输距离较近，土壤又黏重时，常采用井字包扎式或五星包扎式；比较贵重的树木，运输距离较远或土壤的沙性较大时，则用橘子包扎式；对直径规格小于30 cm的土球，可采用简易包扎法。

2. 装运

将起出的树木运到栽植地点的过程即为装运。树木挖好后，应执行"随挖、随运、随栽"的原则，即尽量在最短的时间内将其运至目的地栽植。

（1）树木装卸

在装车和卸车时勿造成土球破碎、根系失水、枝叶萎蔫、枝干断裂和树皮磨损等现象。运距较远的露根苗，为了减少树体的水分蒸发，装好车后应用苫布覆盖。对根部要特别加以保护，保持根部湿润，必要时，可定时对根部喷水。

（2）包装运输

① 卷包

适宜规格较小的裸根树木远途运输时使用。将枝梢向外、根部向内，并互相错行重叠摆放，以蒲包片或草席等为包装材料，再用湿润的苔藓或锯末填充树木根部空隙。将树木卷起捆好后，再用冷水浸渍卷包，然后启运。

② 装箱

适于运距较远、运输条件较差，或规格较小、树体需特殊保护的珍贵树木。在定制好的木箱内，先铺好一层湿润苔藓或湿锯末，再把待运送的树木分层放好，亦可在箱底铺以塑料薄膜。在每一层树木根部中间，需放湿润苔藓或湿锯末等以作保护。树木不可过分压紧挤实；苔藓不可过湿，以免腐烂发热。

3. 假植

树木运到栽种地点后，若不能及时定植，则须假植。假植地点应选择靠近栽植地点、排水良好、凉阴背风处。

假植的方法是开一条横沟,其深度和宽度根据树木的高度来决定,一般为 40～60 cm。将树木逐株单行挨紧斜排在沟内,倾斜角度控制在 30°～45°,使树梢向南倾斜,然后逐层覆土,将根部埋实。掩土完毕后,浇水保湿。

4. 定植

按规范要求将树体栽入目的地树穴内的操作,包括以下操作。

(1) 苗冠的修剪

剪除病虫枝、受损伤枝(依情况可从基部剪除或从伤口处剪除)、竞争枝、重叠枝、交叉枝,以及稠密的细弱枝等,使苗冠内枝条分布均匀;常绿树种为减少水分损失可疏剪部分枝叶。

(2) 根系修剪

带土苗木因包装及泥土保护,根系不易受到损伤,可不作修剪。裸根苗在定植前应剪除腐烂的、过长的根系,受伤的特别是劈裂的主根可从伤口下短截,要求切口平滑,以利愈合。必要时可用激素处理,促发新根。

(3) 定苗

土壤下层有板结层时,必须加大树穴规格,特别是深度,打破板结层。挖出的泥土应表土、心土分别堆放,如混有大量杂质需更换土壤。栽植穴最好上下口径大小一致。

(4) 施药

可以提高成活率。

① 多菌灵:杀菌。

② 生根粉:促进伤口愈合,促进根系生长。

③ 保水剂:提高土壤的通透性,具有保墒效果,提高树体抗逆性。

④ 输液促活技术。

4.4.2　园林植物定植后的养护管理

1. 浇水

定植后需浇足水分,以后如遇天旱须定期浇水。为防止水分损失,通常栽植后在栽植穴周围挖出灌水土堰,但不必过深(图 4-1)。

图 4-1　围堰浇水

2. 加土扶正

新植树木,在浇水或雨后应检查是否出现树穴泥土下沉、树木歪斜现象,如有应及时扶正树干,覆土压实。

3. 固定支撑

新植树木特别是大树,为防止风吹摇晃和风倒,植后需设立支架,绑缚树干进行固定(图 4-2)。

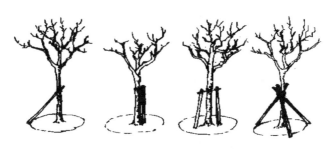

图 4-2　固定支撑

裸根树木栽植常采用标杆式支架,即在树干旁打一杆桩,用绳索将树干缚扎在杆桩上,缚扎位置宜在树高 1/3 或 2/3 处,支架与树干间应衬软垫。带土球树木常采用扁担式支架,即在树木两侧各打入一杆桩,杆桩上端用一横担缚联,将树干缚扎在横担上完成固定。三角桩或井字桩的固定作用最好,且有良好的装饰效果,多在人流量较大的市区绿地中使用。

4. 树体裹干

常绿乔木和干径较大的落叶乔木定植后需进行裹干,即用草绳、蒲包、苔藓等具有一定的保湿性和保温性的材料,严密包裹主干和比较粗壮的一、二级分枝。裹干处理,可避免强光直射和干风吹袭,减少干、枝的水分蒸腾,保存一定量的水分,使枝干经常保持湿润;调节枝干温度,减少夏季高温和冬季低温对枝干的伤害。

5. 调整补缺

栽植后因某些原因导致树木枯死,形成缺棵的,应及时补植。

4.4.3　大树的移栽

一般树体胸径在 20 cm 以上,或树高在 6 m 以上,或树龄在 20 年以上的树木,在园林工程中均可称之为"大树"。大树移栽具有一定意义,如能有效提高城市绿地率、绿化覆盖率和绿视率;能在最短时间内改变城市景观;能保护古老、珍稀、奇特树种。但大树移栽工程量大,成本高;移栽技术复杂;移栽成活困难;移栽限制因子多。

造成大树移栽成活难的原因有:大树年龄大,发育阶段老;大树的根系扩展范围大;移栽未尽快建立地上地下的水分平衡;大树移栽时易受到损伤。

1. 大树移栽的原则

(1) 树种选择原则

要考虑树种移栽成活难易、生命周期长短、树木根系发育状况、树木的健康状况。

易于成活的树种:银杏、柳、杨、梧桐、臭椿、槐、李、榆、梅、桃、海棠、雪松、合欢、枫树、罗汉松、五针松、木槿、梓树、忍冬等。

较难成活的树种：柏类、油松、华山松、金钱松、云杉、冷杉、紫杉、泡桐、落叶松、白桦等。

（2）树体规格适中

乔木一般以树高 4 m 以上、胸径 15～25 cm 的树木最适合移栽。

（3）树体年龄青壮

应选择青壮龄树木。一般慢生树种应选 20～30 年生，速生树种应选 10～20 年生，中生树种应选 15 年生。

（4）就近选择原则

（5）科学配置原则

（6）科技领先原则

（7）严格控制原则

大树移栽数量最好控制在绿地树种总量的 5%～10%。

2. 大树移栽前的准备工作

大树移栽前的准备和处理工作包括选择大树、提前断根、截干缩枝、包封截面、切根缩坨等技术措施。

（1）选树

选择适合的树木，选好后在胸径处作标记，以便按阴阳面移栽。

选树的原则如下：

① 最好是乡土树种；

② 苗木健壮，枝条丰满，树形好；

③ 根系发育好；

④ 浅根系和萌根系强并易于成活的树种。

（2）移栽时间

选择阴天无雨或者晴天无风时进行。

（3）切根（围根）

在移栽前 1～3 年的春季或秋季进行，分期切断待移栽树木的主要根系，促发须根，便于起掘和栽植，利于成活，又称"切根缩坨"。

需要切根缩坨的情况如下：

① 山野里自生的大树；

② 树龄大而树势较弱的大树；

③ 难于移栽成活的珍贵大树；

④ 虽易于移栽但树体过大的树。

（4）大树修剪

大树移栽过程中，根系会受伤严重，因此须对树冠进行修剪，以减少蒸腾失水，这样的修剪称为平衡修剪。

平衡修剪主要有全株式、截干式和截枝式。

① 全株式:全株式原则上保留原有的枝干树冠,只将徒长枝、交叉枝、病虫枝及过密枝剪去,适用于萌芽力弱的树种,如雪松、广玉兰等。其栽后树冠恢复快、绿化效果好。

② 截干式:截干式修剪只适用于生长快、萌芽力强的树种。其是将整个树冠截去,只留一定高度的主干。由于截口较大易引起腐烂,故应将截口用蜡或沥青封口。

③ 截枝式:截枝式是只保留树冠的一级分枝,将其上部截去,适合一些生长较快、萌芽力强的树种。

(5) 土坨绑缚

3. 大树的移栽技术

(1) 树体挖掘与包装

① 挖前准备

a. 提前 1~2 天浇水,防止挖掘时土壤过干而导致土球松散;给树体喷水,做好树体保护。

b. 清理周边环境。

c. 拢冠。

② 土球规格

根据树木胸径大小确定土球直径,一般土球直径为树木胸径的 7~10 倍;土球高度依树体大小而定,以 60~100 cm 为宜。

③ 包装

a. 带土球软材包装,适用于移植胸径 15~20 cm 的大树。土球直径为大树胸径的7~8 倍,高度 60~80 cm(约为土球直径的 2/3),表层土铲至见侧根细根。土球用预先湿润过的草绳、蒲包片、麻袋片等软材包扎。

b. 带土球方箱包装,适用于移植胸径 20~30 cm、土球直径超过 1.4 m 的大树,可确保安全吊运。实施过断根缩坨处理的大树,其填埋沟内新根较多,尤以坨外为盛,起掘时应沿断根将沟外侧再放宽 20~30 cm。

(2) 装运

必要时可使用起重机械进行吊装,装运时要防止树木损伤和土球松散。

土球重量的计算公式如下:

$$W = \frac{2}{3} \times D^2 \times H \times 1\,762$$

式中:W 为土球重量(kg);D 为土球横径(m);H 为土球高或纵径(m);1 762 为每立方米土壤的平均重量(kg)。

(3) 栽植(随挖、随包、随运、随栽)

① 挖坑

栽植前检查树穴大小及深度。坑穴要比土球大 40~50 cm、比方箱大 50~60 cm,深20~30 cm。

② 吊树入坑和定植

吊装就位时：

a. 将树冠丰满面朝向主观赏方向；

b. 拆除包装材料，可对树根喷施生根激素；

c. 栽植深度以土球表层高于地表 20～30 cm 为宜；

d. 填土踏实，避免根系周围出现空隙，做好浇水围堰。

4. 大树移栽后的管理

（1）支撑

设立支撑及围护。大树的支撑宜用三角形支撑或井字形四角支撑。支撑点以树体高 2/3 处左右为好，并加垫保护层，以防伤皮。

（2）裹干

对树体进行裹草、缠绳、裹草绑膜、缠绳绑膜等处理。须经过 1～2 年的生长周期，树木生长稳定后，方可卸下。

（3）水肥

栽植后浇透水，2～3 天内浇复水，浇足浇透；如树穴周围出现下沉应及时填平。栽植后应保持至少 1 个月的树冠喷雾和树干保湿。

（4）遮阴

移栽留有树冠的常绿树木，必要时栽后应架设遮阴网以降低蒸腾失水。

（5）树盘处理

人流量大的地方应铺设透气材料，以防土壤板结。也可在树盘种植地被植物。

（6）提高大树移栽成活率的其他措施

① 使用生根粉：促进伤口愈合，促进根系生长。

② 使用保水剂：提高土壤的通透性，具有保墒效果，提高树体抗逆性。

③ 输液促活技术：液体的配制以水分为主，加入微量的植物生长素和矿质元素。

实训案例1　园林植物的播种繁殖技术

一、实训目的

学习培育播种苗及播种工作的全部过程，了解和掌握播种前种子处理和播种工作的关键技术问题。

二、实训内容

播种前的种子处理，做高床和低床，做垄。

练习播种大、中、小粒种子的技术。

三、实训方法

种子处理、做床、做垄、人工播种等操作。

四、材料

（1）种子：小粒种子、中粒种子、带翅种子、大粒种子。

（2）药剂：土壤消毒用药、种子消毒用药。

（3）工具：铁锹、平耙、镐、钢卷尺、划印器、开沟器、木牌、镇压滚、测绳、稻草。

五、实训操作

1. 种子的准备

播种前须对种子进行处理。

层积催芽的种子，应在播前3～7天将种子取出，并进行种砂分离。如发芽强度不够，应置于15～20℃条件下催芽。

需要浸种或冬季来不及层积催芽的种子应进行温水浸种，在播种前1～2周内着手进行。

一般树种浸种用水量为种子体积的两倍以上，先倒种后倒水，边浸边搅拌。种粒过小、种皮过薄的种子用水温度为20～30℃；硬粒种子（如刺槐）可用逐渐增温的办法，分批浸种，先用60℃温水浸一昼夜，将吸胀的种子捞出，再用80℃以上的热水浸种，一昼夜后再捞出吸胀的种子，分批催芽，分批播种。种粒透性不强，吸胀速度不快时，可延长浸种时间，每天换水1～2次，待种子吸胀后捞出并置于15～25℃条件下保持湿润，每天用温水冲洗2～3次，待有30%的种子裂嘴时即可播种。

播种前称其总重，按床或米计算好播种量。

2. 土壤条件的准备

秋耕地经过粗平后灌足底水，施足底肥。翌春顶凌耙地并细平。

127

（1）做床

高床规格：长 10 m，宽 0.8 m，高 15 cm，床面宽 80 cm。

低床规格：长 10 m，宽 1.3 m，床心宽 1.0～1.2 m，床埂宽 30 cm，埂高 12～15 cm。

技术要点：先按床要求的规格定点、划印。如做高床，要将步道土翻到床上，还要按规格平整好床的两侧。如做低床，由于心土堆床硬，故应挖床面。无论做高床还是低床，床面都要求细碎、平整、疏松、无坷垃。

（2）做垄

用机具按规格做垄，一般垄距 70 cm，垄高 15 cm，垄面宽 30 cm。用机具做好后，要进行人工修整、平垄面。

（3）土壤消毒

为防止病虫害发生，在做床、做垄前须用药剂进行土壤消毒。将称好的药剂混土并堆于土壤表面，待平床或做垄时可将药土混入、混匀。

土壤条件的准备和种子的准备要齐全、一致，切勿错过正常播种期。

3. 播种

（1）播种方法

中小粒种子用条插，大粒种子用点播。

（2）播种技术

南北向开沟，开沟用开沟器，沟要直，沟底要严，宽窄深浅要一致。沟距即是行距，一般为 20 cm，沟的深浅要与覆土厚度一致，极小粒种子一般为 0.1～0.5 cm，小粒种子为 0.5～1.0 cm，中粒种子为 1～3 cm，大粒种子为 3～5 cm。

开沟后撒药、撒种，播种要均匀，特别是中小粒种子，须按播种量计划用种。撒种后马上覆土，覆土要均匀，薄厚要一致。要按树种种粒大小、土壤墒情决定覆土厚度，厚度要适宜。覆土后要在土壤水分条件适宜时进行镇压。最后插牌，注明树种、播期、负责班组。

六、注意事项

（1）要计算好播种量。

（2）播种时，开沟、撒种、覆土、镇压各个环节要严格要求，要紧密配合，形成流水作业。

（3）种子、药剂要准备齐全。

（4）已经催过芽的种子在播种过程中需注意种子的保管，并应有专人负责。

（5）使用药剂时要注意安全。

七、思考题

（1）根据实习树种，如何确定其播种期？

（2）如何确定覆土厚度？举出大、中、小三种具体树种的适宜覆土厚度。

（3）以某树种为例，为提高场圃发芽率，在播种阶段应掌握哪些主要技术？

实训案例 2　园林植物的扦插繁殖技术

一、实训目的

通过对一般树种的硬枝扦插育苗,进一步了解和掌握扦插原理和育苗技术。

二、实训内容

插穗的选择、制穗、做垄、扦插。

三、材料

1. 插穗

选一年生、芽饱满、无病虫害、发育充实的苗干或萌芽条。根据实际情况选择树种。

2. 工具

剪枝剪、盛条容器、铁锹、钢卷尺、测绳、打孔器、木牌、平耙、镐。

四、扦插

1. 插穗的准备

硬枝扦插时,插穗一般在秋季落叶后采集,并按规格制穗后贮藏,以备翌春扦插用。也可在春季树液开始流动前采条,随采随插;插穗长度为 15～20 cm,上切口距第一个芽 0.5 cm 为宜,下切口最好在芽下 1 cm 处。

2. 插壤的准备

插壤最好用秋耕地,翌春浅耕,平整后再做垄。一般应采用高垄,垄距 70 cm,垄高 15 cm,垄面宽 30 cm。扦插前,应进行土壤消毒(方法同播种育苗)。

3. 扦插

(1) 株距

株距应根据树种生长特性而定。每垄扦插 1 行。

(2) 扦插

扦插时,先用打孔器打孔再扦插,孔深与插穗长度一致,不能大于插穗的长度。一般将插穗垂直插入土中。插时要注意极性,小头朝上,大头朝下。插后,插穗的上切口与地面平。干旱风大地区,扦插后,要在插穗顶端堆一小土堆。

五、注意事项

(1) 插穗采集、制作、扦插过程中,要注意保护好插穗,防止失水风干。

(2) 扦插时切忌用力从上部击打,也不要使插穗下端蹬空。

(3) 不能碰掉上端第一个芽,也不能破坏下切口。

（4）插后踏实，随即灌水，使插穗与土壤紧密结合。

六、思考题

（1）什么时候采条最好？应选择什么样的枝条做插穗？

（2）怎样确定插穗规格？如何截制插穗？

（3）提高插穗成活率的关键是什么？

实训案例 3　园林植物的嫁接繁殖技术

一、目的要求

学会园林植物主要的枝接和芽接方法,熟练掌握操作技术,掌握影响嫁接成活的关键。

二、材料用具

材料:园林植物供嫁接用的砧木和接穗、塑料薄膜条、石蜡等。

用具:芽接刀、切接刀、修枝剪、手锯、磨石、熔蜡小筒或小锅。

三、实训内容

1. 枝接

(1) 枝接时期

只要条件具备,一年四季都可进行枝接,但以春季萌芽前后至展叶期进行较为普遍。如果接穗保存在冷凉处不萌芽,枝接时间还可延后。

(2) 接穗的准备

所用接穗一般长约 6～15 cm,带有 2～4 个芽,若接穗过长,萌芽后生长势较弱。对于贮存的接穗或远途运来的接穗,最好先在水中浸泡一昼夜。为提高嫁接速度,大批量的嫁接常在接前对接穗进行蘸蜡处理。蜡的温度为 95～110℃,为防止蜡温过高烫伤接穗,可在蜡中加入少量的水。蘸蜡时,手捏接穗一端,先将接穗大部分在蜡溶液中速蘸(约 1 分钟),再将另一端速蘸,两次蘸蜡应相互交接,以接穗表面的蜡层亮、薄、用手捏不易剥落为好。桃等核果类果树蘸蜡温度应稍低,最好先做预备实验。对于少量嫁接,可不必蘸蜡,接后直接用地膜包扎接穗。绿枝嫁接多在接后直接用地膜或塑料小袋包扎接穗。

对于较长时间贮存的接穗,在大规模繁殖前应先进行接穗活力鉴定。常用的鉴定方法有:

① 外观观测法:通过与正常(有活力的)接穗进行比较来鉴别。

② 电导率法:苗木导电能力可在一定程度上反映苗木的水分状况和细胞受害情况,起到指示接穗活力的作用,可以对贮藏接穗病腐和死活情况进行鉴定。

原理:植物组织的水分状况以及植物细胞膜的完整情况与组织的导电能力紧密相关。干旱以及其他任何环境危害都会造成植物细胞膜的破坏,从而使细胞膜透性增大,对水和离子交换控制能力下降,K^+ 等离子自由外渗,从而增加其外渗液的导电能力。

③ 生长活力法:将接穗置于最适生长环境中进行萌发试验。这样接穗不论在形态还是生理上都会产生各种变化,通过这些变化可预测接穗的成活潜力,准确评价接穗质量。

（3）枝接方法

① 劈接法

砧木较粗时常用此法。

削接穗：在接穗基部削出两个长度相等的楔形切面，切面长 3 cm 左右。切面应平滑整齐，一侧的皮层应较厚。

切砧木及嫁接：将砧木截去上部，削平断面，用刀在砧木断面中心处垂直劈下，深度应略长于接穗切面。将砧木切口撬开，将接穗插入，较厚的一侧应在外面，接穗削面上端应微露出，然后用塑料薄膜绑紧包严。粗的砧木可同时接上 2～4 个接穗。

② 腹接法（腰接法）

在接穗基部削一长约 3 cm 的切面，再在其对面削一 1.5 cm 左右的短切面，长边厚而短边稍薄。砧木可不必剪断，选平滑处向下斜切一刀，刀口与砧木约成 45°，切口不超过砧心。将接穗插入，剪去接口上部砧木，使剪口呈马蹄形，将接口连同砧木伤口包严绑紧。

③ 切接法

削接穗：将接穗基部两侧削成一长一短的两个切面，先斜切 3 cm 左右的长切面，再在其对侧斜切 1 cm 左右的短切面，切面应平滑。

切砧木及嫁接：砧木应在欲嫁接部位选平滑处截去上端，削平截面。选皮层平整光滑面由截口处木质部向下纵切，切口长度与接穗长切面相适应，然后插入接穗，紧靠一边，使形成层对齐，立即用塑料条包严绑紧。

④ 插皮接（皮下接）

砧木较粗，皮层厚、易于离皮时采用。

削接穗：在接穗基部与顶端芽的同侧削出单面舌状切面，长度 3 cm 左右，在其对面下部削去 0.2～0.3 cm 的皮层。

切砧木及嫁接：砧木截去上部，用刀在砧木上纵切一刀，插入接穗，也可直接将接穗插入皮部与木质部之间。接穗切面应微露出，以利愈合。用塑料条将接口包严绑紧。

⑤ 桥接

常用于腐烂病树嫁接，砧木远粗于接穗。

接穗的切削与插皮接法相同，只是接穗较长且在上下两端切削出相同切面。砧木的切削与插皮接相似，只是不截断砧木，而在病斑上下侧分别切一切口，将接穗插入，使其上下两端分别插入上下两个接口，再用两个钉将砧木皮部、接穗及砧木木质部钉在一起，用塑料条包严绑紧。

（4）接后管理

接后要及时多次去除砧木不定芽长出的萌蘖。如枝接成活接穗较多，应选生长健壮、愈合良好、位置适当的一枝保留，其余剪除。如春季风大，为防嫩梢折断，应立支柱绑缚。

2. 芽接

（1）芽接时期

芽接可在春、夏、秋三季进行，凡皮层容易剥离、砧木达到芽接所需粗度时均可进行，其中 7～9 月份是主要芽接时期。带木质部的芽接可在萌芽前进行。通常核果类果树应适当提早芽接,而对于柿、枣和板栗等利用二年生枝基部休眠芽嫁接的,应在花期进行。

（2）芽接方法

① T 字形芽接

削芽片:选充实健壮发育枝上的饱满芽作为接芽。先在芽的下方 0.5～1 cm 处下刀,略倾斜向上推削 2～2.5 cm,然后在芽的上方 0.5 cm 左右处横切一刀,深达木质部,用手捏住芽的两侧,左右轻摇掰下芽片。芽片长约为 1.5～2.5 cm,宽 0.6～0.8 cm,不带木质部。当芽不易离皮时,也可带木质部进行嫁接。

切砧木:在砧木离地面 3～5 cm 处选择光滑的部位作为芽接处,用刀切一 T 字形切口,深达木质部,横切口应略宽于芽片宽度,纵切口应短于芽片长度。当对苹果和梨进行芽接时,纵切口可只用刀点一下。

接芽和绑缚:用刀轻撬纵切口,将芽片顺 T 字形切口插入,芽片的上边对齐砧木横切口,然后用塑料条从上向下绑紧。

② 方块芽接

削芽片:在接穗上芽的上下各 0.6～1 cm 处横切两个平行刀口,再在距芽左右各 0.3～0.5 cm 处竖切两刀,切成长 1.8～2.5 cm,宽 1～1.2 cm 的方形芽片,暂不取下。

切砧木:按照接芽上下距离,横割砧木皮层达木质部,偏向一方(或左或右)竖切一刀,掀开皮层。

接芽和绑缚:将接芽芽片取下,放入砧木切口中,先对齐竖切的一边,然后竖切另一边的砧木皮部,使左右上下切口都紧密对齐,立即用塑料条包紧。

（3）接后管理

① 检查成活,解除绑缚物及补接

多数果树芽接 10～15 天即可检查成活情况。解除绑缚物,凡接芽呈新鲜状态,叶柄一触即落者表示成活;而芽和叶柄干枯不易脱落者说明未活,可及时补接。

② 越冬防寒

在冬季严寒干旱地区,为防止接芽受冻,于结冻前需培土保护;春季解冻后要及时扒开,以免影响接芽萌发。

③ 剪砧

春季萌芽以前,应将接芽以上砧木剪除,以集中营养供接芽生长。剪口应在接芽以上 0.5 cm 处,呈马蹄形。

四、思考题

（1）学习掌握几种嫁接方法,统计嫁接成活率,总结影响枝接成活的关键。

（2）嫁接的技术要点及注意事项有哪些?

第五章　园林植物病虫害防治

5.1　园林植物病害

5.1.1　病状和病征类型观察

1. 病状类型观察

（1）变色

主要类型有：

① 褪绿与黄化　整株或局部叶片均匀褪绿。观察栀子黄化病、香樟黄化病等。

② 花叶与斑驳　整株或局部叶片颜色深浅不均，浓绿和黄绿互相间杂，有时出现红、紫斑块。观察一串红花叶病、大丽花花叶病等。

（2）坏死

主要类型有：

① 斑点　多发生在叶片和果实上，其形状和颜色不一，可分为角斑、圆斑、轮斑、不规则形斑或黑斑、褐斑、灰斑、漆斑等，病斑后期常有霉层或小黑点出现。观察桂花褐斑病、杜鹃角斑病、菊花黑斑病等。

② 炭疽　症状与斑点相似。病斑上常有轮状排列的小黑点，有时还产生粉红色黏液状物。观察兰花炭疽病、荷花玉兰炭疽病等。

③ 穿孔　病斑周围木栓化，中间的坏死组织脱落而形成空洞。观察桃树细菌性穿孔病、樱花穿孔病。

④ 溃疡　枝干皮层、果实等部位局部组织坏死；病斑周围隆起，中央凹陷，后期开裂，并在坏死的皮层上出现黑色的小颗粒或小型的盘状物。观察槐树溃疡病、樟树溃疡病等。

⑤ 疮痂　发生在叶片、果实和枝条上，局部细胞增生而稍微突起，形成木栓化的组织。观察大叶黄杨疮痂病、柑橘疮痂病等。

⑥ 猝倒与立枯　幼苗近土表的茎组织坏死。观察松木苗、杉木苗立枯病和猝倒病。

（3）腐烂

发生在根、干、花、果上，表现为病部组织细胞的破坏与分解。枝干皮层腐烂与溃疡症状相似，但病斑范围较大，边缘隆起不显著，常带有酒糟味。

主要类型有：

① 湿腐　观察柑橘青霉病、杨树腐烂病等。

② 干腐　观察桃褐腐病。

③ 流胶　观察桃树流胶病、柑橘树脂病等。

③ 流脂　观察松脂。

（4）畸形

主要类型有：

① 肿瘤　枝干和根上局部细胞增生，形成各种不同形状和大小的瘤状物。如月季癌肿病、松瘤锈病等。

② 丛枝　顶芽生长受抑制，侧芽、腋芽迅速生长，或不定芽大量发生，发育成小枝，由于小枝多次分支，叶片变小，节间变短，枝叶密集，形成扫帚状。如泡桐丛枝病、竹丛枝病等。

③ 矮缩　植物各器官的生长成比例地受到抑制，植株比正常植株矮小得多。观察桑矮缩病。

④ 变态　正常的组织和器官失去原有的形状，观察杜鹃叶肿病。

（5）萎蔫

病株根部维管束被侵染，导致整株萎蔫枯死。

主要类型有：

① 青枯　病株迅速萎蔫，叶色尚青就失水凋萎。观察菊花青枯病。

② 枯萎　病株萎蔫较慢，叶色不能保持绿色。观察鸡冠花枯萎病、百日草枯萎病。

2. 病征类型观察

（1）粉状物

① 白粉　病部表面有一层白色的粉状物，后期在白粉层上散生许多针头大小的黑色颗粒状物。观察紫薇白粉病、凤仙花白粉病等。

② 煤污　病部覆盖一层煤烟状物。观察小叶女贞煤污病、山茶煤污病等。

③ 锈粉　病部产生锈黄色粉状物，或内含黄粉的疱状物或毛状物。观察玫瑰锈病、萱草锈病等。

（2）霉状物

病部产生各种颜色的霉状物。观察仙客来灰霉病。

（3）颗粒状物

病原真菌在植物病部产生黑色、褐色小点或颗粒状结构。观察山茶灰斑病、大叶黄杨叶斑病等。

（4）伞状物

观察花木根朽病。

（5）脓状物

细菌性病害常从病部溢出灰白色、蜜黄色的液滴，干后结成菌膜或小块状物。观察女贞细菌性叶斑病、柑橘溃疡病等。

5.1.2　园林植物侵染性病原识别

1. 病原真菌

真菌是具有真正的细胞核，没有叶绿素，具有含几丁质或纤维素的细胞壁，能产生孢子的异养生物,能进行有性和无性繁殖。一般而言,真菌是以在功能上没有分工的菌丝为营养体,以形态复杂的不同孢子为繁殖体的基本单位。

菌丝是真菌获得养分的结构,由菌丝细胞壁或者菌丝上形成的吸器进入寄主细胞内吸收养分。组成真菌菌体的一团菌丝称为菌丝体。菌丝体的变态结构包括菌索、子座、菌核、假根(如根霉菌)。

真菌的繁殖体是营养体生长一定时期后转入繁殖阶段产生的繁殖器官。真菌的繁殖分有性和无性两种,产生各种类型的孢子作繁殖单位。产生孢子的结构统称为子实体。真菌分类的重要依据之一是各种类型的孢子和子实体的形态。

真菌的无性繁殖是不经过两个性细胞或性器官的结合而产生新个体的繁殖方式,产生无性孢子。真菌的有性繁殖是通过两个性细胞或性器官的结合进行繁殖的方式,经过两个性细胞的质配、核配和减数分裂 3 个阶段完成,产生有性孢子(表 5-1)。

表 5-1　无性孢子和有性孢子的比较

	类别	产生部位或结构	主要特征
无性孢子	孢囊孢子	孢囊或菌丝	由原生质分割成块形成,有细胞壁,无鞭毛
	游动孢子	孢囊	由原生质分割成块形成,无细胞壁,有鞭毛
	分生孢子	分生孢子梗、分生孢子盘、分生孢子器	形状、大小、细胞数目和颜色多样,成熟后易脱落 根据产生方式不同,可分为粉孢子和芽孢子等类型
	厚垣孢子	菌丝体	由菌丝体的个别细胞原生质浓缩、细胞壁加厚形成的休眠孢子
有性孢子	卵孢子	异形配子囊(藏卵器和雄器)	异形配子囊(藏卵器和雄器)相结合,经质配和核配发育形成
	接合孢子	同形配子囊相结合	同形配子囊相结合,接触处细胞壁溶解,内容物融合,形成厚壁、球形、双倍体的休眠孢子
	子囊孢子	异形配子囊(雄器和造卵器)相结合	异形配子囊(雄器和造卵器)相结合发育成子囊,两性细胞核结合后分裂形成
	担孢子	性别不同的菌丝相结合	性别不同的菌丝相结合产生双核菌丝,顶端膨大形成担子,担子内的两性细胞经核配和减数分裂后形成

2. 病原细菌

细菌属原核生物界,是单细胞生物,具有细胞壁,但无真正的细胞核。植物病原细菌大多为杆状菌,大多有鞭毛,能够运动。鞭毛的有无、着生位置和数目是细菌分类的重要依据。细菌采用裂殖的方式繁殖。植物病原细菌通过寄主体表的自然孔口和伤口侵入。细菌病害在病状上常表现为急性坏死型,在病征上常可见黏稠状菌脓,干后呈胶粒状或胶膜状。

3. 病毒

病毒由蛋白质外壳和核酸芯子组成。植物病毒的核酸绝大部分是单链 RNA。病毒是活养生物,只存在于活体细胞中,采用核酸模板复制的方式增殖。病毒必须从植物表面轻微的伤口侵入,有非介体传播(机械传播、植物无性繁殖器官传播、种子和花粉传播)和介体传播(通过昆虫、线虫、螨类、真菌、菟丝子等传播)。多为系统性发病,有病状而无病征,多呈花叶、黄化、畸形、坏死等。采用接种试验等确定是病毒感染后,进行寄主范围、物理特性、血清反应等试验,可确定病毒的种类。

4. 病原支原体

病原支原体无细胞壁,又分为3层单位膜。其有二均分裂、出芽生殖和形成小体后再释放出来三种繁殖方式。侵染植物主要表现为黄化型。常见病害症状为矮缩、丛枝、枯萎、叶片黄化、花变绿叶等,如泡桐丛枝病、菊花绿变病等。可采用电镜查看病原形态,或进行治疗试验来确定。

5. 病原线虫

植物病原线虫体型微小,常两性同形,细长,两头稍尖。生活史分为卵、幼虫、成虫阶段。一般是产卵繁殖,少数为孤雌生殖。常寄生于植物的根部或枝、干木质部,引起树木枯死。

6. 寄生性种子植物

因本身缺乏叶绿素或某些器官退化,将吸根或吸器等结构伸入寄主植物中吸取水分、无机盐类、有机营养物质而异养生活的种子植物。对园林植物危害严重的主要是桑寄生科和菟丝子科。

5.2 园林植物主要病害特征

5.2.1 园林植物叶、花、果病害

叶、花、果病害比例较高,极大影响园林植物观赏和经济价值。其中真菌是最主要的病原菌。半知菌亚门的真菌、锈菌(担子菌亚门)和子囊菌所致病害种类和症状类型多。

1. 炭疽病类

潜伏侵染。子实体往往呈轮纹状排列,在潮湿条件下病斑上有粉红色的黏孢子团出现。病原菌是炭疽菌属中的真菌。

发病规律:一般以病菌菌丝体等在病残体中越冬,第二年产生分生孢子后,借风、雨、昆虫等传播,从伤口或自然孔口侵入,高温多雨气候下(多为夏秋季节)发病严重。

(1)玉簪炭疽病:病斑多发生在叶缘,病菌子实体在叶片干枯后呈黑色的小点粒。病原是甜菜刺盘孢,属半知菌亚门腔孢纲黑盘孢目。

发病规律:病残体越冬,分生孢子借风、雨传播。病斑由下部叶片向上部蔓延,高温多雨年份、连作多年发病重。

(2)火鹤炭疽病:危害叶片、花序。病斑上不易有子实体。病原是盘长孢属。

发病规律:病残体越冬,由灌溉水传播。5～6月发病重。

(3)鸡冠花炭疽病:病斑上有轮纹和小黑点。病原是刺盘胞属,属半知菌亚门腔孢纲

黑盘孢目。

发病规律:病残体越冬,由雨水飞溅传播。7~9月发病重。

2. 叶斑病类

是叶组织受到局部侵染,导致各种形状斑点病。可分为黑斑病、褐斑病、圆斑病、角斑病、轮斑病、斑枯病等,叶斑上常有各种点粒或霉层。病原主要是半知菌亚门子囊菌亚门的真菌以及细菌、线虫等。

发病规律:以菌丝体或分生孢子器等在病残体上越冬,翌年春季产生分生孢子,借风、雨传播。

(1)芍药褐斑病:危害叶片、嫩茎、叶柄、叶脉、花及果实。发病初期,叶片上呈浅绿、隆起圆形小点,后扩展,使叶片变焦、变褐。天气潮湿时病斑上有暗绿色霉层,为病原菌的分生孢子。病原为牡丹枝孢霉,属半知菌亚门丝孢纲丝孢目。

(2)虞美人细菌性斑点病:危害叶、茎、花和蒴果。叶片发病初期呈细小水渍状斑点,后呈圆斑,常有同心轮纹,老斑不明显。斑块上有菌脓溢出。斑块常汇合成黑色大斑块。病原为黄单胞杆菌属细菌。

(3)菊花叶枯线虫病:危害叶片、花芽和花。叶片上呈褐色角斑。顶芽感病后形成的幼叶表面常出现褐色带状疤痕。病原为菊花叶枯线虫。

(4)月季黑斑病:危害蔷薇属植物。主要侵害叶片,其次是叶柄、嫩梢、花梗和花等。病原为蔷薇放线孢菌,属半知菌亚门腔孢纲黑盘孢目。

(5)桃细菌性穿孔病:叶穿孔,嫩梢有病斑,提前落叶,枝梢枯死。叶片初期呈水渍状小点。天气潮湿时,病斑背面呈黄白色胶黏菌脓。后期穿孔。病原为核果穿孔病细菌,属黄极毛杆菌属。

3. 锈病类

常见病原菌是柄锈菌属、单孢锈菌属、多孢锈菌属、胶锈菌属、柱锈菌属等。单主寄生或转主寄生。

(1)向日葵锈病:叶片布满锈色斑点,皱缩后变黄。感病叶片上初期有近圆形的褐色疱状突起(含夏孢子),后期病部有黑色粉末物(冬孢子堆)。病原为向日葵柄锈菌,属担子菌亚门冬孢菌科锈菌目。单主寄生。以冬孢子越冬,翌春,冬孢子萌发担孢子,借风、雨传播,自寄主气孔侵入,形成性孢子器和锈子腔。病原菌以夏孢子进行再侵染。

(2)菊花锈病:常发生在叶背、叶柄及茎上,导致大量落叶和不能正常开花。变色斑隆起疱状物(夏孢子),后期深褐色冬孢子堆。病原为菊柄锈菌,属担子菌亚门冬孢菌科锈菌目。以冬孢子在植株新芽中越冬。

(3)月季锈病:危害叶片、嫩枝和花。叶背黄斑上有隆起的锈孢子堆(为橘红色粉末),叶片正面的小黄点为性孢子器。叶背的多角形病斑上有夏孢子堆;秋后有黑褐色疱状突起,为冬孢子堆。病原为蔷薇多孢锈菌,属担子菌亚门冬孢菌科锈菌目。单主寄生。冬孢子或夏孢子越冬,翌年,冬孢子萌发担孢子,发病后产生性孢子器及锈孢子器,锈孢子侵染发病后产生夏孢子堆,夏孢子借风、雨传播,可反复侵染。温暖多雨条件下发病重。

（4）松针锈菌：感病针叶上的黄色或黄褐色小点为性孢子器，病斑上的舌状突起为锈孢子器。病原为黄檗鞘锈菌，属担子菌亚门冬孢子科锈菌目。性孢子和锈孢子阶段生在油松上，夏孢子和冬孢子阶段生在黄檗属植物上。冬孢子萌发产生担孢子，侵入松针，以菌丝体越冬。5 月产生锈孢子器，6 月锈孢子侵入黄檗叶片，形成冬孢子堆。

4. 白粉病类

由子囊菌亚门中的白粉菌引起。病征常先于病状。病部布满白粉，一般秋季时白粉层上形成黑色的小点粒，即闭囊壳。以闭囊壳、菌丝体在病株或病残体上越冬或者以菌丝在病芽内越冬。借风、雨传播。可反复侵染。

（1）菊花白粉病：植株矮化，叶片扭曲、枯黄、脱落。病原为二孢白粉菌，属子囊菌亚门核菌纲白粉菌目。高温高湿时发病严重。

（2）月季白粉病：危害叶片、花器、嫩梢等。叶片反卷、变厚。病原有性世代为蔷薇单丝壳菌，属子囊菌亚门核菌纲白粉菌目；无性世代为粉孢霉属真菌。温暖湿润季节发病迅速，5～6 月，9～10 月为发病盛期。

5. 灰霉病类

常见于草本植物。症状有疫病、叶斑病、溃疡病、鳞茎及种子腐烂病、幼苗猝倒病等。病征明显，在潮湿条件下呈现灰色霉层。病原菌来源多，灰葡萄孢霉是最重要的病原菌。常以菌核、菌丝体或分生孢子等在植株病残体上越冬。借气流传播。

（1）美女樱灰霉病：引起叶片和花腐烂。病原为灰葡萄孢属，属半知菌亚门丝孢纲丝孢目。以菌核越冬。

（2）仙客来灰霉病：叶片发病初期呈水渍状斑纹，花梗和叶柄常呈水渍状腐烂。病原为灰葡萄孢属、属半知菌亚门丝孢纲丝孢目。

（3）牡丹灰霉病：常危害茎、叶、花等。病原为灰葡萄孢属，属半知菌亚门丝孢纲丝孢目。多发生于冬、春季及低温潮湿环境下。

6. 变色类

常由病毒引起，也可由生理性缺素、支原体等引起。症状为花叶、斑驳、条纹、条斑、花变叶等。通过汁液、种子等繁殖材料、传毒昆虫传播。

（1）仙客来病毒病：叶片皱缩、反卷，变厚、质脆，黄化，有疱状斑，叶脉突起成棱，花瓣褪色，花畸形。植物矮化，球茎退化变小。病原是黄瓜花叶病毒，在病球茎、种子内越冬，种子带毒率高。通过汁液、棉蚜、叶螨及种子传播。

（2）郁金香碎色病：侵害郁金香的叶片及花瓣。病原为郁金香碎色病毒，在鳞茎上越冬。由蚜虫、汁液传播。

（3）百合病毒病：病原为百合无症病毒及黄瓜花叶病毒，在病鳞茎中越冬。通过汁液及蚜虫传播。

（4）美人蕉花叶病：危害叶片及引起块根退化；叶片呈黄、绿相间花叶状；花瓣表现为杂色条纹，称为碎锦。病原为黄瓜花叶病毒，在病株块根中越冬。由汁液、蚜虫传播。

（5）菊花病毒病：病毒复合感染，症状多，有花叶、斑驳、枯斑、坏死、畸形、矮化、黄化等。病毒由伤口侵入,多数靠介体(蚜虫、叶蝉、线虫及真菌)、插条传播。

(6)月季绿瓣病:花器变绿、叶化,株矮等。病原为支原体。未发现传毒昆虫。

7. 煤污病

由子囊菌亚门中的煤污菌和某些半知菌引起。病叶被黑色的煤粉状物覆盖。与蚜虫等危害有关。常见的有紫薇煤污病,其病原为子囊菌亚门腔菌纲座囊菌目煤炱菌科。

8. 叶畸形类

多发生在木本植物上,由子囊菌及担子菌亚门中的外担子菌引起。病原菌侵入后,常使叶片肿大、加厚、皱缩;果实肿大,中空,呈囊果状物。

(1)杜鹃花叶肿病:叶片形成瘤状或半球状肉质菌瘿,表面生有白色粉状物。后期,病芽、病花均枯死。病原为日本外担子菌,属担子菌亚门层菌纲外担菌目。菌丝体在残体上越冬,翌年产生担孢子,由风、雨传播。3月下旬至4月上、中旬为第1次发病高峰,9月为第2次发病高峰。

(2)桃缩叶病:病叶呈波纹状皱缩卷曲,叶片加厚。春末夏初叶片出现灰白色粉层(病原菌子实体)。病原为畸形外囊菌,属子囊菌亚门半子囊菌纲外子囊菌目。病原菌以厚壁芽殖孢子从树皮侵入。

5.2.2 园林植物茎干病害

草本花卉的茎和木本花卉的枝条、主干,在生长过程中均会遭受各种园林植物茎干病害的危害。引起园林植物茎干病害的病原包括侵染性病原(真菌、细菌、植原体、寄生性种子植物、线虫等)和一些非侵染性病原(如日灼、冻害等)。其中真菌仍然是主要的病原。茎干病害的病状类型主要有:腐烂、溃疡、枝枯、肿瘤、丛枝、黄化、萎蔫、流脂、流胶等。病原物在感病植物的病斑、病株残体、转主寄主及土壤内越冬。病原物的侵入途径因种类而异。真菌、细菌大多通过伤口、坏死的皮孔侵入;寄生性种子植物、锈菌是直接侵入;病毒、植原体只能通过伤口侵入。真菌、细菌性病害多借助风、雨和气流传播;植原体、线虫及某些真菌可借助昆虫传播;寄生性种子植物可由土壤和鸟类传播。人类活动是茎干病害长距离传播的媒介。茎干病害的潜育期通常较叶、花、果病害长,一般多在半个月以上,少数病害可长达1~2年或更长时间。有些腐烂病、腐朽病、溃疡病具有潜伏侵染的特点。

1. 鸢尾软腐病

细菌性软腐病是鸢尾的常见病害,无论是球茎鸢尾或是根状茎鸢尾均会发生。病害导致球茎腐烂,全株立枯。该菌寄主范围很广,除鸢尾外,还为害仙客来、风信子、百合及郁金香等多种花卉植物。

感病植株最初叶片先端开始出现水渍状条纹,逐渐黄化、干枯。根颈部位发生时,水渍状更明显。球茎初期出现水渍状病斑,逐渐发生糊状腐败,初为灰白色,后呈灰褐色,有时留下一完整的外皮。腐败的球茎或根状茎具有恶臭气味。

鸢尾软腐病的病原已知有2种,即胡萝卜软腐欧文氏菌胡萝卜致病变种和海芋欧文氏菌,二者均属真细菌目欧文氏菌属。

2. 泡桐丛枝病

泡桐丛枝病在我国泡桐栽培区普遍发生,发病严重时引起植株死亡。病菌为害泡桐的树枝、干、根、花、果。幼树和大树发病多从个别枝条开始,枝条上的腋芽和不定芽萌发出不正常的细弱小枝,小枝上的叶片小而黄,叶序紊乱,病小枝又抽出不正常的细弱小枝,表现为局部枝叶密集成丛。有些病树多年只在一边枝条发病,没有扩展,仅由于病情发展使枝条枯死。有的树随着病害逐年发展,丛枝现象越来越多,最后全株都呈丛枝状态而枯死。病树须根明显减少,并有变色现象。一年生苗木发病,表现为全株叶片皱缩,边缘下卷,叶色发黄,叶腋处丛生小枝,发病苗木当年即枯死。有的病株花器变形,即柱头或花柄变成小枝,小枝上的腋芽又抽出小枝,花瓣变成小叶状,整个花器形成簇生小丛枝状。病原物为植原体。植原体大量存在于韧皮部输导组织的筛管内,随汁液流动通过筛板孔而侵染全株。

3. 松材线虫病

又称松枯萎病,是松树的一种毁灭性病害,主要为害黑松、赤松、马尾松、海岸松、火炬松、黄松、湿地松、琉球松、白皮松等。

病原线虫侵入树体后,松树的外部症状表现为针叶陆续变色(5～7月),松脂停止流动,萎蔫,而后整株干枯死亡(9～10月),枯死的针叶呈红褐色,当年不脱落。发病和死亡过程的时间是该病诊断的重要依据之一。但在寒冷地区,松树当年感染了松材线虫也可能到第二年才枯死。该病由松材线虫引起,多发生在每年5～9月份。高温干旱气候适合病害的发生和蔓延,低温则能限制病害的发展;土壤含水量低,病害发生严重。在我国,传播松材线虫的主要媒介是松墨天牛。

5.2.3　园林植物根部病害

根部病害是园林植物各类病害中种类最少的,但其危害性却很大,常常是毁灭性的。染病的幼苗几天即会枯死,幼树在一个生长季节会造成枯萎,大树延续几年后也会枯死。根部病害主要破坏植物的根系,影响水分、矿物质、养分的输送,往往引起植株的死亡,而且由于病害是在地下发展的,初期不容易被发觉,等到地上部分表现出明显症状时,病害往往已经发展到严重阶段,植株也已经无法挽救了。

园林植物根部病害的症状类型可分为:根部及根茎部皮层腐烂,并产生特征性的白色菌丝、菌核、菌索;根部和根茎部肿瘤;病菌从根部侵入并在输导组织定植导致植株枯萎;根部或干基腐朽并可见大型子实体等。根部病害发生后,地上部分往往表现出叶色发黄、放叶迟缓、叶形变小、提早落叶、植株矮化等症状。引起园林植物根部病害的病原,一类是非侵染性病原,如土壤积水、酸碱度不适、土壤板结、施肥不当等;另一类是侵染性病原,如真菌、细菌、寄生线虫等。

病原物主要在土壤、病株残体和病根上越冬。根部病害的病原物大多属土壤习居性或半习居性微生物,寄主范围广,腐生能力强,可在土壤中存活多年,防治困难。病原物的传播主要靠雨水、灌溉水、病根与健根之间的相互接触,以及线虫及菌索的主动传播,远距离传播主要靠种苗的调运。

病原物通过伤口或直接穿透表皮侵入根内。潜育期长短不一，一般来说，一、二年生草本植物的潜育期要比多年生木本植物的潜育期短。

1. 仙客来根结线虫病

仙客来根结线虫病在我国发生普遍，其寄主范围很广，除为害仙客来外，还为害六棱柱、桂花、海棠、仙人掌、菊、石竹、大戟、倒挂金钟、栀子、唐菖蒲、木槿、绣球花、鸢尾、天竺葵、矮牵牛、蔷薇等，会使寄主植物生长受阻，严重时可导致植株死亡。

线虫侵害仙客来球茎及根系的侧根和支根。球茎上形成大的瘤状物，直径可达1～2 cm。侧根和支根上的瘤较小，一般单生。根瘤初为淡黄色，表皮光滑，以后变为褐色，表皮粗糙。切开根瘤，在剖面上可见发亮的白色颗粒，即为梨形的雌虫体。地上部分植株矮小，叶色发黄，严重时叶片枯死。病原物为南方根结线虫。

线虫以二龄幼虫或卵在土壤中或土中的根结内过冬。当土壤温度达到20～30℃，湿度在40%以上时，线虫侵入根部为害，刺激寄主形成巨型细胞，逐渐变成根结，从入侵到形成根结大约1个月。1年可发生多代。通过流水、肥料、种苗传播。除温度高、湿度大的地区及环境发病严重外，在沙壤土中发病也较重。

2. 樱花根癌病

根癌病在我国分布很广，寄主范围也很广，菊、石竹、天竺葵、樱花、月季、蔷薇、柳、桧柏、梅、南洋杉、银杏、罗汉松等均会受害，寄主多达59个科142属300多种。受害植物生长缓慢，叶色不正，严重的引起死亡。

本病主要发生在根颈部，也会发生在主根、侧根及地上部的主干和侧枝上。病部有膨大呈球形的瘤状物。幼瘤为白色，质地柔软，表面光滑，后瘤状物逐渐增大，质地变硬，呈褐色或黑褐色，表面粗糙、龟裂。病原菌为根癌土壤杆菌，又名根癌农杆菌。病菌在癌瘤组织的皮层内越冬，或在癌瘤破裂脱皮时，进入土壤中越冬，病菌能在土壤中存活一年以上。雨水和灌溉水是传病的主要媒介。此外，地下害虫如蛴螬、蝼蛄、线虫等在病害传播上也起一定的作用。苗木带菌是远距离传播的重要途径。

5.3 园林植物主要害虫

5.3.1 园林植物吸汁害虫

吸汁害虫是指成虫、若虫以刺吸式或锉吸式口器取食植物汁液为害的昆虫，是园林植物害虫中较大的一个类群，其中以刺吸式口器害虫种类最多。常见的吸汁害虫有同翅目的蝉类、蚜虫类、木虱类、蚧虫类、粉虱类，半翅目的蝽类，缨翅目的蓟马类，节肢动物门蛛形纲蜱螨目的螨类。

吸汁害虫不像其他害虫那样造成植物组织或器官的残缺破损。其唾液中含有某些碳水化合物水解酶，甚至还有从植物组织获得的植物生长激素和某些毒素。在为害前和为害过程中，其不断将唾液注入植物组织内进行体外消化，同时吸取植物汁液，造成植物营养匮乏，致使植物受害部分出现黄化、枯斑点、缩叶、卷叶、虫瘿或肿瘤等各种畸形现象，其至整株枯萎或死亡。有些种类大量分泌蜡质或排泄蜜露,污染叶面和枝梢,影响植物呼吸和光合作用,招引霉食菌,造成煤污病或蚂蚁孳生,影响植物的生长和观赏效果。还有的种类是植物病毒的传播媒介,造成病毒病害的蔓延。

1. 蝉类

蝉类属于同翅目蝉亚目。蝉类成虫体形从小型至大型,触角刚毛状或锥状,跗节3节,翅脉发达。雌性有由3对产卵瓣形成的产卵器。为害园林植物的蝉类害虫主要有蝉科的蚱蝉,叶蝉科的大青叶蝉、桃一点斑叶蝉、棉叶蝉和蜡蝉科的青蛾蜡蝉等。

2. 蚜虫类

蚜虫类属同翅目蚜总科,小型多态性昆虫,同一种类有有翅和无翅的。触角3~6节。有翅个体有单眼,无翅个体无单眼。喙4节。如有翅,则前翅大后翅小,有明显的翅痣。跗节2节,第一节很短。雌性无产卵器。

3. 蚧虫类

蚧虫类属同翅目蚧总科。又称蚧壳虫。体小型或微小型。雌成虫无翅,头胸完全愈合而不能分辨,体被蜡质粉末或蜡块,或有特殊的介壳,触角、眼、足除极少数外全部退化,无产卵器。雄虫只有一对前翅,后翅退化成平衡棒,跗节1节。

为害园林植物的蚧虫主要有日本龟蜡蚧、红蜡蚧、仙人掌白盾蚧、白蜡虫、紫薇绒蚧、吹绵蚧、矢尖盾蚧、糠片盾蚧、日本松干蚧等。

以日本龟蜡蚧为例。其为害茶、山茶、桑、枣、柿、柑橘、无花果、芒果、苹果、梨、山楂、桃、杏、李、樱桃、梅、石榴、栗等100多种植物。若虫和雌成虫刺吸枝、叶汁液,排泄蜜露常诱致煤污病发生,削弱树势,重者枝条枯死。

日本龟蜡蚧1年发生1代,已受精雌虫主要在1~2年生枝上越冬。翌春寄主发芽时开始为害,虫体迅速膨大,成熟后产卵于腹下。产卵盛期为5月中旬。每雌产卵千余粒,多者3 000粒。卵期10~24天。初孵若虫多爬到嫩枝、叶柄、叶面上固着取食,8月初雌雄开始性分化。8月中旬至9月为雄化蛹期,羽化期为8月下旬至10月上旬,雄成虫寿命1~5天,交配后即死亡。雌虫陆续由叶转到枝上固着为害。天敌有瓢虫、草蛉、寄生蜂等。

4. 木虱类

木虱类属同翅目木虱科。体小型,形状如小蝉,善跳能飞。触角绝大多数10节,最后一节端部有2根细刚毛。跗节2节。为害园林植物的木虱类害虫主要有梧桐木虱、樟木虱。

以梧桐木虱为例。其是青桐树上的重要害虫。该虫若虫和成虫多群集青桐叶背和幼枝嫩干上吸食为害,破坏输导组织。若虫分泌的白色絮状蜡质物,能堵塞气孔,影响光合作用和呼吸作用,致使叶面呈苍白萎缩症状。因同时招致霉菌寄生,使树木受害更甚。

成虫体黄绿色,长4~5 mm,翅展约13 mm。头顶两侧显著凹陷,复眼突出,呈半球形,赤褐色;触角黄色,10节,最后两节黑色。前胸背板弓形,前后缘黑褐色;中胸具淡褐色纵纹2条,中央有1条浅沟;足淡黄色,爪黑色;翅膜质透明,翅脉茶黄色,内缘室端部有一褐色斑,径脉自翅的端半部分叉。腹部背板浅黄色,各节前缘饰以褐色横带。雌虫比雄虫稍大。若虫共 3 龄,1、2 龄虫体较扁,略呈长方形;末龄近圆筒形,茶黄而微带绿色,体敷以白色絮状蜡质物,长 3.4～4.9 mm。

5. 粉虱类

粉虱类属同翅目粉虱科。体微小,雌雄均有翅,翅短而圆,膜质,翅脉极少,前翅仅有 2～3 条,前后翅相似,后翅略小。体、翅均有白色蜡粉。成、若虫有 1 个特殊的瓶状孔,开口在腹部末端的背面。为害园林植物的粉虱类害虫主要有黑刺粉虱、温室白粉虱。

以温室白粉虱为例。其俗称小白蛾子,寄主植物广泛,有 16 科 200 余种,为害一串红、倒挂金钟、瓜叶菊、杜鹃花、扶桑、茉莉、大丽花、万寿菊、夜来香、佛手等。成虫和若虫吸食植物汁液,被害叶片褪绿、变黄、萎蔫,甚至全株枯死;分泌大量蜜液,严重污染叶片和果实,往往引起煤污病的大发生,影响植物的观赏价值。

成虫体长 1～1.5 mm,淡黄色。翅面覆盖白蜡粉,停息时双翅在体上合成屋脊状,如蛾类,翅端半圆状遮住整个腹部,翅脉简单,沿翅外缘有一排小颗粒。卵长约 0.2 mm,侧面观长椭圆形,基部有卵柄,柄长 0.02 mm,从叶背的气孔插入植物组织中。初产淡绿色,覆有蜡粉,而后渐变褐色,孵化前呈黑色。

6. 蝽类

蝽类属半翅目。体小型至大型,扁平而坚硬。触角线状或棒状,3～5 节。前翅为半鞘翅。

为害园林植物的蝽类害虫主要有蝽科的麻皮蝽,盲蝽科的绿盲蝽,网蝽科的樟脊冠网蝽、杜鹃冠网蝽,缘蝽科的瓦同缘蝽等。

以绿盲蝽为例。其又名棉青盲蝽、青色盲蝽、小臭虫、破叶疯、天狗蝇等,全国各地都有分布,为害茶、苹果、梨、桃、石榴、葡萄等。成、若虫刺吸茶树等幼嫩芽叶,用针状口器吸取汁液,受害处出现黑色枯死状小点,随芽叶伸展变为不规则状孔洞,孔边有一圈黑纹,叶缘残缺破烂,叶卷缩畸形,受害重。

成虫寿命长,产卵期 30～40 天,发生期不整齐。成虫飞行力强,喜食花蜜,羽化后六七天开始产卵。非越冬代卵多散产在嫩叶、茎、叶柄、叶脉、嫩蕾等组织内,外露黄色卵盖。有春、秋两个发生高峰。主要天敌有寄生蜂、草蛉、捕食性蜘蛛等。

7. 蓟马类

蓟马类属缨翅目。体小型或微小型,细长,黑、褐或黄色。口器锉吸式。触角线状,6～9 节。翅狭长,边缘有很多长而整齐的缨毛。

为害园林植物的蓟马类害虫主要有花蓟马、烟蓟马、茶黄蓟马。

以花蓟马为例。其又名台湾蓟马,为害香石竹、唐菖蒲、大丽花、美人蕉、木槿、菊花、紫薇、兰花、荷花、夹竹桃、月季、茉莉、橘等。成虫和若虫为害园林植物的花,有时也为害嫩叶。

5.3.2 园林植物食叶害虫

食叶害虫一般指以咀嚼式口器为害叶片的害虫,在园林植物上最为常见。被害叶片形成缺刻、孔洞,严重时叶片会被吃光,仅留叶柄、枝杆或叶片主脉。有些种类有钻蛀嫩梢为害的特性,有的有潜叶为害的特性。

园林植物食叶害虫种类很多,主要分属于四个目,常见的有鳞翅目的刺蛾、袋蛾、舟蛾、毒蛾、灯蛾、天蛾、夜蛾、螟蛾、卷蛾、枯叶蛾、尺蛾、大蚕蛾、斑蛾及蝶类,鞘翅目的叶甲、金龟甲、芜菁、象甲、植食性瓢虫,膜翅目的叶蜂,直翅目的蝗虫等。

1. 刺蛾类

刺蛾类属鳞翅目刺蛾科。成虫鳞片松厚,多呈黄、褐或绿色,有红色或暗色斑纹。幼虫蛞蝓形,体上常具瘤和刺。人被刺后,多数皮肤痛痒。因此,该科幼虫又称洋辣子。其蛹外有光滑坚硬的茧。刺蛾类的常见种类有黄刺蛾、褐边绿刺蛾、褐刺蛾、扁刺蛾等。

以黄刺蛾为例。其在浙江 1 年发生 2 代,老熟幼虫在枝干上的茧内越冬。5 月上旬开始化蛹,5 月下旬至 6 月上旬羽化。成虫昼伏夜出,有趋光性,羽化后不久交配产卵。卵产于叶背,卵期 7～10 天。第 1 代幼虫 6 月中旬至 7 月上中旬发生,第 1 代成虫 7 月中下旬始见;第 2 代幼虫为害盛期在 8 月上中旬,8 月下旬开始老熟在枝干等处结茧越冬。若 7～8 月高温干旱,则黄刺蛾发生严重。天敌有上海青蜂和黑小蜂。

2. 袋蛾类

袋蛾类又称蓑蛾,俗名避债虫,属鳞翅目袋蛾科。袋蛾成虫性二型,雌虫无翅,触角、口器、足均退化,几乎一生都生活在护囊中;雄虫具有两对翅。幼虫能吐丝营造护囊,丝上大多粘有叶片;小枝或其他碎片。幼虫能负囊而行,探出头部蚕食叶片;化蛹于袋囊中。

常见有大袋蛾、茶袋蛾、桉袋蛾、白囊袋蛾,为害茶、樟、杨、柳、榆、桑、槐、栎(栗)、乌桕、悬铃木、枫杨、木麻黄、扁柏等。幼虫取食树叶、嫩枝皮。大发生时,几天能将全树叶片食尽,残存秃枝光干,严重影响树木生长,使枝条枯萎或整株枯死。

3. 毒蛾类

毒蛾类属于鳞翅目毒蛾科。成虫体多为白、黄、褐色。触角栉齿状或羽状,下唇须和喙退化;有的种类的雌虫无翅或翅退化;腹部末端有毛丛。幼虫多具毒毛,腹部第 6～7 节背面有翻缩腺。

为害园林植物的毒蛾主要有豆毒蛾、松茸毒蛾、乌桕毒蛾、茶毒蛾、黄尾毒蛾、侧柏毒蛾。

以豆毒蛾为例。其在长江流域年发生 3 代,以幼虫越冬。4 月开始为害,5 月老熟幼虫以体毛和丝作茧化蛹。6 月第一代成虫出现。有趋光性,卵产于叶背,每一卵块有 50～200 粒。幼龄幼虫集中为害,仅食叶肉;2～3 龄后分散为害。

4. 螟蛾类

螟蛾类属于鳞翅目螟蛾科,小型至中型蛾类。成虫体细长、瘦弱。前翅狭长,后翅较宽。下唇须前伸。幼虫体上刚毛稀少,前胸侧毛 2 根。多数螟蛾有卷叶及钻蛀茎、干、果实、种子等习性,许多种类为大害虫。

为害园林植物叶片的螟蛾主要有黄杨绢野螟、樟叶瘤丛螟、棉大卷叶螟、竹织叶野螟、松梢螟、瓜绢野螟。

5. 卷蛾类

卷蛾类属于鳞翅目卷蛾科。体小型至中型。多为褐、黄、棕灰等色。很多种类的翅面上有斑纹或向后倾斜的色带。前翅略呈长方形。幼虫前胸侧毛群有 3 根刚毛。多数种类卷叶为害,部分种类营钻蛀性生活。

为害园林植物的卷蛾类害虫主要有茶长卷蛾、苹褐卷蛾、杉梢小卷蛾、忍冬双斜卷蛾。

成虫多于清晨 6 时羽化,白天栖息在茶丛叶片上,日落后、日出前 1～2 小时最活跃,有趋光性、趋化性。成虫羽化后当天即可交尾,经 3～4 小时即开始产卵。卵喜产在老叶正面,每雌产卵量 330 粒。初孵幼虫靠爬行或吐丝下垂进行分散,遇有幼嫩芽叶即吐丝缀结叶尖,潜居其中取食。幼虫共 6 龄,老熟后多离开原虫苞,重新缀结 2 片老叶,化蛹在其中。天敌有赤眼蜂、小蜂、茧蜂、寄生蝇等。

6. 蝶类

蝶类属鳞翅目锤角亚目。蝶类的成虫身体纤细,触角前面数节逐渐膨大呈棒状或球杆状,均在白天活动,静止时翅直立于体背。

以柑橘凤蝶为例。其成虫体长 25～30 mm,翅展 70～100 mm,体黄绿色,背面有黑色的直条纹,腹面和两侧也有同样的条纹。翅绿黄色或黄色,沿脉纹两侧黑色,外缘有黑色宽带;带的中间前翅有 8 个、后翅有 6 个绿黄色新月斑;前翅中室端部有 2 个黑斑,基部有几条黑色纵线;后翅黑带中有散生的蓝色鳞粉;臀角有橙色圆斑,中有一小黑点。卵直径约 1 mm,圆球形;初产时淡黄白色,近孵化时变成黑灰色;微有光泽,不透明。老熟幼虫长 35～38 mm;体绿色,体表光滑;后胸背面两侧有蛇眼纹,中间有 2 对马蹄形纹;第 1 腹节背面后缘有 1 条粗黑带;第 4、第 5 腹节和第 6 腹节两侧各有蓝黑色斜行带纹 1 条,在背面相交。前胸背面翻缩腺橙黄色。蛹长 28～32 mm,呈纺锤形,前端有 2 个尖角;有淡绿、黄白、暗褐等多种颜色。

5.3.3 园林植物地下害虫

地下害虫是指一生中大部分时间在土壤中生活,主要为害植物地下部分(如根、茎、种子)或地面附近根茎部的一类害虫,主要有直翅目的蝼蛄、蟋蟀,鞘翅目的蛴螬、金针虫,鳞翅目的地老虎,等翅目的白蚁,双翅目的根蛆等。

1. 蛴螬类

蛴螬是鞘翅目金龟甲科幼虫的总称。金龟甲按其食性可分为植食性、粪食性、腐食性三类。植食性种类中以鳃金龟科和丽金龟科的一些种类发生最普遍,为害最重。蛴螬终生栖居土中,喜食刚刚播下的种子、根、块根、块茎以及幼苗等,造成缺苗断垄。

蛴螬体肥大,弯曲近 C 形,大多为白色,有的为黄白色。体壁较柔软,多皱。体表疏生细毛。头大而圆,多为黄褐色,有的为红褐色,生有左右对称的刚毛,常为分种的特征。胸足 3 对,一般后足较长。腹部 10 节,第 10 节称为臀节,其上生有刺毛,其数目和排列也是分种的重要特征。

2. 蝼蛄类

蝼蛄类属直翅目蝼蛄科。前足为开掘足。前翅短,仅达腹部中部,后翅长,纵折伸过腹末如尾状。产卵器不发达。成、若虫均为地下害虫。为害园林植物的主要是东方蝼蛄。为害杨、柳、松、柏、海棠、悬铃木、雪松、香石竹、鸢尾等幼苗根部。成、若虫在土中挖掘隧道,咬断苗木根茎,食害种子,造成大片苗木死亡。为害造成的枯心苗,植株基部被咬,严重的被咬断,呈撕碎的麻丝状,心叶变黄枯死,易被拔起,茎上无蛀孔,无虫粪。

3. 地老虎类

地老虎类属鳞翅目夜蛾科切根夜蛾亚科。成虫后翅的 M2 脉发达,和其他脉一样粗细,中足胫节有刺。其幼虫生活于土中,咬断植物根茎,是重要的地下害虫。

为害园林植物的地老虎类害虫主要有小地老虎、大地老虎和黄地老虎等。

以小地老虎为例。其成虫体长 16～23 mm,翅展 42～54 mm,深褐色。前翅由内横线、外横线将全翅分为 3 段,具有显著的肾状斑、环形纹、棒状纹和 2 个黑色剑状纹;后翅灰色无斑纹。卵长 0.5 mm,半球形,表面具纵横隆纹,初产乳白色,后出现红色斑纹,孵化前呈灰黑色。幼虫体长 37～47 mm,灰黑色,体表布满大小不等的颗粒,臀板黄褐色,具 2 条深褐色纵带。蛹长 18～23 mm,赤褐色,有光泽,第 5～7 腹节背面的刻点比侧面的刻点大,臀棘为短刺 1 对。

又如大地老虎。其成虫体长 14～19 mm,翅展 32～43 mm,灰褐至黄褐色。额部具钝锥形突起,中央有一凹陷。前翅黄褐色,全面散布小褐点,各横线为双条曲线但多不明显,肾纹、环纹和剑纹明显,且围有黑褐色细边,其余部分为黄褐色;后翅灰白色,半透明。卵扁圆形,底平,黄白色,具 40 多条波状弯曲纵脊,其中约有 15 条达到精孔区,横脊 15 条以下,组成网状花纹。幼虫体长 33～45 mm,头部黄褐色,体淡黄褐色,体表颗粒不明显,体多皱纹而淡;臀板上有两块黄褐色大斑,中央断开,小黑点较多;腹部各节背面有毛片,后两个比前两个稍大。蛹体长 16～19 mm,红褐色;第 5～7 腹节背面有很密的小刻点9～10 排,腹末生粗刺一对。

4. 蟋蟀类

蟋蟀类属于直翅目蟋蟀科。触角丝状,较体长。前翅平覆体背,后翅纵折,常超过腹端。产卵器针状或矛状。雄虫发音器在前翅上,听器在前足胫节上。常见的是油葫芦。成、若虫食害植物根、茎、叶,幼苗受害可致枯死。

以油葫芦为例。其成虫雄性体长 26～27 mm,雌性 27～28 mm。前翅长 17 mm。体大型,黄褐色,头顶不比前胸背板前缘隆起,背板前缘与两复眼相连接,"八"字形横纹微弱不明显。发音镜大,略成圆形。其前胸大体呈弧形,中胸腹板末端呈 V 字形缺刻。卵长筒形,两端稍尖,乳白微黄。若虫共 6 龄,似成虫,无翅或具翅芽。

5. 白蚁类

白蚁类属等翅目昆虫,分土栖、木栖和土木栖三大类。它除为害房屋、桥梁、枕木、船只、仓库、堤坝等之外,还是园林植物的重要害虫。为害园林植物的白蚁类害虫主要有鼻白蚁科的家白蚁和白蚁科的黑翅土白蚁、黄翅大白蚁。

5.4　园林植物病虫害防治

园林植物病虫害防治的指导方针是"预防为主,综合治理",其基本原理可概括为"以综合治理为核心,实现对园林植物病虫害的可持续防控"。病虫害治理原则包括生态、控制、综合(以植物检疫为前提、以生物防治为主导、以化学防治为重点、以物理机械防治为辅助,综合控制病虫害)、客观、效益。

病虫害综合治理是一种方案,它能控制病虫害的发生,避免措施相互矛盾,发挥有机的调和作用,保持经济允许水平之下的防治体系。

5.4.1 植物检疫

植物检疫又称法规防治,指一个国家或地区用法律或法规形式,禁止某些危险性的病虫、杂草人为地传入、传出,或对已发生及传入的危险性病虫、杂草采取有效措施消灭或控制其蔓延。具有法律的强制性,是一项根本性的预防措施和保护手段。可分为对内和对外检疫两部分。检疫程序为:报验、检验、检疫处理、签发证书等。检验方法有现场检验、实验室检验、栽培检验 3 种。处理结果有:消毒或消灭检疫对象后放行、控制使用、退回或销毁、禁止入境。

园林植物检疫对象的确定原则:① 我国尚未发生或局部发生;② 严重影响园林植物生长和观赏价值而防治较困难的;③ 靠人为传播;④ 根据交往国所提供的检疫对象名单。

应检的产品有:① 植物种子、果实、苗木和其他繁殖材料;② 花卉产品;③ 中药材;④ 木材、枝条等及其制品;⑤ 可能被植物检疫对象污染的包装材料、运输工具等。

目前主要检疫的虫害有:松突圆蚧、日本松干蚧、湿地松粉蚧、梨圆蚧、枣大球蚧、苹果棉蚜、泰加大树峰、落叶松种子小蜂、大痣小蜂、杏仁蜂、黄斑星天牛、锈色粒肩天牛、双条杉天牛、杨干象、杨干透翅蛾、柳蝙蛾、美国白蛾、苹果蠹蛾、双钩异翅长蠹、白缘象、日本金龟子、黑森瘿蚊、美洲斑潜蝇、蔗扁蛾、椰心叶甲、谷斑皮蠹。病害有:松疱锈病、松针红斑病、松针褐斑病、落叶松枯梢病、杉木缩顶病、松材线虫病、杨树花叶病毒病、桉树焦枯病、毛竹枯梢病、猕猴桃溃疡病、肉桂枝枯病、板栗疫病、柑橘溃疡病、菊花叶枯线虫病、香石竹枯萎病、香石竹斑驳病毒病、菊花白锈病等。

5.4.2 栽培措施防治

园林栽培措施防治也称园林防治,是利用园林植物栽培技术抑制病虫害发生的防治措施。即创造有利于园林植物和花卉生长发育而不利于病虫繁殖、危害的条件,从而促使园林植物生长健壮,增强其抵抗病虫害的能力,是病虫害综合治理的基础。其措施包括:

(1)选用无病虫的种苗及繁殖材料

(2)选择及处理苗圃地

(3)采用合理的栽培措施

根据苗木的生长特点,在圃地内考虑合理轮作、合理密植以及合理配置苗木等措施,从而避免或减轻某些病虫害的发生。连作往往会加重园林植物病害的发生,如温室中香石竹多年连作时,会加重镰刀菌枯萎病的发生,实行轮作可以减轻病害。

(4)配置得当

建园时,为了保证景观的美化效果,往往是许多种植物搭配种植,忽视了病虫害的相互传染,人为地造成某些病虫害的发生和流行。如海棠与柏属树种、牡丹(芍药)与松属树种近距离栽植易造成海棠锈病及牡丹(芍药)锈病的大发生。因而在园林布景时,植物的配置不仅要考虑美化效果,还应考虑病虫的危害问题。

(5) 合理施肥浇水

(6) 球茎等器官的收获及收后管理

许多花卉是以球茎、鳞茎等器官越冬的,为了保障这些器官的健康贮藏,在收获前应避免大量浇水,以防含水过多造成贮藏腐烂;要在晴天收获,挖掘过程中要尽量减少伤口;挖出后要仔细检查,剔除有伤口、病虫及腐烂的器官,必要时进行消毒和保鲜处理后入窖。贮窖须预先清扫消毒,通气晾晒。贮藏期间要控制好温湿度,窖温一般在 5℃ 左右,相对湿度宜在 70% 以下。有条件时,最好单个装入尼龙网袋,悬挂于窖顶贮藏。

(7) 加强园林管理

加强对园林植物的抚育管理,改善环境条件,及时修剪。

5.4.3　生物防治

利用生物及其代谢产物来控制病虫害的方法称为生物防治法。其优点在于:不仅可以改变生物种群的组成成分,而且能直接消灭大量的病虫;对人、畜、植物安全,不杀伤天敌,不污染环境,不会导致害虫的再次猖獗和形成抗药性,对害虫有长期的抑制作用;自然资源丰富,易于开发,且防治成本低,是综合防治的重要组成部分和主要发展方向。缺点在于:效果有时比较缓慢;人工繁殖技术较复杂;受自然条件限制较大。

生物防治可分为:

(1) 以虫治虫:注意天敌昆虫的保护(慎用农药,保护越冬天敌,配置天敌蜜源植物、提供天敌营养)、繁殖和释放天敌昆虫(如松毛虫-赤眼蜂的应用)、引进天敌昆虫。

(2) 以菌治虫:主要是利用病原细菌(如苏云金杆菌)、病原真菌(如白僵菌)、病原病毒来使害虫致病。

(3) 以激素治虫:如性激素、灭幼脲等。

(4) 利用其他动物:如利用鸟类、两栖类、捕食螨等。

(5) 以菌治病:某些真菌、细菌、放线菌等微生物在新陈代谢过程中会分泌抗生素,能杀死或抑制致病微生物。

5.4.4　机械和物理防治

利用各种简单的器械和物理因素(如光、温度、热能、放射能等)来防治病虫害的方法称为机械物理防治。

(1) 人工捕杀法

利用人工或各种简单的器械捕捉或直接消灭害虫的方法。

(2) 阻隔法

人为设置各种障碍,以切断病虫害的侵害途径,也叫障碍物法。

(3) 诱杀法

利用害虫的趋性,人为设置器械或饵物来诱杀害虫的方法。利用此法还可以预测害虫的发生动态。

利用害虫对灯光的趋性,人为设置灯光来诱杀害虫的方法称为灯光诱杀。目前生产上所用的光源主要是黑光灯,此外,还有高压电网灭虫灯等。

利用害虫的趋化性,在其所喜欢的食物中掺入适量毒剂来诱杀害虫的方法叫毒饵诱杀。如可用麦麸、谷糠等作饵料,掺入适量敌百虫、辛硫磷等药剂制成毒饵来诱杀蝼蛄、地老虎等地下害虫;将糖、醋、酒、水、10%吡虫啉按9:3:1:10:1的比例混合配成毒饵液诱杀地老虎、黏虫等。

利用害虫对某些植物的特殊嗜食习性,人为种植或采集此种植物诱集捕杀害虫的方法称为植物诱杀。如在苗圃周围种植蓖麻,可使金龟甲误食后麻醉,从而集中捕杀。

利用害虫在某一时期喜欢某一特殊环境的习性(如越冬潜伏或白天隐蔽),人为设置类似的环境来诱杀害虫的方法称为潜所诱杀。如在树干基部绑扎草把或麻布片,可引诱某些蛾类幼虫前来越冬;在苗圃内堆集新鲜杂草,能诱集地老虎幼虫潜伏草下,然后集中杀灭。

在目的植物周围种植高秆且害虫喜食的植物,可以阻隔外来迁飞性害虫的危害;土表覆盖银灰色薄膜,可使有翅蚜远远躲避,从而保护园林植物免受蚜虫的危害并减少蚜虫传毒的机会。

(4)种苗、土壤的热处理

任何生物,包括植物病原物、害虫对温度都有一定的忍耐度,超过其限度,生物就会死亡。害虫和病菌对高温的忍受力都较差,因此可通过提高温度来杀死病菌或害虫,这种方法称为温度处理法,简称热处理。在园林植物病虫害防治中,热处理有干热和湿热两种。

(5)近代物理技术的应用

原子能、超声波、紫外线、红外线、激光、高频电流等都属于生物物理范畴,其中很多成果正在病虫害防治中得到应用。例如直接用32.2万R的60Coγ射线照射仓库害虫,可使害虫立即死亡。即使仅用6.44万R剂量,也仍有杀虫效力,部分未被杀死的害虫,虽可正常生活和产卵,但生殖能力受到了损害,所产的卵粒不能孵化。将3 000万round/s的电流称为高频率电流,3 000万round/s以上的电流称为超高频电流。在高频率电场中,由于温度增高等因素,害虫将迅速死亡。由于高频率电流产生在物质内部,而不是由外部传到内部,因此应用于消灭隐蔽危害的害虫极为方便。该法主要用于防治仓贮害虫、土壤害虫等。用微波处理植物果实和种子杀虫是一种先进的技术,其作用原理是用微波使被处理的物体内外的害虫或病原物温度迅速上升,当达到害虫与病原物的致死温度时,即可杀虫、灭菌。

5.4.5 化学防治

利用化学药剂来防治病虫害的方法即为化学防治。

1. 农药的分类

(1)按作用方式可分为:胃毒剂(敌百虫)、触杀剂(拟除虫菊酯类)、内吸剂(氧乐果)、熏蒸剂(氯化苦等)、拒食剂、驱避剂、不育剂等。

（2）按杀菌剂性能可分为：保护剂（波尔多液等）和治疗剂（多菌灵等）。

（3）按化学组成可分为：无机农药、有机农药、植物农药、微生物农药（如 BT 乳剂等）。

（4）可按防治对象进行分类。

2. 农药的剂型

分为粉剂、可湿性粉剂、颗粒剂、乳油、烟剂等。

3. 农药的使用方法

喷雾、拌种、毒饵、撒施、熏蒸、注射、打孔注射等。

4. 农药的使用原则

安全、经济、有效。在使用中应做到正确选用农药、适时用药、交替或混合使用农药；减少使用次数，掌握有效药量，采用恰当的施药方法。

5.4.6　外科治疗

园林树木受病虫害侵袭后，可施用外科手术对损害的树体实行镶补，使树木恢复健康。

可采用 30 倍的硫酸铜溶液、聚硫密封剂治疗表层损伤；可采用 30 倍的硫酸铜溶液、水泥砂浆或聚氨酯、聚硫密封剂修补树洞；可采用波多尔浆进行外部化学治疗。

实训案例 1　园林植物病虫害的田间诊断

一、实训目标

结合生产实际,通过对当地园林植物群体和局部发病情况的观察和诊断,逐步掌握各类植物病害的发生情况及诊断要点,熟悉病害诊断的一般程序,了解病害诊断的复杂性和必要性,为植物病害的调查研究与防治提供依据。

二、实训内容

1. 非侵染性病害的田间诊断

对当地已发病的园林植物进行观察,注意病害的分布、植株的发病部位(病害是成片发生还是有发病中心)、发病植物所处的小环境等,例如所观察到的植物病害症状是叶片变色、枯死、落花、落果、生长不良等现象,病部又找不到病原物,且病害在田间的分布比较均匀而成片,则可判断为非侵染性病害。诊断时还应结合地形、土质、施肥、耕作、灌溉和其他特殊环境条件,进行认真分析。如果是营养缺乏,除了症状识别外,还应进行施肥试验。

2. 真菌性病害的田间诊断

对已发病的园林植物进行观察时,若发现其病状为坏死型,即有猝倒、立枯、疮痂、溃疡、穿孔和叶斑病等;腐烂型,如有苗腐、根腐、茎腐、杆腐、花腐和果腐病等;畸形型,即有癌肿、根肿、缩叶病等;萎蔫型,如有枯萎和黄萎病等。除此之外,在发病部位多数具有霜霉、白锈、白粉、煤污、白绢、菌核、紫纹羽、黑粉和锈粉等病征的,可诊断为真菌病害。对病部不容易产生病征的真菌性病害,可以采用保湿培养法,以缩短诊断过程。即取下植物的发病部位,如叶片、茎秆、果实等,用清水洗净,置于保湿器皿内,在 20~23℃ 培养 1~2 昼夜,往往可以促使真菌孢子产生,然后再作出鉴定。对经过保湿培养后还不能确诊的病害,可进行室内镜检,对照病原物确定病害的种类。

3. 细菌性病害的田间诊断

田间诊断时若发现植物出现坏死、萎蔫、腐烂和畸形等不同病状,但其共同特点是当气候潮湿时病部气孔、水孔、伤口等处有大量黏稠状物——菌脓溢出,可以判断为细菌性病害,这是诊断细菌病害的主要依据。若菌脓不明显,可切取小块病健交界部分组织,放在载玻片的水滴中,盖上盖玻片,用手指压盖玻片,将病组织中的菌脓压出组织外。然后将载玻片对光检查,看病组织的切口处有无大量的细菌呈云雾状溢出,这是区别细菌性病害与其他病害的简单方法。如果云雾状不是太清楚,也可以带回做室内镜检。

4. 病毒性病害的田间诊断

植物病毒性病害没有病征,常具有花叶、黄化、条纹、坏死斑纹和环斑、畸形等特异性病状,田间比较容易识别。但常易与一些非侵染性病害相混淆,因此,诊断时应注意结合病害在田间的分布,发病与地势、土壤、施肥等的关系,发病与传毒昆虫的关系,症状特征及其变化、是否有由点到面的传染现象等进行诊断。

当不能确诊时,要进行传染性试验。如对一种病毒的自然传染方式不清楚时,可采用汁液摩擦方法进行接种试验。如果不成功,可再用嫁接的方法来证明其传染性,注意嫁接必须以病株为接穗而以健株为砧木,嫁接后观察症状是否扩展到健康砧木的其他部位。

5. 线虫病的田间诊断

线虫病主要诱发植物生长迟缓、植株矮小、色泽失常等,并常伴有茎叶扭曲、枯死斑点,以及虫瘿、叶瘿和根结瘿瘤等的形成。一般来讲,通过对有病组织的观察、解剖镜检或用漏斗分离等方法均能查到线虫,从而呈现正确的诊断。

6. 园林植物叶、花、果及茎干害虫的形态及危害观察

(1) 枯叶蛾类　观察本地常见的枯叶蛾类生活史标本及被害植物,注意不同种类松毛虫的形态特征。

(2) 叶甲类　观察本地常见的叶甲类害虫的生活史标本及被害植物。成虫体常具金属光泽,触角丝状,不着生在额的突起上。幼虫肥壮,寡足型,下口式,体背常有瘤状突起。被害植物叶片叶缘呈缺刻状或叶面穿孔。

(3) 斑蛾类　观察本地常见的斑蛾类害虫的生活史标本及被害植物。成虫体多灰褐色,雄蛾触角栉齿状,翅半透明。幼虫头小,体粗短,有毛瘤。被害植物叶片呈孔洞或缺刻状,亦有叶片被黏合成饺子状,幼虫居其中,吞噬叶肉。

(4) 袋蛾类　观察本地常见的袋蛾类害虫的生活史标本及被害植物。成虫雌雄异型,雄具翅,翅上稀被毛和鳞片,触角羽毛状;雌无翅,触角、口器和足皆退化。幼虫肥胖,腹足5对,吐丝缀枝叶作袋囊。被害植物叶片呈孔洞、网状,严重时仅留叶脉。

(5) 刺蛾类　观察本地常见的刺蛾类害虫的生活史标本及被害植物。成虫体粗壮,多毛,多黄、绿、褐色,喙退化,翅宽而密被厚鳞片。幼虫蛞蝓型,头内缩,胸足退化,腹足吸盘状。被害植物叶片被剥食叶肉或吃光。

(6) 舟蛾类　观察本地常见的舟蛾类害虫的生活史标本及被害植物。成虫体灰褐,中大型,较粗壮,腹部较长。幼虫上唇缺刻状成角状,臀足特化呈枝状,头尾翘起似小船。被害植物叶片呈缺刻或被食光。

(7) 毒蛾类　观察本地常见的毒蛾类害虫的生活史标本及被害植物。成虫雌雄异型,中至大型,体色多样,翅较圆钝,鳞片很薄,雌虫腹末常有毛簇。幼虫体多毒毛,常见毛瘤、毛丛或毛刷,腹部第6、第7节各有一个翻缩腺。被害植物叶片呈缺刻状或被食光。

(8) 夜蛾类　观察本地常见的夜蛾类害虫的生活史标本及被害植物。成虫中大型,体、翅多暗色,常具斑纹,喙发达。幼虫体粗壮,光滑少毛,颜色较深,腹足3～5对,第1、第2对常退化或消失。被害植物叶片被食呈缺刻状或孔洞。

(9) 尺蛾类　观察本地常见的尺蛾类害虫的生活史标本及被害植物。成虫体细长,翅大而薄,前后翅颜色相似并常有波纹相连。幼虫光滑无毛,腹足2对,着生于第6和第10腹节,行走时身体弓起。被害植物叶片呈缺刻状或被食光。

(10) 天蛾类　观察本地常见的天蛾类害虫的生活史标本及被害植物。成虫大型,体粗壮,腹末尖,触角末端弯曲成钩状,喙发达,后翅小。幼虫肥大,圆筒形,体光滑或具颗粒,体侧有斜纹或眼状斑,第8腹节背面有一尾角。被害植物叶片呈缺刻状。

（11）灯蛾类 观察本地常见的灯蛾类害虫的生活史标本及被害物体。成虫体色多艳丽。幼虫体具毛瘤,毛瘤上生有长毛。个别幼虫有拉网幕的习性,如美国白蛾。被害植物呈缺刻状。

（12）螟蛾类 观察本地常见的螟蛾类害虫的生活史标本及被害植物。成虫小中型,体瘦长,触角丝状,前翅狭长,腹部末端尖削。幼虫体细长,光滑,无次生刚毛。被害植物被卷叶或叶片呈孔洞。

（13）凤蝶类 观察本地常见的凤蝶类害虫的生活史标本及被害植物。成虫体大型,颜色艳丽,后翅外缘呈波状,后端常有尾状突。幼虫体色深暗,光滑无毛,后胸隆起,前胸背中央有一臭腺。被害植物叶片呈缺刻状或被食光。

（14）叶蜂类 观察本地常见的叶蜂类害虫的生活史标本及被害植物。成虫口器咀嚼式,触角丝状,无细腰。幼虫外形很像鳞翅目幼虫,但腹足6~8对且无趾钩,从第2腹节开始着生。被害植物叶片呈孔洞、缺刻状或被食光。

实训案例 2 园林植物病虫害综合防治方案的制订与实施

一、实训目标

根据当地园林植物主要病虫害的发生特点,通过制订综合防治方案及实施防治的过程,掌握病虫害防治技能。

二、实训内容

根据当地园林植物种类及病虫害发生情况来确定防治的对象,制订防治方案并采用不同的防治方法。

1. 确定防治对象,制订防治方案

根据"预防为主,综合治理"的植物保护工作方针,结合当地预测预报资料和具体情况,制订严格的防治方案,以便组织人力,准备药剂药械,单独或结合其他园林植物栽培措施,及时地防治,把病虫害所造成的损失控制在最低的经济指标之下。

由于各地具体情况不同,防治计划的内容和形式也不一致,可以按年度计划、按季节计划和按阶段计划等,并安排到生产计划中去。方案的基本内容应包括以下几点。

(1)确定防治对象,选择防治方法

根据病虫害调查和预测预报资料,历年来病虫害发生情况和防治经验,确定有哪些主要的病虫害,在何时发生最多,何时最易防治,用什么办法防治,多长时间可以完成。摸清情况后,确定防治指标,采取最经济有效的措施进行防治。

(2)准备药剂、药械及其他物资

遵循对症下药的原则,确定药剂种类、浓度、施药次数,准备相应施药药械;准确估计用药数量,购买药剂,检查和维修药械。

(3)做出预算,拟定经费计划

2. 实施病虫害防治

(1)化学防治

① 农药的稀释

农药稀释的通用公式如下:

$$原药剂浓度 \times 原药剂重量 = 稀释药剂浓度 \times 稀释药剂重量$$

$$稀释药剂重量 = 原药剂重量 \times 稀释倍数$$

根据公式进行稀释计算并配药。

② 农药的使用方法

喷雾用于防治食叶害虫;涂抹用于防治枝干害虫;打孔注药用于防治蛀干害虫;灌药用于防治地下害虫。

（2）物理机械防治法

人工捕杀成虫、卵、幼虫、蛹等；灯光诱杀趋光性害虫；毒饵诱杀地下害虫；黄色板诱杀蚜虫、斑潜蝇等。

（3）生物防治法

因地制宜采用各种生物防治方法：赤眼蜂的释放针对各种鳞翅目昆虫的卵；周氏小蜂的释放主要用于美国白蛾的防治；制作人工鸟巢招引益鸟；人工助迁各种瓢虫以防治蚜虫、粉虱、介壳虫等；培养、收集各种有益昆虫病原菌，用于防治相应害虫；也可采用各种有益微生物及其代谢产物防治病害等。

第六章　园林植物组织培养技术

6.1　植物组织培养技术原理与要点

植物的每一个细胞都携带着发育成完整植株所必需的全部基因。植物组织培养就是利用植物的这种细胞全能性原理,在无菌和人工控制环境的条件下,将离体的植物器官(根、茎、叶、花、果实、种子等)、组织(如形成层、花药组织、胚乳皮层等)、细胞(体细胞和生殖细胞)以及原生质体培养在人工配制的培养基上,并给予适当的培养条件,使其长成完整植株的过程[1]。离体培养的外植体细胞要实现其全能性,首先要经历脱分化过程,使其恢复分生状态,然后进行再分化。脱分化(dedifferentiation),也称去分化,是在离体培养条件下生长的细胞、组织或器官经过细胞分裂或不分裂逐渐失去原来结构和功能而恢复分生状态,形成无组织结构的细胞团或愈伤组织的过程[2]。再分化(redifferentiation),是脱分化状态的愈伤组织在一定的培养条件下重新进行分化,形成另一种或几种类型的细胞、组织、器官,甚至长出完整植株的过程。

1. 植物组织培养的分类

组织培养类型可分为器官培养与细胞培养。植物营养器官培养在园林植物繁殖中占有很重要的地位,园林植物大多可以通过茎段、茎尖等诱导产生丛生芽或者不定芽,获得再生植株[3]。

(1) 器官培养

以植物的根、茎、叶、花、果、种子等某一器官的全部或部分为外植体进行的离体培养。

① 离体根培养:以植物根切段为外植体进行的离体培养技术。外植体根一般来自无菌种子发芽产生的幼根或自主根系经过消毒处理后切下的根尖。

② 茎尖培养:茎尖培养是切取茎的先端部分或茎尖分生组织部分进行无菌培养。

③ 茎段培养:对带有腋芽或叶柄的茎段进行无菌培养。是以芽生芽方式繁殖,易培养成功,变异小,性状均一,繁殖速度快,故成为快速繁殖的主要外植体。茎段培养可能出现四种情况,即单芽、丛生苗、完整植株、愈伤组织。

④ 离体叶培养:以植物叶器官为外植体进行的离体培养,包括叶原基、叶柄、叶鞘、叶片、子叶。大多经脱分化形成愈伤组织,再分化出茎和根。

⑤ 花器官培养:指以整朵花或其组成部分如花托、花瓣、花丝、花柄、子房、花药等进行的无菌培养。

⑥ 种子培养:指用受精后发育完全的成熟种子和发育不完全的未成熟种子进行无菌培养。

（2）细胞培养

对植物器官或愈伤组织上分离出的单细胞（或花粉细胞，卵细胞）进行培养，形成单细胞无性系或再生植株。

① 花粉培养：把花粉从花药中分离出来，以单个花粉粒作为外植体进行离体培养。由于花粉是单倍体细胞，诱发它形成的愈伤组织或胚状体发育成的植株都是单倍体植株。

② 植物原生质体培养：原生质体指的是除去细胞壁的一个为质膜所包围的裸露细胞。构成细胞壁的重要成分是纤维素和果胶，因此采用相应的酶降解法可脱去细胞壁而获得具有活力的原生质体，其在合适的离体培养条件下具有繁殖、分化、再生成为完整植株的能力。

③ 植物薄层细胞培养：采用茎表皮层细胞做外植体，进行平板培养。该种培养技术具有取材方便、表面消毒方便、不经过愈伤阶段直接分化成芽、根等优点。

2. 植物组织培养的应用

由于组织培养有取材少、生长周期短、繁殖率高、可人工控制条件、管理方便的优点，故其在园林植物方向有着广泛的应用前景。

（1）快速繁殖种苗和快速繁衍珍稀濒危植物

离体繁殖，就是利用组织培养的方法，使植物的部分器官、组织在人工控制的适宜条件下培养，再移植到温室或农田繁殖出幼苗的方法。可利用快繁技术进行工厂化育苗。植物快繁的器官形成有以下几种方式。

① 短枝发生型：外植体是带叶茎段，经培养萌发形成完整植株，再剪成带叶茎段，继代再成苗，又称微体扦插。

② 丛生芽发生型（顶芽和腋芽的发育）：指顶芽和腋芽在适宜条件下不断发生腋芽而呈丛生状芽。

③ 不定芽发生型：指细胞或愈伤组织培养物，通过形成不定芽再生成植株。这是细胞和组织培养中常见的器官发生方式。

④ 胚状体发生型：指将培养的细胞诱导分化出具胚芽、胚根、胚轴的胚状结构，进而长成完整植株。

⑤ 原球茎发生型：兰花茎尖或腋芽接种后培养 1～2 个月长成的茎尖可形成原球茎球状体，之后可发芽生根长叶。

（2）应用于无病毒苗的培养

茎尖培养是进行无病毒苗培养的途径之一。感染病毒的植株体内病毒的分布并不均匀，数量随植株部位及年龄而异，越靠近茎顶端区域，病毒的感染深度越低，生长点（约 0.1～1.0 mm 区域）则几乎不含病毒或含病毒极少。这是因为：① 分生区域内无维管束，病毒只能通过胞间连丝传递，赶不上细胞不断分裂和活跃的生长速度；② 在旺盛分裂的细胞中，代谢活性很高，使病毒无法复制；③ 在茎尖中存在高水平内源生长素，也能够抑制病毒增殖。

（3）应用于育种

花药培养属器官培养，花粉培养属细胞培养，但花药培养和花粉培养的目的是相同的，都是要诱导花粉细胞发育成单倍体细胞，最后发育成单倍体植株，用于育种研究。也可通过植物组织培养的方法获得发育完全的胚状体,再用适当的方法保存起来形成类似天然种子的结构,也就是制备人工种子。这能够解决某些植物结子困难、发芽率低造成的繁殖困难等问题。

6.2　植物组织培养的无菌操作技术程序

植物组织培养是一项技术性很强的工作,而熟练掌握园林植物组织培养的无菌操作技术是培养成功的关键[4-5]。

6.2.1　灭菌

1. 干热消毒法

适用于玻璃器皿、金属和一些不怕高温的物品,如培养皿、锥形瓶、各种试剂瓶、刀、剪、镊子等。一般在烘箱内150℃烤2~3小时。在消毒灭菌前将所要消毒的物品包装于固定容器或耐热的包装材料内,防止在使用前再次污染。

2. 湿热消毒法

不能用干热消毒的物品,如配置好的培养基、易燃的棉花、工作服、口罩等,可使用高压灭菌锅达到灭菌消毒的目的,常用气压为 1.2 kg/cm^2,温度为 $121\sim124$℃,灭菌 20 分钟即可。

3. 超滤消毒法

不耐热、在高温下易分解以至被破坏的药品如某些酶类,以及某些具有生物活性、高热会使之失效的物质如椰乳、抗菌素等,常用超滤膜或微孔滤膜过滤消毒。常用 $0.45 \text{ }\mu m$ 孔径滤膜或 $0.63 \text{ }\mu m$ 和 $0.45 \text{ }\mu m$ 孔径滤膜合用,这样最小的细菌都可除掉,因为一般细菌的大小在 $1 \text{ }\mu m$ 左右。

4. 紫外光灯消毒法(Ultraviolet Irradiation)

本法消毒效果较弱,需较长时间照射方可达到消毒效果,如一个 $1.2 \text{ m} \times 1.2 \text{ m} \times 2.4 \text{ m}$ 的小接种间需照射 2~3 小时,因此只作为辅助方法。

5. 化学消毒方法(Chemical Sterilization Methods)

常用于桌面、台面、房间的消毒,如用 70% 的酒精或异丙醇擦拭工作台面,或用新洁尔灭(一种表面活性杀菌剂)喷洒消毒,用丙二醇、甲醛高锰酸钾等熏蒸房间等。

6.2.2　培养基的配制

1. 培养基的种类

培养基的种类、成分直接影响培养材料的生长,故应根据培养植物的种类、外植体类型等选择适宜的培养基。

（1）高盐型培养基

包括 MS、LS、BL、BM、ER 等培养基。其应用最广泛,钾盐、铵盐及硝酸盐含量均较高,微量元素种类齐全。目前,在植物组织快繁中,MS 培养基应用最多。

（2）硝酸钾含量较高的培养基

① B_5 培养基。B_5 培养基除含有较多的钾盐外,还含有较少的铵态氮和较多的盐酸

硫铵素,较适应南洋杉、葡萄、大豆科、十字花科植物的培养。

② N_6 培养基。1975 年由我国学者创造,获国家发明二等奖,适用于单子叶植物花药培养,柑橘花药培养也适合,对楸树、针叶树等的组织培养使用效果也好。

③ SH 培养基。此培养基是矿盐浓度较高的培养基,其中铵与磷酸是由 $NH_4H_2PO_4$ 提供的。

（3）中等盐含量培养基

① H 培养基。大量元素为 MS 培养基的一半,KH_2PO_4 及氯化钙含量稍低,微量元素种类减少而含量较 MS 高,维生素种类比 MS 多,适用于花药培养。

② Nitsch 培养基。与 H 培养基的成分基本相同,仅生物素较 H 培养基高 10 倍,也适用于花药培养。

③ Miller 和 Blaydes 培养基。适合大豆愈伤组织培养和花药培养使用。

（4）低盐型培养基（大多数情况下用于生根培养）

① 改良 WH 培养基;

② WS 培养基;

③ 克诺普液,花卉培养上用得较多;

④ 贝尔什劳特液;

⑤ HB 培养基。用于花卉培养、木本植物的茎尖培养效果良好。大量元素比 1/2 克诺普液稍多;微量元素用贝尔劳什特液,每升培养基中加 0.5 mL。

2. 培养基的选择

要培养的植物已有前人做过研究的,可以从文献中找到合适的培养基;若前人从未培养过,就要选择和制作一个最适于该植物的营养培养基。可在参考文献中查找相同科或属的植物培养已经用过的基本培养基,然后改变其中的激素浓度或者少量元素种类[6-10],如选择已知培养基如 MS、B_5 或 SH,对其少数成分进行改变;也可进行一系列试验,对无机成分和有机成分分别处理,修改培养基成分比例。

在植物组织培养基中最可变的因素是植物生长调节剂,尤其是生长素(IAA、NAA、IBA、2,4-D)和细胞分裂素(6-BA、KT、ZT 等)。具体方法是:首先选择一种基本培养基(如 MS 培养基);对生长素(如 NAA)和细胞分裂素(如 6-BA)均分别设定五种浓度,如 0、0.5 mg/L、2.5 mg/L、5 mg/L、10 mg/L,对这两种调节剂的五种浓度进行排列组合便可以得到 25 种试验性培养基;从 25 种培养基中挑选出最好的培养条件,再进一步选择最合适的生长素和细胞分裂素浓度(均与最适条件浓度相同)。方法是先保持其中的生长素不变,只改变细胞分裂素的类型进行培养,以探寻最合适的细胞分裂素浓度;得到最合适的细胞分裂素浓度后,再只改变生长素的浓度进行培养,以探寻最合适的生长素浓度。

在植物组织培养中,生长调节剂,尤其是生长素和细胞分裂素非常重要,可以说没有生长调节剂就不可能进行植物组织培养。生长素常用 2,4-D、萘乙酸(IAA)、吲哚乙酸(NAA)、吲哚丁酸(IBA)等,其生理作用主要是促进细胞生长,刺激生根,对愈伤组织的形成起关键作用。细胞分裂素常用激动素(KT)、6-苄基氨基嘌呤(6-BA)、玉米素(ZT)、2-异戊烯腺嘌呤(Zip),它们经高温高压灭菌后性能仍稳定。细胞分裂素有促进细胞分裂和分化,延缓组织衰老,增强蛋白质合成,抑制顶端优势,促进侧芽生长及显著改变其他激素作用的作用。通常认为,生长素和细胞分裂素的比值大时,有利于根的形成;比值小时,则促进芽的形成。低浓度 2,4-D 有利于胚状体的分化,但妨碍胚状体进一步发育;NAA 有利于单子叶植物分化;IBA 诱导生根效果最好。

各种培养基配方如表 6-1～表 6-3 所示。

表 6-1　MS 培养基配方

元素种类	药品名称	规定用量(g)	扩大倍数	称取量(g)	母液定容体积(mL)
MS I (大量元素,包括 N、P、K、S、Mg)	NH_4NO_3	1.65	10×	16.5	1 000
	KNO_3	1.9		19	
	$MgSO_4 \cdot 7H_2O$	0.37		3.7	
	KH_2PO_4	0.17		1.7	
大量元素(Ca 盐)	$CaCl_2 \cdot 2H_2O$	0.44	10×	4.4	1 000
MS II (微量元素,包括 B、Mn、Cu、Zn、Mo、Co、I、Cl)	KI	0.000 166	1 000×	0.166	200
	H_3BO_3	0.001 24		1.24	
	$MnSO_4 \cdot 4H_2O$	0.004 46		4.46	
	$ZnSO_4 \cdot 7H_2O$	0.001 72		1.72	
	$Na_2MoO_4 \cdot 2H_2O$	0.000 05		0.05	
	$CuSO_4 \cdot 5H_2O$	0.000 005		0.005	
	$CoCl_2 \cdot 6H_2O$	0.000 005		0.005	
MS IV (Fe 盐)	$Na_2 \cdot EDTA \cdot 2H_2O$	0.037 25	200×	1.49	200
	$FeSO_4 \cdot 7H_2O$	0.027 85		1.114	
MS III (有机元素)	烟酸	0.000 5	100×	0.01	200
	盐酸吡哆醇	0.000 5		0.01	
	盐酸硫胺素	0.000 1		0.002	
	甘氨酸	0.002		0.04	
	肌醇	0.1	200×	2	

表 6-2　N_6 朱至清(1970)培养基配方

元素种类	药品名称	配方量(mg/L)	母液倍数	称取量(g/L)
大量元素	$(NH_4)_2SO_4$	463	10×	4.63
	KNO_3	2 830		28.3
	$CaCl_2 \cdot 2H_2O$	166		1.66
	$MgSO_4 \cdot 7H_2O$	185		1.85
	KH_2PO_4	400		4.0

（续表）

元素种类	药品名称	配方量（mg/L）	母液倍数	称取量（g/L）
铁盐	$Na_2 \cdot EDTA \cdot 2H_2O$	37.3	100×	3.73
	$FeSO_4 \cdot 7H_2O$	27.8		2.78
微量元素	$MnSO_4 \cdot 4H_2O$	4.0	1 000×	4.0
	$ZnSO_4 \cdot 7H_2O$	3.8		3.8
	H_3BO_3	1.6		1.6
	KI	0.8		0.8
有机物质	盐酸硫胺素	1.0	1 000×	1.0
	烟酸	0.5		0.5
	盐酸吡哆醇	0.5		0.5
	甘氨酸	2.0		2.0

表 6-3　B_5 培养基配方

元素种类	药品名称	母液倍数	称取量（g/L）
大量元素	KNO_3	10×	30
	$(NH_4)_2SO_4$		1.34
	$CaCl_2 \cdot 2H_2O$		1.133
	$NaH_2PO_4 \cdot H_2O$		1.5
	$MgSO_4 \cdot 7H_2O$		5
有机物质	肌醇	100×	2.5
	盐酸硫胺素		0.25
	盐酸吡哆醇		0.025
	烟酸		0.025
微量元素	$MnSO_4 \cdot 4H_2O$	100×	0.25
	H_3BO_3		0.070
	$ZnSO_4 \cdot 7H_2O$		0.05
	$Na_2MoO_4 \cdot 2H_2O$		0.006 25
	$CuSO_4 \cdot 5H_2O$		0.000 625
	$CoCl_2 \cdot 6H_2O$		0.000 625
	KI		0.018 70

3. 培养基母液的配制

在培养基制作前期,需将大量元素、微量元素、铁盐、有机物质、激素分别配制成适当的浓缩液,即母液,这是为了免除每次称量各种元素的麻烦,也可减少不必要的误差。现以 MS 培养基的母液配制为例加以说明。

（1）大量元素母液

包括用量较大的几种化合物，按配方中排列顺序，将每种药品的用量扩大 10 倍，分别称取，分别溶解，然后按照顺序混合在一起，最后加入蒸馏水，定容至 1 升。钙盐等易发生沉淀的药品不能混合，应制作单独母液。在定容时注意用蒸馏水洗净烧杯和玻璃棒以减小误差。

（2）微量元素母液

因用量少，为了称量精确和方便，常配成 100 倍或 1 000 倍的母液，即每种药品扩大 100 倍或者 1 000 倍，逐个溶解，再混合在一起。

（3）铁盐

需要单独配制。取硫酸亚铁（$FeSO_4 \cdot 7H_2O$）5.57 g 和乙二氨四乙酸二钠（$Na_2 \cdot EDTA \cdot 2H_2O$）7.45 g，分别溶解，再混合，用酒精灯加热半小时以上，冷却后定容至 1 L。冰箱过夜贮藏无结晶析出方可，否则应重新配制。

（4）有机物质

主要指氨基酸、维生素类物质，配制母液时大都是扩大 1 000 倍，分别称量，分别定容和储存。配制培养基时按需要的量加入。

（5）植物激素

常用的有生长素类，如 2,4-D、萘乙酸（NAA）、吲哚乙酸（IAA）、吲哚丁酸（IBA）；细胞分裂素类，如激动素（KT）、6-苄基氨基嘌呤（6-BA）、玉米素（ZT）。配制时需要单个称量，根据需要可分别用 1 mol/L HCl、NaOH、乙醇等不同的溶剂溶解后，再用蒸馏水配制成所需的浓度，一般为 0.1～2 mg/mL。配制培养基时按所需要的量取加入。

在配制 2,4-D、萘乙酸（NAA）、吲哚乙酸（IAA）母液时，需先用几滴 95％酒精让其完全溶解后，再加蒸馏水定容。而配制激动素（KT）、6-苄基氨基嘌呤（6-BA）、玉米素（ZT）母液时，要用少量的 1 mol/L HCl 或 NaOH 加以溶解，再加蒸馏水定容。

各种母液配制好后，要贴好标签，注明母液的名称、配制的日期、配制 1 L 培养基需要的用量，放入冰箱中储存。在以后的使用中若发现有沉淀或霉变，应重新配制。

4. 培养基配制、分装与灭菌

（1）量取所配培养基总体积 2/3 的蒸馏水，例如要配 1 L 培养基，先量取约 700 mL 的水。

（2）根据培养基配方，用量筒量取所需要的各种元素的母液（表 6-4）。

表 6-4　所取元素母液

物　质	加入体积或重量
大量元素母液（10×）	100 mL
微量元素母液（1 000×）	1 mL
有机物质母液（200×）	5 mL

（续表）

物 质	加入体积或重量
铁盐母液(200×)	5 mL
蔗糖	30 g
琼脂	7～8 g

吸取母液时,注意应先将几种母液按顺序排好,不要弄错,以免使培养基中药品成分发生改变。加入一种母液后应先搅拌均匀,避免因局部浓度过高而引起沉淀。激素应在调节 pH 之前加入,因为有些激素是用酸或碱溶解的,在调节 pH 之后加入会改变 pH。pH 过酸或过碱对培养基均是不利的,会导致培养基过软或过硬甚至灭菌后不凝固,也会影响培养质量。培养基的 pH 用 1 mol/L NaOH 或者 1 mol/L HCl 溶液调节,一般培养基的 pH 约为 5.8,可根据培养植物不同,调节培养基的 pH。

琼脂可在蔗糖加入前、调节好 pH 后再加入。加入琼脂后,加热培养基至沸腾片刻,以使琼脂充分溶解。将配制并加热好的培养基分别装在事先洗净的培养瓶中,用封口膜封口,贴好标签,再进行高压灭菌。

灭菌后的培养基,一般应在两周内用完,最好不要超过一个月,并应放在接种室或培养室中保存。

（3）高压灭菌

高压蒸汽灭菌是待压力升到 0.1 MPa 位置时,在 121℃下灭菌 20～25 分钟。

经过灭菌的营养培养基不宜放置太久,应尽早使用。若要在使用前检查培养基有无微生物污染,可将培养基置于 25℃下保存 4 天。如果培养基需要贮存较长时间,可在 4℃低温下保存。

高压灭菌锅有大型卧式、中型立式、小型手提式等多种型号和规格,无论哪种型号,操作的步骤都很相近:加水→放进培养基→盖紧锅盖→关上排气阀→检查安全阀→接上电源→待压力升至 0.05MPa 时打开排气阀,排出锅内冷空气,重复两次,直至冷空气充分排出,关上排气阀→将压力升至 0.1MPa,121℃下灭菌 20～25 分钟,保持稳定压力→关闭电源→待自然冷却后逐渐打开排气阀→待锅内空气充分排出后,打开锅盖→稍冷却后取出培养基。

6.2.3 组织培养

1. 初代培养

植物组织培养的成功与否首先取决于初代培养是否成功,即能否建立无菌外植体。需要注意的一个重要环节就是材料灭菌。

材料灭菌常用的消毒剂有漂白粉(1%～10% 的溶液)、次氯酸钠液(0.5%～10%)、升汞(HgCl,0.1%～1%)、酒精(70%～75%)、双氧水(3%～10%)等。材料灭菌的方法视不同作物、不同部位而异。

（1）茎尖、茎段及叶片等的消毒

因这些部位暴露于空气中，有较多的茸毛、油脂、蜡质和刺等，首先须在自来水下冲洗1～2小时，同时可用洗衣粉或吐温等进行洗涤，再用酒精浸泡数秒钟，用无菌水冲洗2～3次，然后按材料老、嫩及枝条的坚实程度，分别用2％～10％次氯酸钠溶液浸泡10～15分钟，再用无菌水冲洗3次后接种。

（2）果实及种子消毒

果实：自来水冲洗10～20分钟，纯酒精迅速漂洗一下，2％次氯酸钠溶液浸泡10分钟左右，无菌水冲洗2～3次后取出果内种子或组织进行培养。

种子：自来水冲洗10～20分钟，10％次氯酸钠溶液浸泡20～30分钟甚至几个小时，依种皮硬度而定；对难以消毒的还可用0.1％升汞或1％～2％溴水消毒5分钟左右，进行胚或胚乳培养；对种皮太硬的种子，也可预先去掉种皮再用4％～8％次氯酸钠溶液浸泡8～10分钟，用无菌水冲洗后再接种。

（3）花药消毒

用于培养的花药，实际上多未成熟，外有花萼、花瓣或颖片保护，处于无菌状态，所以只要将整个花蕾或幼穗消毒即可，一般用70％酒精浸泡数秒，无菌水冲洗2～3次，漂白粉清液浸泡10分钟，用无菌水冲洗2～3次后再接种。

（4）根及地下部分器官的消毒

这类材料消毒较为困难。先用自来水洗涤，用软毛刷刷洗，用刀切去损伤及污染严重部位，吸干水分后用纯酒精漂洗，0.1％～0.2％升汞浸泡5～10分钟或2％次氯酸钠溶液浸泡10～15分钟，无菌水冲洗3～4次，无菌滤纸吸干后接种。

要成功地建立初代培养，一方面一定要选择合适的植物种类、品种及培养部位。大多数植物茎尖是较好的部位，其成长迅速、遗传性稳定，是获得无病毒苗的主要途径之一。此外，茎段和叶片的培养利用较为普遍，一些培养较困难的植物往往可以通过子叶、下胚轴培养奏效。花药和花粉培养也是育种和得到无病毒苗的主要途径之一。另一方面，要考虑到通过脱分化产生愈伤组织的培养途径是否会引起不良变异，丧失原品种的优良性状，取材亦受季节、器官的生理状态和生育年龄、材料大小的影响。茎尖培养存活临界大小为一个茎尖分生组织带有1～2叶原基，大小为0.2～0.3 mm；叶片、花瓣等约为5 mm^2；茎段则长约0.5 mm。

2. 外植体的接种与培养

用经过灭菌的剪刀将嫩叶鞘剪成0.5 cm^{2}的小块置于经过灭菌的培养皿中，打开培养瓶盖子（或试管塞子），用经过灭菌的镊子将外植体置于培养容器内，让外植体与培养基紧密接触，然后封闭瓶口，写上接种日期和外植体名称即转入培养室内培养。

应选择合适的培养基激素及其他添加物，注意掌握适宜的培养条件，如光照、温度和湿度。不同培养物对光照要求不同，如需暗萌发的种子要求在连续黑暗中才能萌发，需光萌发的种子则必须有充足的光照。有的植物进行休眠或开花时，必须处于特定的日长范围。常用光强为1 000～2 000 Lux。培养室内常用温度25±2℃，一般低于15℃培养的组织生长出现停滞，高于35℃也对生长不利。湿度一般要求70％～80％。

3. 继代培养

外植体在切口处会产生黄色或乳黄色的愈伤组织,表面呈颗粒状突起,30 天左右颗粒状突起形成大量球形、棒状的胚状体细胞团,即外植体细胞经过启动、分裂和分化等一系列变化,形成了无序结构的愈伤组织块。由于原培养基中营养不足或有毒代谢物积累会导致愈伤组织块停止生长,直至老化、变黑、死亡,因此,若要愈伤组织继续生长增殖,必须定期地(如 2~4 周)将它们分成小块接种到新培养基上(培养基配方同原培养基)进行继代培养,如此愈伤组织可继续保持旺盛生长,常 8~10 天可继代一次,这样就可获得胚性愈伤组织细胞团。可以用分割的方法反复进行继代培养。

愈伤组织的质地有明显差异,有的很松脆,有的很坚实,两种愈伤组织可以互相转变。加入高浓度生长素可使坚实的愈伤组织变松脆;降低或除去生长素,松脆的愈伤组织可以变坚实。松脆的愈伤组织有大量的分生组织中心,能进行活跃的细胞分裂;坚实的愈伤组织很少分化,大都是高度液泡化的细胞。松脆的愈伤组织是进行细胞悬浮培养的最适材料,稍加机械振荡,便可使组织分散成单细胞或少数几个细胞组成的小细胞团。

继代培养分为固体和液体两种培养方法。多数继代都用固体培养,将愈伤组织分割成小块或进行分株、分割、剪截(剪成单芽茎段)并转接于新鲜培养基上,令其以原球茎或胚状体的方式增殖。也可用液体培养进行继代培养,通过振荡培养(旋转培养),同时保持 22℃恒温,连续光照。

大多数继代培养基与原诱导培养基相同,但也有人改变培养基的培养条件,有的加活性炭,有的将 MS 培养基转为降低氨态 N 和钙及增加硝态 N、Mg、P 的培养基,有的认为在继代培养基中用 KT 优于 z-IP,也有的认为可使用较弱的细胞分裂素。

继代培养操作方法为:在无菌条件下,用无菌的镊子(或接种针)从培养瓶中取出愈伤组织,将它们放在无菌的培养皿中;用无菌解剖刀把每块愈伤组织分割成若干小块(一般不小于 5 mm×5 mm),并把已坏死的区域弃去;用无菌镊子将小块愈伤组织放入新鲜的培养基,每瓶(或管)培养基可以放 3~5 块,盖上盖子(或塞上塞子)后置于培养室中继代培养。在每次继代培养或边继代边分化的培养过程中都要选择松散的、颗粒状的、生活力强的优质胚性细胞团培养,对那些半透明、半颗粒状或老化变黑的愈伤组织转去分化培养,而不予继代培养。一般继代 3~5 次便可,如发现有衰退现象则不应继代培养下去。

4. 分化培养

分化培养是指由外植体形成器官或细胞无性系的形态发生,主要通过不定芽方式进行,即细胞或愈伤组织培养物通过形成不定芽再生成植株,这是常见的器官发生方式。

生长调节剂种类及浓度和营养成分、光照、温度、pH 等条件均会影响器官形成。较高浓度的 KT 促进芽的形成而抑制根的形成,反之,较高浓度的生长素有利于根的形成而抑制芽的形成。6-BA、ZT(玉米素)和 Z-IP(N6-异戊烯腺嘌呤)等具有与 KT 相同的作用,而且效力更大,其中 6-BA 的效果最好,ZT 的作用范围较窄。

诱导愈伤组织形成时的生长素水平往往对其器官发生也有影响。如高浓度的 2,4-D 或其他生长素诱导形成的愈伤组织,通常结构疏松,器官发生能力较差;如果在诱导愈伤组织形成时加入适量的细胞分裂素,其器官发生的状况便会有所改善。近来,在愈伤组织器官发生中,已开始较多地使用 Aba(脱落酸)、GA3(赤霉素),Aba 对芽的分化有促进作用,GA3 对芽的生长有良好作用。

诱导生根时对培养基中无机离子浓度的要求会低一些,故常用 White 和 1/2 MS 培养基。有时对某些离子的形式有不同要求,如同样氮,有的植物要求硝态氮,而有的植物则以氨态氮为佳。此外,某些微量元素对器官分化有明显影响。培养基中通常有足够的糖、硫胺素、吡哆醇、烟酸、肌醇、甘氨酸等有机物,可以满足愈伤组织生长和分化的要求;此外,还可以加入适量的其他成分,如氨基酸、嘌呤和嘧啶等物质,其对器官分化也有一定的促进作用。

在组织培养中,必须及时转移已形成的较幼嫩的生长旺盛的愈伤组织至分化培养基上,这样可大大提高苗的分化频率。进行分化培养时,通常都是在一定光照下进行的,这对绿苗的形成、根的发生、枝的分化和胚状体的形成有促进作用,特别是芽发生后,应给予适当光照。但光对根的发生有一定的抑制作用,故通常在生根培养基中添加适量的活性炭,或将培养容器的基部盖以黑纸。一般设置 25±2℃ 恒温条件。

5. 生根培养

通过器官培养途径获得的再生芽基部与愈伤组织或外植体直接相连,培养基中的养分被外植体或愈伤组织吸收,使再生芽不能正常吸收养分并生长成完整健康的植株。必须从基部切下小芽,切干净愈伤组织,随后将再生芽转入大量元素减半并加入适量生长素的 1/2 MS 生根培养基中才能正常生根。

植物离体培养根的发生都来自不定根。根的形成从形态上分两个阶段,即根原基形成、根的伸长和生长。影响植物离体培养生根的因素很多,有离体材料自身的生理、生化状态,也有外部的条件因素。一般木本植物比草本植物难,成年树比幼年树难,乔木比灌木难。外部因素包括:① 基本培养基。大多数使用低浓度的 MS 培养基,如 1/2 MS 或 1/3 MS 培养基;降低无机盐浓度有利于生根,加铁盐则更好;微量元素中 B,Fe 对生根有利;糖通常采用低浓度,一般在 1%～3%。② 植物激素。采用单一种生长素的占 51.5%,生长素加激动素的占 20.1%。愈伤组织分化根时,使用 NAA 的浓度采 0.02～0.6 mg/L 为多,使用 IAA＋KT 的浓度范围以 1～4 mg/L 和 0.01～0.02 mg/L 居多数。在胚轴、茎段插枝等材料分化根时使用 IBA 居首位,浓度以 1 mg/L 为多。可见生根培养多数使用生长素,大都是 IBA、IAA、NAA 单独或配合使用,也有与低浓度 KT 配合使用的,NAA 与细胞分裂素配合使用时摩尔比在(20～30)：1 为好。

不定根形成中,激素起决定性作用。生长素能促进生根;赤霉素、细胞分裂素、乙烯通常也利于生根,如与生长素配合,一般其浓度均低于生长素浓度;脱落酸(Aba)可能有助于生根。为促进试管苗的生根,也可将需生根材料在一定浓度激素中浸泡或培养一定时间,然后转入无激素培养基中培养,能显著提高生根率。

6. 组培苗的移栽驯化

又称为"练苗",即将生根的组培苗从培养室中取出,放在自然条件下 1～2 天,然后打开瓶口,再放置 1～2 天;将生长基质蛭石和珍珠岩分别用聚丙烯塑料袋装好,在高压灭菌锅中灭菌 20 分钟,冷却备用;取干净的育苗盘,将蛭石和珍珠岩按 1：1 混合,然后倒入育苗盘中,用木板刮平;将育苗盘放入 $1\sim2\ cm$ 深的水槽中,使水分浸透基质,然后取出备用;用镊子将组培苗轻轻取出,放入清水盆中,小心洗去根部琼脂,然后捞出,放入干净的小盆中;用竹签在基质上打孔,将小苗栽入育苗穴盘中,轻轻覆盖、压实,待整个穴盘栽满后用喷雾器喷水浇平;最后将育苗盘摆入驯化室中,正常管理。

参考文献

[1] 孙敬三,桂耀林. 植物细胞工程实验技术[M]. 北京:科学出版社,1995.

[2] 周维燕. 植物细胞工程原理与技术[M]. 北京:中国农业大学出版社,2001.

[3] 刘庆昌,吴国良. 植物细胞组织培养[M]. 北京:中国农业大学出版社,2003.

[4] 李浚明. 植物组织培养教程[M]. 2版. 北京:中国农业大学出版社,2002.

[5] 梅家训,丁习武. 组培快繁技术及其应用[M]. 北京:中国农业出版社,2003.

[6] 崔德才,徐培文. 植物组织培养与工厂化育苗[M]. 北京:化学工业出版社,2003.

[7] 谭文澄,戴策刚. 观赏植物组织培养技术[M]. 北京:中国林业出版社,1991.

[8] 李云. 林果花菜组织培养快速育苗技术[M]. 北京:中国林业出版社,2001.

[9] 许继宏,马玉芳,陈锐平. 药用植物组织培养技术[M]. 北京:中国农业科技出版社,2003.

[10] 李胜,李唯. 植物组织培养原理与技术[M]. 北京:化学工业出版社,2008.

实训案例 珍稀濒危植物珙桐的初代培养

一、实训目的

选取某种园林植物进行植物组织培养,掌握组织培养技术的程序和要点。

二、实训内容

对园林植物进行外植体、消毒条件、适宜培养基及其培养环境条件的筛选,收集相关数据并进行统计分析,完成研究报告。

珙桐,又名"中国鸽子树",国家一级保护植物,是第三纪古热带植物区系的孑遗种[1],对于研究古植物区系和系统发育具有重要的科学价值。它也是世界著名的观赏树种,具有极大的社会人文价值。然而由于其生境范围狭窄、内果皮坚硬、胚乳中含有生物抑制物、种胚形态后熟和生理后熟等原因,自然更新困难,种子败育现象严重[2-7]。因此,开展珙桐组织培养和快速繁殖研究十分必要。

按照绵阳师范学院和第 29 届奥林匹克运动会组织委员会签订的中国鸽子树特别研究项目协议,2008 年 3 月 66 棵珙桐成功落户北京奥林匹克森林公园,但仍需大量的组培苗,而组培成功的前提是建立高效稳定的无菌苗体系。本试验利用室内培养的带芽茎段作为外植体,研究不同消毒方式、培养基类型、激素配比和培养温度对珙桐初代培养的影响,探索建立高效稳定的无菌苗培养技术体系,为工厂化生产提供指导。

三、材料与方法

1. 试验材料

2006 年 12 月在四川绵阳千佛山苗圃购买珙桐 1～2 年生实生苗,首先在实验室进行培养,选取生长健壮、无病虫害的幼嫩枝条作为外植体。

2. 试验方法

(1) 消毒方式

对幼嫩带芽茎段的外植体流水冲洗 2 h,70% 酒精浸泡 30 s,无菌水冲洗干净后,采用 5 种不同的方式消毒,无菌水冲洗 4～5 次后, 接种于 WPM+1.0 mg/L PVP 培养基中。

(2) 试验设计

采用 L16 (45) 正交试验设计,考察基本培养基、6-BA、NAA 和温度 4 个因素对珙桐外植体初代培养的影响。每个处理接种 10 瓶,重复 3 次。28 d 后统计无菌苗污染率、褐化率和死亡率。

3. 培养条件

琼脂 8 g/L,蔗糖 30 g/L,pH6.0,光照 12 h/天,光照强度 1 500～2 000 lx。如无特别说明则培养温度为 25℃。

4. 统计分析

定期观察外植体污染、褐化、死亡、萌发及芽的生长情况。每隔1周对污染率、褐化率、萌芽率等指标作观察记载，数据采用 SPSS 13.0 进行统计分析。

四、结果与分析

1. 最佳消毒方式的确定

试验结果表明，以处理1即70%酒精30 s+0.1%升汞浸泡3 min消毒效果最佳，外植体污染率和死亡率均为0，褐化率仅为9%，既能达到很好的消毒效果，又不会对材料造成较大损伤。随着升汞处理时间的延长，外植体褐化率和死亡率均呈现明显的上升趋势。添加吐温80（处理5）的外植体褐化率和死亡率最高，分别达到了29%和21%，可能是吐温加重了消毒液对植物细胞的伤害，导致褐化与死亡。

2. 4种影响因素对初代培养的影响

（1）基本培养基类型对初代培养的影响

不同培养基的萌芽率从高到低依次为 WPM>H>N_6>MS，低盐培养基 WPM 优于中盐培养基 H 和高盐培养基 N_6、MS。其中 WPM 上的萌芽率为70.55%，而 MS 和 N_6 分别为12.85%和37.05%。因此 WPM 培养基是珙桐带芽茎段最适的初代培养基。

（2）6-BA浓度对萌芽率的影响

在0~2.0 mg/L 范围内，随着6-BA浓度增加，萌芽率也不断提高；当6-BA浓度为2.0 mg/L 时，萌芽率最高。

（3）NAA浓度对萌芽率的影响

NAA 对珙桐初代培养的萌芽率影响不显著。低浓度 NAA 促进萌芽；高浓度 NAA 抑制萌芽，当 NAA 浓度为0.1 mg/L 时，萌芽率相对较高。

（4）温度对萌芽率的影响

在15~30℃范围内，随着培养温度的增加，萌芽率不断降低；15℃时萌芽率最高，为56.95%。

极差分析结果表明，4个因素的极差（R值）大小依次是基本培养基类型>6-BA浓度>培养温度>NAA浓度，此即对珙桐带芽茎段萌芽率影响的大小顺序。方差分析表明，基本培养基类型、6-BA浓度和培养温度对萌芽率的影响均达到了极显著水平，而不同 NAA 浓度之间无显著性差异。因此基本培养基类型、6-BA浓度、培养温度是本试验中影响珙桐带芽茎段初代培养的主要因素。初代培养的最佳组合为：在15℃下选用 WPM+2.0 mg/L 6-BA+0.1 mg/L NAA，7天左右可以看到膨大的腋芽，15天左右长出一片小叶，30天左右即长成有4~6片叶的新梢。

五、讨论与结论

1. 外植体的选择及处理

采用冬芽为外植体，一般消毒方式污染率较高。本试验首先将枝条采回，在实验室培养，以抽出的幼嫩带芽茎段为外植体，采用70%酒精浸泡30 s、0.1%升汞消毒3 min 的方式取得了较好效果，既能有效杀死病菌，又可防止消毒剂对材料造成较大伤害。

2. 培养基类型对珙桐初代培养的影响

本试验采用低盐的 WPM 培养基取得了较好的效果,萌芽率达到了 95.2%。夏晗等在对珙桐初代培养的研究中也发现基本培养基对提高初代培养芽的诱导率效果极显著,且以 1/2 MS 最好[8]。这一结果充分表明在珙桐的初代培养阶段,宜采用低盐的基本培养基。而罗世家在愈伤组织诱导试验中表明 N_6 培养基略优于 MS 和 B_5[2]。

3. 激素种类和配比对珙桐初代培养的影响

以冬芽为外植体,结果表明单独使用 6-BA 就能较好地诱导出丛生芽,NAA 的存在并不利于珙桐丛生芽的诱导,当 6-BA 浓度达到 2.0 mg/L 时,丛生芽的诱导率达到最大,更高浓度的 6-BA 抑制丛生芽的生长。但也有研究发现添加低浓度的 NAA 对芽的诱导有一定的促进作用。如罗世家等在以 N_6 为基本培养基的研究中发现,随着 NAA 浓度的增加,产芽外植体率提高,直至质量浓度达到 2.0 mg/L 时,再升高浓度指标开始下降[10]。

4. 培养温度

夏晗等的研究认为在白天 26℃、夜间 24℃、光照 14 h、相对湿度为 70%、光照强度 1 500～2 000 lx 的条件下珙桐叶片展开早、芽萌发快[8]。但也有研究发现珙桐的最适培养温度在 20～27℃[9]。本试验也发现,在其他条件一致的情况下,不同培养温度下初代培养萌芽率具有极显著差异,以培养温度为 15℃时的萌芽率最高,原因有待进一步研究。

本试验以室内培养的珙桐带芽茎段为外植体,采用不同的消毒方式,通过正交设计研究了基本培养基类型、6-BA 浓度、NAA 浓度以及培养温度对珙桐初代培养的影响。结果表明:用 70%酒精浸泡 30 s,0.1%升汞浸泡 3 min 的消毒效果较好。培养基类型、6-BA 浓度和培养温度对珙桐初代培养影响极显著,低盐培养基 WPM 优于中盐培养基 H 和高盐培养基 N_6、MS;6-BA 浓度以 2.0 mg/L 时萌芽率最高;NAA 浓度对萌芽率影响不显著。初代培养的最佳组合为:在 15℃下选用 WPM+2.0 mg/L 6-BA+0.1 mg/L NAA。

参考文献

[1] 傅立国. 中国植物红皮书:第一册[M]. 北京:科学出版社, 1991.

[2] 罗世家. 珙桐组织培养研究[J]. 林业科技, 2006, 31(4):4-6.

[3] 张家勋. 中国的鸽子树——珙桐[J]. 植物杂志, 1988(1):2,8-11.

[4] 万朝琨. 珙桐种子休眠的解剖学研究[J]. 中南林学院学报,1988,8(1):35-39.

[5] 李雪萍,何正权,陈发菊,等. 濒危植物珙桐 ISSR-PCR 反应体系的建立[J]. 江苏农业科学,2007(2):162-165.

[6] 陈坤荣,陈玉惠,田广红,等. 珙桐种子层积期间过氧化物酶同工酶的变化[J]. 西南林学院学报,1998,18(3):143-147.

[7] 张家勋,李俊清,周宝顺,等. 珙桐繁殖和栽培技术研究[J]. 北京林业大学学报,1995,17(3):24-29.

[8] 夏晗,张健,尚旭岚,等. 珙桐初代培养研究[J]. 四川农业大学学报,2003,21(4):356-358.

[9] 金晓玲,吴安湘,沈守云,等. 珍稀濒危植物珙桐离体快繁技术初步研究[J]. 园艺学报,2007,34(5):1327-1328.

[10] 罗世家,周光来,王建明. 珙桐芽体组织培养研究[J]. 湖北民族学院学报:自然科学版,2003,21(4):11-13.

第七章　园林植物资源开发与产业化

7.1　园林植物开发利用现状

近年来,随着城市绿化、美化进程的加快,园林植物的需求量也日益增加。园林植物资源的开发与产业化应用,被视为传统农业升级换代后的高效型产业,同时也是农民增收、乡村振兴的主要助力。目前,我国园林植物的生产尚未完全实行专业化、规模化,有些名贵植物甚至完全依赖进口。如何提高名优园林植物的繁殖速度,为市场提供整齐一致、无病虫害的优良苗木,是当前园林植物生产所面临的重要课题。

目前,在一些地区的野生植物的开发利用当中,缺少科学的指导,只注重追求经济价值,采用了不合适的手段,造成园林植物资源很大的破坏和浪费[1-3]。目前,园林植物资源开发利用范围较窄,许多野生观赏植物除用于黄土护坡,还可以适当开发其他用途。特别是其珍贵乡土树种,如侧柏,既可营造水土保持林、防风林,也可以进行庭院绿化[4-5]。不容忽视的是,在注重园林植物资源可持续应用的同时,更应关注植物本身的文化,将园林植物的经济效益、生态效益与文化效益统筹结合,实现当地景、境、人的协调发展。

7.2　园林植物资源开发利用的方向

7.2.1　保护植物资源多样性

野生植物资源保护是生物多样性保护的基础。应杜绝对野生园林植物资源的掠夺式开发,保护好现有的植物种质资源及群落,尤其是古树名木、珍稀濒危物种等。自然保护区对自然资源的保护起到了重要的作用,应加强保护区的管理,进一步减少对野生植物资源的破坏。

城市园林植物的多样性是现代城市文明的标志,是一个国家综合国力的反映,是城市绿地系统生物多样性保护的具体体现。在城市生态园林建设过程中,应考虑园林设计、植物配置、树种选择及城市森林覆盖率、绿化率、人均绿地占有面积等绿化指标[6-9]。尤其是在旧城改造、环城绿化带建设、居民住宅区绿化、村镇小公园等建设中,园林植物多样性要充分体现出来[10],实现城市绿地系统的生物多样性。

7.2.2　充分利用乡土植物资源丰富园林植物种类

可供观赏的野生植物种类很多,首先应着重开发观赏价值大、经济效益较高的种类;

其次是根据地区特点,就地取材,发掘本地区的优良种类,从而获取事半功倍之效[11-13]。作为美化环境的植物,要注意格调多样,尽量做到四季有花可观,花后有果可赏,或以花香悦人,或以色丽夺目。

7.2.3 加强园林植物生态效应

对已确定的各类园林观赏植物进行降温增湿效应、遮光效应、固碳释氧效应、降尘效应等研究,综合评价园林植物资源的生态效应。对已确定的园林植物资源进行播种或扦插技术总结,包括播种或扦插的环境条件、土壤条件,为种质资源规模化繁育提供技术保障[14]。对已确定的园林植物资源进行抗旱性研究,了解园林植物的抗旱能力,以期将其应用于"农谷"缺水干旱地区的园林绿化花卉苗木生产当中。

在水土流失、植物遭到破坏的情况下,适时利用野生植物资源是刻不容缓的。野生观赏植物资源开发与利用对植被的大面积恢复是有益而无害的,而且应当应用到城市园林绿化当中,尽量减少人工林种植密度,并采取乔、灌、草相结合的措施[15],使野生观赏植物资源得到多方面的开发与利用。应充分开发和利用本地丰富的园林植物资源,构造种类丰富、具有乡土特色的城市园林植物景观。

参考文献

[1] 黄琼,李在留.桂林市南溪山公园植物资源调查与分析[J].绿色科技,2020(5):33-35.

[2] 高志军,马志豪.浅析园林植物资源的开发利用[J].建材与装饰,2015(45):82-83.

[3] 邓大华,魏凡翠,蒋快乐.对云南野生园林植物开发利用现状的思考[J].福建农业,2015(1):13.

[4] 张月琴,范喜梅.怀川地区野生园林绿化观赏植物资源调查研究[J].广东农业科学,2013,40(3):168-170.

[5] 刘兰,王子夫,陈龙清.黄冈市乡土植物资源调查及开发利用潜力分析[J].中国园林,2012,28(10):78-81.

[6] 周小枫,周某利.探讨园林植物资源的开发与利用[J].现代园艺,2011(17):64.

[7] 杨新选.浅析鄂尔多斯地区园林植物资源的开发利用[J].内蒙古林业调查设计,2011,34(2):95-98,122.

[8] 刘明智,谢光新,姚鹏,等.贵州梵净山乡土园林植物资源调查及应用[J].广东园林,2010,32(5):56-59.

[9] 刘明智,姚鹏,李木良,等.贵州梵净山乡土园林植物资源及其利用[J].贵州农业科学,2009,37(8):169-171.

[10] 石进朝,解有利.从北京园林绿地植物使用现状看城市园林植物的多样性[J].中国园林,2003,19(10):75-77.

[11] 杨贤均.武冈云山景观植物资源评价[J].中南林业科技大学学报,2007,27(5):87-91.

[12] 龙江峰.科学开发利用湖南园林植物资源[J].湖南林业,2006(4):15.

[13] 晏丽,李文芳,李夏艳.张家界花卉类药用植物资源的开发[J].安徽农业科学,2006,34(6):1107-1108,1122.

[14] 尹衍峰,彭春生.百花山野生花卉资源的开发利用[J].中国园林,2003,19(8):72-74.

[15] 吴小巧.浅谈园林植物资源的开发利用[J].江苏林业科技,1999(2):64-66.

实训案例 1　四川蒙顶山乡土花卉资源开发利用

一、实训目的与要求

对蒙顶山乡土花卉资源状况进行实地踏勘,在调查乡土花卉资源现状的基础上进行优势、劣势、机会和威胁(SWOT)分析,提出蒙顶山乡土花卉资源现状开发利用建议,指出开发利用所面临的机遇和挑战,并针对性地提出解决方案,即合理利用自然资源、人力资源、教育资源、社会资源等实现蒙顶山野生花卉开发利用的发展目标。

二、调查方法和手段

本课题所涉及调查从 2009 年 5 月开始,于 2010 年 10 月结束。首先在不同季节到蒙顶山进行考察,调查路线是从蒙顶山麓到上清峰段,调查了蒙顶山风景区整体植被垂直分布状况、独特性乡土植物。然后调查了观赏花卉市场上与蒙顶山乡土植物资源类似的植物种类。最后应用 SWOT 分析了蒙顶山乡土花卉资源开发利用的优势、劣势、机会和威胁因素,以便发挥优势因素,克服劣势因素,利用机会因素,化解威胁因素,提出蒙顶山乡土花卉资源开发利用可选择的对策。

三、蒙顶山乡土花卉资源开发利用现状

1. 蒙顶山乡土花卉资源概况

根据 2009 年 5 月至 2010 年 10 月的调查数据可知,蒙顶山地区部分相对观赏性较强的植物如表 1:

表 1　蒙顶山乡土花卉资源状况表

种名	拉丁学名	科	生境	观赏特性	观赏用途
青榨槭	*Acer davidii* Franch	无患子科	山脚湿润处	枝繁叶茂,树形优美,树干碧绿,果实奇特	A
枫香	*Liquidambar formosana* Hance	金缕梅科	向阳山坡	枝叶秀丽,叶色绚丽	A
粗榧	*Cephalotaxus* sinensis (Rehder et E. H. Wilson) H. L. Li	红豆杉科	林中	叶形奇特,树姿优美	A,D
山矾	*Symplocos sumunlia* Buch. Ham ex D. Don	山矾科	山林间	树形优美,枝叶繁茂	A
榉树	*Zelkova serrata* (Thunb.) Makino	榆科	山坡	树形优美,花序奇特	A

（续表）

种名	拉丁学名	科	生境	观赏特性	观赏用途
刺楸	*Kalopanax septemlobus* (Thunb.) Koidz.	五加科	山地疏林中	树形优美,树干、叶形奇特	A
山荆子	*Malus baccata* (L.) Borkh	蔷薇科	林缘	树形优美,花色艳丽、芬芳	A
连香树	*Cercidiphyllum japonicum* Sieb. et Zucc.	连香树科	向阳山谷	树形秀丽,枝叶奇特	A
四照花	*Cornus kousa subsp. chinensis* (Osborn) Q. Y. Xiang	山茱萸科	山坡阳面	花型奇特,果色、果型奇特,树形优美	A
鹅掌楸	*Liriodendron chinense* (Hemsl.) Sarg.	木兰科	林下、溪边	叶形奇特,树形优美	A
沙棘	*Hippophae rhamnoides* Linn.	胡颓子科	林缘,路旁	花白似雪,果色艳丽	A,B,C,D
缫丝花	*Rosa roxburghii* Tratt.	蔷薇科	向阳山坡,溪边	花大色艳,叶形奇特	A,B
金丝桃	*Hypericum monogynum* L.	金丝桃科	溪边,向阳山坡	花型、花色奇特,树形优美	A,B
挂苦绣球	*Hydrangea xanthoneura* Diels	绣球花科	山坡	花形、花色奇特	A
水麻	*Debregeasia orientalis* C. J. Chen	荨麻科	溪边	果色艳丽,叶形奇特	A
胡颓子	*Elaeagnus pungens* Thunb.	胡颓子科	林下	果色艳丽,叶色奇特	A,B
杭子梢	*Campylotropis macrocarpa* (Bge.) Rehd.	豆科	林下	花序优美,叶形优美	A
山莓	*Rubus corchorifolius* L. f	蔷薇科	山坡	果色艳丽	A
紫金牛	*Ardisia japonica* (Thunb) Blume	报春花科	林下	枝叶碧绿,果色艳丽	A,B
瑞香	*Daphne odora* Thunb	瑞香科	林下,灌丛	花香芬芳,叶形奇特	A,B
胡桃楸	*Juglans mandshurica* Maxim.	胡桃科	山坡阳面	叶形奇特,树姿优美	A
黄栌	*Cotinus coggygria* Scop.	漆树科	向阳山坡,林中	叶色、叶形奇特,树姿优美	A
玉叶金花	*Mussaenda pubescens* W. T. Aiton.	茜草科	山坡,溪旁	苞片、花型、花色奇特	A,B
舌柱麻	*Archiboehmeria atrata* (Gagnep.) C. J. Chen	荨麻科	林下	叶质地奇特	A

（续表）

种名	拉丁学名	科	生境	观赏特性	观赏用途
常春藤	*Hedera nepalensis* var. *sinensis*（Tobl.）Rehd.	五加科	缠绕于树上	叶形奇特	A
菝葜	*Smilax china* L.	菝葜科	山坡，林边灌丛	叶形、叶质奇特	A
红花岩生忍冬	*Lonicera rupicola var. syringantha*（Maxim.）Zabel.	忍冬科	山坡阳面	花型、花色奇特	A,B
铁线莲	*Clematis florida* Thunb	毛茛科	灌丛，山坡	繁花似锦	A,B
唐松草	*Thalictrum aquilegiifolium* var. *sibiricum*. Linn.	毛茛科	山坡，林缘，疏林下	叶形奇特	A,B
秋海棠	*Begonia grandis* Dry.	秋海棠科	林下	花型、花色、叶形奇特	A,B
虎杖	*Reynoutria japonica* Houtt.	蓼科	山谷，溪旁	花序、叶形奇特	A
常山	*Dichroa febrifuga* Lour.	绣球花科	林下	花色奇特	A
萱草	*Hemerocallis fulva*（L.）L.	阿福花科	林下	花色绚丽,叶形奇特	A,B,D
附地菜	*Trigonotis peduncularis*（Trev.）Benth. ex Baker et Moore	紫草科	溪边，坡下	花色奇特	A,B
紫花地丁	*Viola philippica* Cav.	堇菜科	林缘,灌丛	花色、叶形奇特	A,B
山冷水花	*Pilea japonica*（Maxim）Hand-Mazz	荨麻科	山谷阴湿处	茎干、叶质奇特	A
八角莲	*Dysosma versipellis*（Hance）M. Cheng ex Ying	小檗科	林下阴湿处	叶形奇特	B
柳叶菜	*Epilobium hirsutum* L.	柳叶菜科	林下,沟边	花形奇特	A
双蝴蝶	*Tripterospermum chinense*（Migo）H. Smith	龙胆科	林下,灌丛	花型、花色奇特	A,B
夏天无	*Corydalis decumbens*（Thunb.）Pers.	罂粟科	林下	花型、花色、叶形奇特	A,B
山姜	*Alpinia japonica*（Thunb.）Miq.	姜科	林下	花形奇特	A
凤仙花	*Impatiens balsamina* L.	凤仙花科	林下,溪边	花型、花色奇特	A
七叶一枝花	*Paris polyphylla* Smith	藜芦科	林下	叶序、花型奇特	A,B
铜锤玉带草	*Lobelia nummularia* Lam.	桔梗科	丘陵,低草山坡	果型、果色奇特	A,B
万寿竹	*Disporum cantoniense*（Lour.）Merr.	秋水仙科	灌丛中,林下	叶形、花型具观赏性	A,B

（续表）

种名	拉丁学名	科	生境	观赏特性	观赏用途
垂穗石松	*Palhinhaea cernua*（L.）Vasc. et Franco	石松科	疏林下荫蔽处	株形奇特	A,B,D
钝齿楼梯草	*Elatostema obtusidentatum* W. T. Wang	荨麻科	林下	叶色奇特	A,B
一把伞南星	*Arisaema erubescens*（Wall.）Schott	天南星科	林下,灌丛	叶形奇特	A,B
问荆	*Equisetum arvense* L.	木贼科	湿地,水边	株形奇特	A,B
白及	*Bletilla striata*（Thunb. ex Murray）Rchb. F.	兰科	林下	花形奇特,花色艳丽,株型优美	A,B
岩白菜	*Bergenia purpurascens*（Hook. f. et Thoms.）Engl.	虎耳草科	林下	花色奇特	A,B
橐吾	*Ligularia sibirica*（Linn.）Cass.	菊科	林下,溪边	叶形奇特	A
黄蜀葵	*Abelmoschus manihot*（L.）Medicus.	锦葵科	山谷,草丛间	叶形奇特,花大色艳	A,B
落地梅	*Lysimachia paridiformis* Franch.	报春花科	山谷林下湿润处	叶序、花序奇特	A,B,D
乌蕨	*Odontosoria chinensis* J. Sm	鳞始蕨科	林下	姿态秀美	A
瘤足蕨	*Plagiogyria adnata*（Bl.）Bedd.	瘤足蕨科	林下,溪边	姿态秀美	A,B
里白	*Diplopterygium glaucum*（Thunb ex Houtt）Nakai	里百科	林下	姿态潇洒	A
全缘凤尾蕨	*Pteris insignis* Mett. ex Kuhn	凤尾蕨科	密林下,阴湿水沟,岩壁	姿态优美	A,B
大齿叉蕨	*Tectaria coadunata*（Wall. ex Hook. et Grev.）C. Chr.	叉蕨科	林下,沟边岩石上	姿态优美	A
骨牌蕨	*Lemmaphyllum rostratum*（Bedd.）Tagawa	水龙骨科	林下岩石上	叶形奇特	A,B
紫柄假瘤蕨	*Selliguea crenatopinnata*（C. B. Clarke）S. G. Lu	水龙骨科	林下岩石上	叶形奇特,姿态秀丽	A,B
褐柄剑蕨	*Loxogramme duclouxii* Chirst	水龙骨科	林下岩石上	叶形优美	A,B
乌毛蕨	*Blechnum orientale* L.	乌毛蕨科	山坡、丘陵等处的干旱地带	姿态优美	A,B,D

（续表）

种名	拉丁学名	科	生境	观赏特性	观赏用途
金毛狗	*Cibotium barometz* (L.) J. Sm	金毛狗科	河边,坡地,林缘	叶姿优美	A,B,C
狗脊	*Woodwardia japonica* (L. F.) Sm	乌毛蕨科	山坡,林下	根状茎、叶柄附黄色茸毛	A,B,C
紫萁	*Osmunda japonica* Thunb.	紫萁科	山坡、林下溪边,山脚路旁	姿态优美	A,B,D
芒萁	*Dicranopteris pedata* (Houttuyn) Nakaike	里白科	疏林下,灌丛中	姿态优美	A
野雉尾金粉蕨	*Onychium japonicum* (Thunb.) Kze.	凤尾蕨科	沟边,灌丛阴处	姿态优美	A,B
修株肿足蕨	*Hypodematium gracile* Ching	肿足蕨科	岩石缝中	姿态优美	A
有柄石韦	*Pyrrosia petiolosa* (Christ) Ching.	水龙骨科	岩石上	叶形奇特,姿态优美	A,B
团羽铁线蕨	*Adiantum capillus-junonis* Rupr.	凤尾蕨科	岩石上	姿态优美	A,B
稀子蕨	*Monachosorum henryi* Christ	稀子蕨科	林下、林缘	姿态优美	A,B

注:A 为高大乔木,可做行道树和园景树;B 为草本植物和比较矮小的木本,如紫金牛,可做地被;C 为藤蔓植物,是垂直绿化的良好材料;D 为蕨类植物,由于其生境的特殊性,可用于点缀岩石园,以及做蕨类专类园。

蒙顶山乡土植物中大部分未被开发利用或开发利用不充分,有的甚至还未有人工引种。目前对乡土花卉资源的保护主要采用就地保护和迁地保护两种方式,现主要就地保护在蒙顶山风景区内。

2. 蒙顶山乡土植物资源保护与利用状况

蒙顶山自然植被结构属季雨式的山地常绿阔叶林,有樟栎和樟、楠、石栎林类型。植被垂直分布,生态环境优越,有"绿色世界""天然氧吧""生态乐园"之称。珍稀生物有珙桐、古茶树、千年银杏、千佛菌、兰花等 10 余种。

乡土花卉的生态利用一直是发展农村经济、增加农民收入的有效措施,随着农村产业结构的调整,已发展成为一项新兴产业。蒙顶山的乡土茶驯化可以追溯到两千年以前的西汉,这是蒙顶山开发乡土植物资源的一大壮举。蒙顶山的乡土花卉生态开发利用对保护园林绿化物种的多样性有积极的意义,蒙顶山本地特色的生态开发更具特殊的经济价值,将增加当地农民收入,促进经济发展。

四、蒙顶山乡土花卉资源开发利用 SWOT 分析

1. 开发利用优势

蒙顶山是国家 AAAA 级风景名胜区,植物资源异常丰富,特有种或中国特有种共有

320 余种,占全山植物总数的 10％。同时植物区系成分起源古老,单种科、单种属、少种属和洲际间断分布的类群多,其在植物分类上都是一些孤立的类群,形态上都保持有一定的原始特征,造成了群落组成结构的复杂性和群落类型的多样性。各层种类很少由单一的优势种组成,多为多优势种,是保存较完好的山地原始植被景观,作为国家级风景区可以进行很好的引种、驯化、繁育优良花卉品种的工作。蒙顶山可通过成雅高速连通成都航空、铁路、陆路枢纽,在完善的交通基础设施和物流服务业的保障下,蒙顶山乡土花木可以快速到达各主要发达城市。国家西部大开发战略的稳步实施,教育科研投入的增加,为蒙顶山乡土花卉资源的保护开发及利用带来发展契机。

2. 开发利用劣势

(1)缺乏系统的整合和合理的开发,开发利用规模小

蒙顶山拥有丰富的乡土花卉资源,在四川省有着举足轻重的地位,在中短期内拥有绝对的资源优势。但由于缺乏科学的规划和决策,在乡土花卉资源的综合开发利用方面尚未形成完整的产业链,未奠定循环经济、持续发展观和科学的、明确的规划和决策。

(2)资源保护与利用的矛盾突出

蒙顶山是四川三大名山之一,乡土花卉资源极为丰富,但是由于对合理开发乡土花卉资源的认识不足,缺乏对独特资源的收集、整理、提纯、复壮,并且种苗繁育、引种驯化远远没有蒙顶山茶叶种植开发的规模大。同时又缺乏政府的统筹和协调,没有注重科研投入,很多乡土花卉资源处于放任状态。在蒙顶山旅游开发和经济利益的驱动下,土地开垦、森林砍伐和茶叶种植中大量使用农药、化肥导致生态环境恶化,严重危及乡土花卉植物的生长繁衍,致使后备资源濒临枯竭。

(3)科研投入不足,相关科学建设没有得到相应的重视

乡土花卉资源开发和利用作为科技产业,需要大量的科研投入。同时,具备独特性的乡土花卉植物的育种和栽培,处于农学与花卉学的交叉点,与园林花卉的育种和栽培相比有许多特殊性,但目前鲜有深入研究,只能借鉴园林植物的经验,导致规范化种植的研究和推广相对滞后。

3. 开发利用机会

(1)现代园林景观兴起,发展市场前景广阔

随着人类生活水平的提高和环保意识的增强,人们对环境的要求也越来越高,对园林植物新品种的需求也越来越大。中国城镇化水平的提高,人们对城市品质的追求、对城市环境的注重,给乡土花卉资源的开发和利用带来了较好的机遇,乡土花卉资源开发和利用将成为发展空间巨大的产业。

(2)借助西部大开发战略,充分调动各方面资源

西部大开发是我国的国家战略,它为四川带来了无限的发展契机。雅安市政府应抓住这一有利时机,大力进行科教研究的投入。蒙顶山在利用雅安本地四川农业大学的科研力量同时,还可以积极联合成都、重庆等地的各类科研机构进行辅助性研究,增强科研团队力量,增加专业人才数量,对蒙顶山乡土花卉资源进行有序、高效、科学、合理的保护、开发和利用。

（3）符合政府产业结构发展要求和农民增收要求

在对蒙顶山乡土花卉资源保护、开发和利用的同时建立专家研讨机制，可以为蒙顶山乡土花卉资源发展起到积极作用。雅安市政府应充分发挥当地生态环境优美，污染少的优势，争取用五六年时间建立完整的乡土花卉资源开发利用机制，以提高乡土花卉资源保护机制的技术含量，加强产业辐射的联动性，增强农民增收效果。对优先推荐农民育种栽培的具独特性的品种，给予政策重点扶持。积极推广"研发机构—实验苗圃—农户—基地—市场"的模式，建立重点实验苗圃基地与农民的稳定的利益联结机制，加快推进蒙顶山乡土花卉资源产业化进程。

4. 开发利用的威胁

首先，蒙顶山乡土花卉资源开发利用未建立完善的机制，开发利用规模较小，甚至为零；研发投入不足，价值没有体现出来，相对外来引进的类似或相同品种显得不能抗衡。其次，发达花卉产地的研发投入大，市场运作好，对蒙顶山乡土花卉资源的开发利用有一定的冲击。尤其是日本和欧美等国在乡土花卉资源开发利用方面起步早，也是乡土花卉资源开发与研究最先进的地区，有成熟的乡土花卉开发产业体系，在有完整的科技产业链的基础下，具高质量、低成本，对蒙顶山乡土花卉资源的开发利用有一定的威胁。

五、蒙顶山乡土花卉资源发展目标和对策

1. 目标

依托川渝地区的科研院所和高校的智力支持，由雅安市政府实施"科技先行"和可持续发展战略，建立完善的乡土花卉资源研究开发体系和蒙顶山乡土花卉资源标准规范体系，提高产业整体水平。

发展乡土花卉产业的总体目标：一是打造"蒙顶山乡土花卉基地"，建立乡土花卉资源种植基地，发展现代乡土花卉资源开发科技产业，解决名山县富余劳动力的就业问题。二是借助蒙顶山开发乡土花卉的契机，整合并合理开发利用更多的土地资源，提高农民收入。三是拓展与蒙顶山乡土花卉资源相关的花卉文化度假游，提升蒙顶山的知名度，进一步完善花卉产业链和产业拓展，形成完整的产业链，即花卉种植—花卉加工—花卉及产品销售—蒙顶山花卉文化节—蒙顶山花卉主题园—花卉物流运输—乡土花卉科研。借助花卉产业的发展，带动名山县酒店业、餐饮业的发展。

2. 蒙顶山乡土花卉开发利用对策

（1）加强资源管理，进行科学规划

对资源的开发利用进行全面规划，科学合理地作出资源开发布局。同时，加强对保护自然资源重要性和紧迫感的认识，自觉地保护、利用和培育乡土花卉资源。贯彻好国家的环境保护条例和野生动植物保护条例，适当有度、合法有序地进行资源开发利用。

（2）加强乡土花卉研究，选择利用优良品种

对于乡土花卉，具有高观赏价值的种质是我们首先要选择和利用的优良种质。具有不同遗传特性的种质资源是育种的物质基础，种质资源越丰富，育种的预见性就越强，越有可能培育出优良的新品种。因此，应建立乡土花卉种子种苗繁育中心和质量检测中心，

加快优良新品种的抚育、筛选、示范和推广,建设种质资源收集示范园,收集、保藏新品种及新开发品种的乡土花卉资源。同时加强乡土花卉资源的选育研究,开发名、特、优、稀的乡土花卉品种,确定品系明确、性状优良、成分稳定的栽培品种。

（3）因地制宜保护,合理开发利用

为了进一步改变乡土花卉资源布局分散的状况,乡土花卉资源保护、抚育要从全局着眼,从自然条件的适宜性、技术条件的可行性、经济条件的合理性以及资源的历史性来全面考虑。合理调整品种结构,要向生态环境适宜的地区进行引种、抚育集中。要考虑生态条件、技术水平、投资等因素,逐步压缩生态条件不适宜,品种不优良,品质较低、较差的乡土花卉;发展适合当地自然经济条件,市场有需要的品种。蒙顶山乡土花卉资源的开发应拓宽视野,向产业化方向发展。推行质量管理,按质量标准对花卉品种质量进行鉴定。发展生态农业,依托四川的旅游市场,开发生态农家旅游产品,带动乡土花卉资源的扩大开发利用。

（4）加快先进技术开发与应用,推进现代化保护和开发机制

开发乡土花卉资源需要一大批具备农学、植物学、园林、园艺专业知识和强烈的事业心、责任感的研发、栽培、抚育、经营管理的专门人才。应利用现有四川省内优势,建设一支科学务实、富有朝气、勇于创新、结构合理、门类齐全的专业人才队伍,达到资源开发层层有人才、面面有人才的人才构成格局。要建立研发、培育、抚育、栽培、经营管理等技术体系和研究体系,以技术服务开发工作为市场,引进更多更新更好的科研机制,充分发挥科研人员的主观能动性和创造性。

（5）大力发展蒙顶山乡土花卉生态旅游产业

依托四川旅游大省的优势,依托蒙顶山乡土花卉资源的独特品种优势,加大旅游产业和乡土花卉资源的整合,做到产业链联动整合。加快新技术、新品种试验示范,开展生态乡土花卉旅游节,将之打造成名山县的一个亮点旅游品牌、蒙顶山的另一张名片,推进乡土花卉资源开发利用最大化。

实训案例 2　绵阳爱情谷百合花繁育及产业化

一、实训目的

通过参观江油爱情谷,分析其发展现状及经营模式,认识创意农业对现代农业的重要性。

二、实训要求

在实地参观和调查的基础上,完成调研报告。

三、植物与文化,江油百合花海——山盟下盛开的爱情之花

1. 百年好合爱情谷景区简介

江油松花岭农业旅游开发有限公司在江油市城区西北方向 2.5 km²,规划以生态种植为核心,以观光旅游、休闲、度假为辅助,打造现代化生态农业园区。园区总占地面积达 15 km²,总投资 6 亿元,分为三期建设。园区距绵阳 37 km²、成都 142 km²,交通便利、地理优越,拥有完善的旅游配套服务设施,是集"百合、爱情、农耕、民俗、餐饮、娱乐"等多种文化旅游元素于一体,参照国家 4A 级景区标准建设的旅游景区。

园区自 2014 年 3 月初开始论证、规划,11 月设计方案基本形成。2015 年 1~5 月实施一期工程建设,共安排布局项目 26 个,建设大小景观 40 余处,修建道路 7.8 km²,建成智能温控大棚 120 余亩,建设百合花种植基地 5 200 亩、园林苗木基地 5 500 余亩,从全球范围收集、保存种质资源 1 568 个,并对大康镇风貌及基础设施进行了全面改造,改造农房 184 户,完成投资 5 亿余元。园区于 5 月 1 日试开园、10 月 1 日正式开园以来,共接待游客 50 余万人,仅旅游门票收入就达 1 500 余万元,园区内农业产业总产值达 8 500 余万元。虽建成不久,且仍有情人桥、旅游商品售卖出口等重要节点正在建设之中,但其在省内已经小有名气,川内各个市对其均有报道,并大加赞赏,还得到了中央、省、绵阳市各级领导的肯定,被授予"中国百合公园""四川省林业龙头企业""四川省绿色食品示范基地""绵阳师范学院校地合作人才培养校外教学实践基地"等称号。现今,百年好合爱情谷已经成为与李白故居并列的江油名片(图 1~图 4)。

图 1　百年好合爱情谷总体规划图　　　图 2　百合产品研发中心

图3　种子资源圃

图4　连栋大棚

2. 爱情谷百合花产业的发展

百合在我国深受群众喜爱,并且栽培历史悠久。但如许多其他中国名花的命运一样,百合花也存在着技术落后、栽培品种单一且市场竞争力弱的缺陷。因此,百年好合爱情谷加大了对百合品种的科研力度,大力开展国内外有关百合种植、品种培育、产品研发等的合作,通过多种途径收集、保护我国特有野生种源的百合品种,积极培育新品种,不断开发百合新产品。

如今,百年好合爱情谷收集有世界各地的百合种质资源1 500多个品种,自主研发的新品种已命名的有5个(松花岭1号、金百合一号、金百合二号、金康1号、金康2号),另有近10个新品种正在认定和审定之中。这为我国花卉产业资源保护与新品种开发起着积极的示范作用。而也正因为注入了科技的力量,江油爱情谷才有了发展与延绵的不断动力(图5~图7)。

图5　金百合二号

岷江百合　　　铁炮百合　　　条叶百合

卷丹百合　　　鹿子百合　　　山丹百合

南充百合　　　紫斑百合　　　通江百合

图7　园区内百合品种

图片来源:董钦金《一朵百合花催生产业变革的江油速度　百年好合爱情谷发展模式分享——江油松岭农业旅游开发有限公司》

图6　松花岭一号

183

四、创意农业——爱情谷的创意农业的发展与启示

1. 创意农业在我国的发展

创意农业(Creative Agriculture)起源于 20 世纪 90 年代后期。彼时由于农业技术的创新发展,以及农业功能的拓展,观光农业、休闲农业、精致农业和生态农业相继发展起来。借助创意产业的思维逻辑和发展理念,人们有效地将科技和人文要素融入农业生产,进一步拓展农业功能、整合资源,把传统农业发展为融生产、生活、生态为一体的现代农业,即创意农业。我国是农业大国,但农业发展存在诸多问题。首先存在发展不平衡现象。我国农村人口比例高,城市人口比例低。发达地区乡村人口占当地总人数比例小,落后地区比例大,没法形成大区域内的经济良性循环,导致更大的贫富差距。农村人均收入和城市人均收入差距悬殊,不同地区的农村收入相差也较为悬殊。其次与发达国家和地区的农业比较,我国农业仍是一种以粗放型为主的农业增长模式,农业科技对农业生产贡献率低,农业劳动生产率低,机械化程度低,的利用率低,对环境破坏大。发达国家的家庭农场规模都较大,少则几公顷,多则几百公顷;而我国农民仍以单家独户的小规模分散经营为主,难以推广机械化作业,农机拥有量少,农业现代化水平较低,导致农业经济效益低下。创意农业则要充分调动广大农民的积极性、主动性、创造性,大力培育农产品附加值文化,改善农村生活方式、生态环境,统筹城乡产业发展,不断发展农村社会生产力,达到农业增产、农民增收、农村繁荣,农村经济社会全面发展的目标。

2. 爱情谷的创意农业发展

百年好合爱情谷开发建设之前,区域内的农户经济收入来源较为单一,主要来源于种植、养殖。在种植业方面,当地农户主要种植有小麦、玉米、水稻等农作物,部分居民开展水果、种苗和经济林种植,但面积均较小,效益不明显。在养殖业方面,当地农户主要开展家禽圈养、水产养殖等养殖业务,以小农散户养殖为主,经营面积小,收入少,经济效益低。爱情谷建成后所涉村社及大康镇附近乡镇均从中受益。规划纳入爱情谷开发的村社,一方面,农户与江油松岭农业旅游开发有限公司合作成立农业开发合作社,出让土地,以获得租金;另一方面,农户以员工的身份加入到爱情谷的日常建设与管理当中,从而获得劳动收入。未被纳入爱情谷开发建设的村庄,大多与爱情谷开展合作种植,由爱情谷提供技术支持,农户负责种植,并将种植出的百合花卉、种子、种球等出售给爱情谷,从而获得收入。

随着百合花卉旅游的不断兴起,越来越多的游客前来观光游览,百年好合爱情谷周边的乡村旅游、农业观光、农家休闲等副业也随之兴起,越来越多的农户参与到花卉旅游当中。围绕着"吃、住、行、游、购、娱"的旅游产业,百年好合爱情谷所涉及村社改变了过去旅游收入相对单一的状况,实现了经济收入来源的多样性,社会经济条件正不断改善。政府的扶持与大力的宣传,类似啤酒音乐节等活动的举办,以及园区内自有特色创意的造型,共同为爱情谷打造出整体协调丰富的乡土风情与产业休闲文化。不定时举办各种音乐节,邀请小型表演乐团即兴表演,提升了休闲品质。景区内安排导览解说让游客更了解景区文化,更了解园区的文化意涵。在通往景区的道路两边也设有特色广告牌和绘有爱情

故事文化墙,给过往车辆或者前往景区的人一种向导和向往(图8~图11)。

图8 爱情谷外农民的居住房

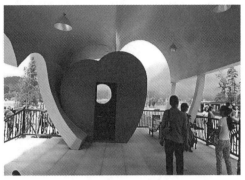

图9 爱情谷内象征爱情的景观小品

图10 爱情谷内百合花花海

图11 爱情谷园区中的山水

百合,百合科,百合属,为无皮鳞茎地生型之抽茎型球根花卉。原生种估计有96种,分布于北纬11°~64°度间。亚洲与北美洲为百合主要分布区,其为百合最主要分布区,其百合种源较为封闭特殊,呈轮生叶,而种子则以地生延迟发芽者居多,故较少被应用于商业化栽培。中国西南地区为亚洲型及喇叭型百合种源歧异中心。日本为东方型原生种主要分布地区。我国台湾则为郁香、耐热与早熟之铁炮型百合分布中心。江油国家百合公园不断引进和吸收国际先进技术和管理经验,公司经营管理团队相继与荷兰百合专家、我国台湾花卉企业等展开了广泛的交流与合作,基本达成意向,于2015年在百合国际博览园正式成立"中荷百合研究所"与"国际百合研发中心",从科研、生产、参观、示范、市场开发等方面进行全方位合作。

3. 爱情谷改革创新的投入机制

(1)"四方搭伙"的投入机制

政府、企业、集体、农民四方共同组建了江油松岭农业旅游开发有限公司,村集体、农民与国企、民企一起当起了股东,依法成立了董事会和监事会,按现代企业制度负责景区建设运营。政府、集体、企业和农民连在一起,形成利益共同体,让"百年好合爱情谷"变成深化农村改革的一个前沿窗口。

（2）采用 PPP 公私合营模式

国务院总理李克强主持召开的国务院常务会议明确表示，推广 PPP 模式，对促进供给侧结构性改革，促进稳增长、补短板、扩就业等具有重要意义。江油爱情谷就是由国企鸿飞集团与民企松花岭农业公司共同投资建设。这种模式减轻了政府的财政负担和社会主体的投资风险，能够做到取长补短、利益共享。

4. 独具特色的营销模式

（1）以与游乐旅游业和特色百合花产品结合拓展产业

爱情谷内设有大量的游乐设施，让游客可以在环境优美、风景旖旎的环境中体验、游乐，真正做到游乐与观赏动静结合。园内还设有爱情餐厅、机器人主题餐厅，在花海的包围下用餐，给人带来身心的愉悦。另外园区内还推出自己的百合系列产品，如百合鲜花饼、百合干花、百合精粉、百合种球、鲜百合，这样不仅充分利用资源，最大化经济效益，也为来爱情谷的游客增加了一份记忆的味道。

（2）以文化创意提升园区

为了进一步提升百合花的价值，爱情谷通过扩大开办百合花整体产业文化系列活动，加强推广百合花产品的整体形象设计与文艺意涵的包装，提升百合花的价值及其受喜爱程度；同时还通过扩大宣传，带动更多游人前往赏花和消费，促进爱情谷的产业经济的发展。景区除了有以爱情为主题打造的特色景点，每个月也有活动主题，如 2016 年 6 月的"音为爱情——百合音乐节"主题活动。2016 年 5 月 20 日，绵阳风景园林协会在此召开了第一次会议，为园区今后文化与产业的结合打下基础。爱情谷致力于对百合花爱情寓意的文化打造，并在这方面取得了一定的成效。百合作为一种从古到今都受人喜爱的世界名花，可以说原本就出生于神州大地，因为百合虽在全世界有 100 多个野生种，但其中近 60 个种产于中国，而许多具有观赏价值的百合原始种，都是从中国引种出去的。百合是中国的"七香花"之一。另外百合科的萱草在中国有"忘忧草"之称，"最爱看来忧尽解，不须更酿酒多功"，说明了百合在我国文人心中的忘忧功能。百合作为我国名花还有更多的花文化有待开发，且百合花种类繁多、观赏价值高，对此可以增设百合花专类园，充分利用百合花的文化和种类优势。

（3）立足长远发展，与周边景点共同打造旅游品牌

爱情谷最开始的规划就是立足长远发展的，并非简单地追求眼前利益。爱情谷修建了专门通向景区的公共绿道，大大缩短了周边去景区的时间，也为骑行的人提供了便利。爱情谷不断向外辐射，日后也渐渐会与吴家后山、九皇山等周边景区形成联系，共同打造江油特色旅游品牌。

5. 百合花创意产业带来的经济效益

爱情谷吸引了大量游客造访，完全建成运营后，年产值将突破 5 亿元，实现利税 8 000万元，提供就业岗位 3 000 余个。通过与百货公司、餐饮公司等异业联盟的方式，活动将更丰富、更有内涵，能够真正带动地区产业发展，提高农户收益。

五、启示

中国城市化的进程在不断推进。中国作为一个农业大国，大力发展新农村是非常必

要的,但是农村的发展不应该简单地停留在跟随城市发展的后尘。新农村的打造不应该只是简单地建几层小楼房,不是千篇一律的水泥粉刷,也不是所谓的美丽乡村的那种整齐规划的模板房,而应是真正富有农村文化特色的。中国的农民也不应该是自卑的,而是有自己家园乐土的。要用科技和创意提升农业,用休闲改变生活方式。有文化、有特色的产业才能长久生存。爱情谷的百合花休闲文化农业创意产业正是如此。百年好合爱情谷产业的成功为中国农村文化的建设探出了一条新途径。

　　创意农业在我国的发展还处于起步阶段,存在诸多问题。创意农业的发展首先离不开政府的扶持与相关机构的正确指导。爱情谷的成功就得益于政府的大力扶持和指定的正确发展道路。创意农业必须以高效的农业产业为基础,以自然农业生态为依托,体现经济和自然生态文明的要求。科技是第一生产力,给农业注入科技的力量才能不断发展;创意是文化的力量,只有有创意的文化才是独特的、成功的、有生命力的。爱情谷的百合花产业正是有了科技和创意这两大力量,才得以不断发展。爱情谷是农业、旅游业、工业三产融合的产业,一、二、三产业彼此融合,形成良性互动的价值体系。创意农业既然是一种新型的农业模式,农民自然是其主体,只有不断调动农民参与的积极性,使农民从中真正获利,与其他各方真正形成联合,才能共同发展富裕。百年好合爱情谷把一朵花做成了产业,用产业创造了一个园区,积极投身变革,用文化打造产业,用科技发展产业,为我国创意农业的发展做了成功示范,为我国今后农业发展提供了重要的参考学习价值。

六、园区内存在的不足和需要改进的地方

　　景区内大面积的百合和其他花海使景区大面积接受暴晒,景观效果大打折扣。百合花的观赏受季节的限制,非花期景区缺乏对游客的吸引力。百合喜冷爽湿润气候及半阴环境,忌阳光直射,大面积接受暴晒对百合的生长和游人参观景区均不利,因此可以考虑增加垂直景观,如种植一些观赏乔木,另外可以利用藤蔓植物营造大片遮阴环境。此外增设深入花海的木栈道或者小径,增加观赏的娱乐性与舒适性。在非花期的季节也要创设一些创意活动增加对游客的吸引力,才能使经济效益最大化。

　　景区的景观设置虽别致,但缺少本土特色,难免落入俗套。景区内设有许多具有观赏性的以爱情为主题的小品,游客可以拍照留念,增强了互动性,但是这些小品缺乏地方文化特色,并没有形成自己独特而不可复制的特点。可以考虑让当地的农户更多地参与园区文化景观创造,让农民创造属于自己的文化,使景区更有乡土文化气息。此外江油作为我国浪漫主义大诗人李白的出生地,景区内的景观建设可以融入李白的诗歌文化。李白作为一代诗仙,不仅写下了许多广为人知的飘逸豪迈的诗篇,也有许多优秀的爱情诗篇,无疑与爱情谷的主题是吻合的,景区的景观创造完全可以融入这些富有浪漫气息的诗歌。例如在创造景观时营造诗中的意境,或者增设诗中故事的雕塑或壁画,还可以在园区内各处题上诗中名句达到点题的作用。加入李白文化的爱情谷还可以与周边的青莲诗歌小镇起到相互辐射的作用,更有利于江油对李白品牌的打造。这样所形成的不可替代的农业文化景区才能增强对周边旅游的吸引力。此外,百合花可做切花,可食用亦可药用,应以采摘拓宽产业,让游客采食鲜花增加互动性。还可以增设百合特色产品 DIY 体验,扩大消费。

实训案例 3　药王谷辛夷花海景观分析

一、基市情况及地理位置

花海,是一种开满鲜花的自然景观或园林景观,它由很多的开花密集的花草或树木构成,人们远远望去,看不到边际,如海洋一般广阔;风吹来时,花浪起伏,如同大海的波涛翻滚,故名。花海景观旨在让游客置身于无边无际的如同海洋的植物景观中,利用起伏连绵的地形、开合有致的空间、较强的视觉冲击,营造一处经济性与观赏性相统一的休闲观光地。

著名的花海景区如普罗旺斯薰衣草花海、荷兰库肯霍夫公园等,吸引着来自世界各地的游客。

四川盆地(包括盆周山地)山地丘陵区,属于水热充沛的亚热带季风气候区,终年温暖湿润,并且地形复杂,因而植物种类很多。据不完全统计,有高等植物 270 余科 1 700 多属 1 万余种。其中有乔木 1 000 多种,占全国总数的一半。多种多样的树种资源,构成了繁多的森林类型。

药王谷位于绵阳市北川羌族自治县与江油市接壤的药王山上,是国内著名的 4A 级旅游风景区,海拔 1 400～2 000 m。紧靠九环东线(江油—平武),距李白故里江油市 23 km,距绵阳市 64 km,距成都市 166 km。这里有世界上最大的古辛夷花药树林,是我国第一个以中医药养生为主题的山地旅游度假区。

二、宏观分析

1. 经济条件

四川省经济总量位居全国第八,西部第一,其综合实力高居西部地区首位。2014 年,四川省全年实现旅游总收入 4 891 亿元,国内旅游收入 4 838 亿元,接待入境游客 240.2 万人次,外汇收入 8.6 亿美元,各项指标增长均位居全国前列。经济增长,人均收入增加,对于刺激周边旅游景区的发展有重要意义。

2. 自然条件

景区地处亚热带湿润季风气候区,冬半年受偏北气流控制,气候干冷少雨;夏半年受偏南气流控制,气候炎热多雨潮湿。地势连绵起伏,海拔相差较大,形成植物资源丰富、旅游景观奇特的旅游度假区。

3. 人文条件

药王谷所在区域盛产中药材,山林遍生百年药树。相传中华医药始祖岐伯和药王孙思邈都曾长住此山采药治病,山上居民一直有供奉药王菩萨的习俗,山谷因此得名。山顶上塑有一尊 20 多米高的白色药师佛塑像,是药王谷的标志性景观。谷内还有原始森林、溶洞、石林、青年欢乐谷等多处可供游玩的景点。每年的阳春三月,药王谷都要举办辛夷花节。羌民还会在这里举行祭山会,附近州县的民间艺人、杂耍艺人、手工技师都会汇集谷内,表演自己的看家本领。

三、微观分析

1. 主题鲜明,凸显特色

药王谷根据历史沿革与风俗文化,将当地最具特色的灵芝、天麻、三七、辛夷、杜仲、厚朴、茱萸、虫草等中药材融入度假区特色药膳菜谱中,以中医药养生为主题,让名不见经传的药王谷成了时下大热的修身养性胜地。辛夷花是药王谷最著名的药花,百年古树,锦簇繁华,艳而不妖,素雅优美。著名诗人王维有五绝诗《辛夷坞》曰:"木末芙蓉花,山中发红萼。涧户寂无人,纷纷开且落。"描写了辛夷花在寂静的山中欣然地年年花开花落,美好无比。药王谷的辛夷花开如云霞,满山烂漫;随风而落又似翩翩蝶舞,美不胜收。为增加观赏性,延长观赏时间,药王谷还引进了福禄考、樱花、连翘等观花植物,打造出色彩各异、平面与立面相结合的花海。

景区内重点打造"辛夷花节"这一特色文化,每年三月中旬至四月下旬,具有羌汉文化习俗的辛夷花节都为这里引来成千上万的游客。民间艺人们汇聚于此,各展所长,为本就热闹的节日锦上添花。在古代,辛夷花节也是男女通过送花继而在药师佛下定终身的求偶节,辛夷花代表着纯洁的爱情,吸引着众多向往美好爱情人们的到来(图1)。

图 1　药王谷辛夷花

2. 注重生态,因地制宜

阳春三月,数千株辛夷花树竞相怒放,颜色由白色到紫色,如梦如幻,场面壮观,加之景区引进了100多种观赏性中药材,种植于适合草药生长的海拔 1 500～2 000 m 处,每月均有几十种大面积花海轮流盛开,堪称一绝,营造了"四季有花、季季可赏、层层花海、季季花香"的花海景观效果(图2)。以人文生态景观为蓝本,充分利用当地原有资源,药王谷引入了定制旅游与医疗旅游概念,让人们享受到个性化、一对一的中医体检、身体调养方案。景区内还重点结合石林、溶洞、原始森林等生态旅游资源,增加了游览乐趣。

图 2　花海景观

图片来源于：http://suo.im/49qmd 和 http://suo.im/ijzx9

3. 立足当前，放眼长远

万花成海，依山成势；高山药海，香溢四境。药王谷有着不同年龄、不同职业、不同文化水平的游人共同追求的主题——健康，做到了雅俗共赏，最大限度地满足了游客赏、游、居、吃、参与等要求，使人们遭受钢筋水泥侵染的紧张的肌肉慢慢松弛下来，悠然地沉浸在宁静与平和之中，融入自然，身心焕然一新，从而达到品质生活的完美境界。景区内主要都是药用植物，比起其他花海植物更加容易实现经济价值，并与生态价值、观赏价值完美统一，可实现利益最大化。资源的丰富性，也为这片花海的进一步发展奠定了坚实的基础。

四、景观特色与未来展望

生态型花海景观比专类园更加具有自然野趣，在不强调植物间亲缘关系的情况下，花海景观能够更自由地布局植物配置，注重花色、花期、花相、花香、株高等带给人们的感受。现代花海植物景观主要运用草本观花植物片植，营造万物复苏、百花争艳或七月流火、秋高气爽的景观效果。草本植物具有良好的线条感、质感和相对清新靓丽的色彩，生动活泼，富有自然野趣。

为了塑造平、立面的多层次效果，乔木、灌木、草本都需要参与其中，药王谷选择樱花、连翘、福禄考等配合辛夷花，不仅添加了淡粉、黄、红等色彩，也弥补了地面景观的空洞之处。花海植物应尽量选择花大色艳、先花后叶、有芳香或其他保健作用的植物，譬如鼠尾草、三色堇、梅花、海棠、紫藤等。相关研究表明，四川是鼠尾草的主要分布地之一，野生鼠尾草植物资源比较丰富，种类繁多，大多生长于海拔 1 000～4 000 m 地区，抗性强，耐低温，花序较大，具芳香，花色丰富，适应性强，适合成片密植，是营造花境、花坛、专类园、花海等优秀的宿根花卉，还可食用、入药，非常适合开发为花海植物。花海观赏期的长短直接影响经营者的收入和区域内设施的使用率，因此，必须将各个季节的开花植物合理搭配，实现全年有花，延长观赏期。

现今，花海景观各项功能开发还不够，多数产品、活动的潜在价值未得到重视，收益单一。药王谷旅游景点较多，但真正被大众传闻的少之又少，应拓宽体系，从纯粹的观光转变为综合型休闲景观,可采用如下措施。

(1)药王谷有形态乖巧的石林、神秘莫测的原始森林,可在不破坏原来样貌的情况下打造岩上花园和密林探险等业务。

(2)优越的海拔高度使当地盛夏气温保持在 24℃左右,可依已有的溶洞、高山清凉花海重点打造高山避暑露营地。

(3)药王谷号称四季有花,在深入打造这个形象、引进更多有特色的植物的同时,应加强商业性策划,与交友网站和婚庆公司进行战略性合作,为未婚男女拓宽交友渠道,为喜结良缘的新人提供婚纱拍摄、婚礼场地等。

(4)空旷广袤的花海是优良的野生植物引种驯化地,也是重要的蜜源地,可带动当地植物生产、售卖以及蜂蜜等相关产业发展。

(5)花海之美不只在于花,也在于秋色叶;在蜿蜒的溪流边种植水杉、池杉,也会有极好的景观效果;还可沿溪流布置花卉,形成"花溪"。

总之,以中药养生为主题,延伸出众多景观项目,以增加景观性、游玩性,是提升药王谷花海综合形象的重要方式。

第八章 园林生态工程

生态恢复是指使被损害的生态系统恢复到或接近于它受干扰前的自然状况的管理与操作过程,即重建该系统被干扰前的结构、功能及相关的物理、化学和生物学特征。生态恢复的目的是使生态系统回复到正常轨迹,竭力仿效特定生态系统的结构、功能、生物多样性及其变迁过程,依靠生态系统的自我调节、自组织和自我恢复能力,辅以人工措施,使其向有序的方向进行演化,使遭到破坏的生态系统逐步恢复或使生态系统向良性循环方向发展。

随着生态退化和环境污染问题而发展起来的生态工程应用生态学的重要分支学科。生态工程是对人类社会及其自然环境进行了综合分析,运用了生态系统物种共生与循环再生原理、结构与功能协调原理进行生态系统设计,以达到污染治理、生态更新与生态恢复的目的。城乡园林绿化涉及自然环境资源的保护、利用和管理,面临着环境治理与生态恢复的问题,需要平衡生态环境保护与城乡建设的关系,因此,园林生态工程成为城乡绿化的重要内容。园林生态工程是生态工程的重要组成部分,是生态工程在园林建设领域的应用。它将自然生态系统中高效的结构与功能关系运用到人工生态系统设计中,通过恢复与重建园林生态系统,促进物质和能量流通,实现自然生态过程,发挥生态功能与景观功能。园林生态工程的内容包括城市废气、污水、固体废弃物治理及城乡绿地建设、废弃地的利用、边坡生态恢复、河道及湿地等的恢复重建等。园林生态工程的基本原理主要包括物质循环再生原理、生物多样性原理、协调与平衡原理、系统学与工程学原理等。① 物质循环再生原理:保证系统内物质循环利用,实现废弃物对系统零排放,避免环境污染对系统功能的影响。② 生物多样性原理:通过提高生物多样性,增强系统的抵抗力与稳定性,提高系统的生产力和景观价值。③ 协调与平衡原理:保持系统内生物与生物之间、生物与环境之间的协调与平衡,形成食物网结构,使之不超过环境承载力,避免系统的失衡和破坏。园林生态工程应遵循生物措施主导原则、生物多样性原则、生态演替原则、乡土植物为主原则、整体性和系统性原则等。

8.1 植物修复技术

园林植物在环境生态修复中有着重要的地位和应用价值,可用于被污染土壤、水体和大气环境的生态修复。植物修复(Phytoremediation)是利用绿色植物来转移、容纳或转化污染物,使其对环境无害。植物修复的对象是重金属、有机物或放射性元素污染的土壤及水体,通过植物的吸收、挥发、根滤、降解、稳定等作用,可以净化土壤或水体中的污染物,达到净化环境的目的,因而植物修复是一种很有潜力的清除环境污染的绿色技术。国外主要利用杨树、柳树、枫树、白蜡树、松树、桦树以及不同的果树进行重金属污染环境的修复。近年来,我国有大量原生的重金属超积累的植物被报道,在相关机制研究方面也迅速跟上国际前沿。目前研究发现的野生超富集植物主要集中在十字花科、大戟科等植物。其中,羊齿类铁角蕨、野生苋和十字花科植物天蓝遏蓝菜对 Cd 的富集能力强;紫叶花苕、蒿属、凤眼莲和芥菜对 Pb 的富集作用明显;在镍污染的土壤中可种植十字花科和庭芥属植物;在 Cu 污染的土壤中可种植酸模草;As 超富集植物有蜈蚣草和大叶井口边草;Zn 超富集植物有东景南天、宝山堇菜、双穗雀稗、土荆芥等;Cr 超富集植物有李禾;圆锥南芥为 Pb、Zn、Cd 等的超富集植物;商陆是 Mn 超富集植物。

植物吸收重金属的主要器官是根系,而对气态的重金属可以通过气孔吸收。植物能够黏附和吸收气态污染物。在我国大气污染日益严重的今天,乔木树种是滞尘的主体,约占总滞尘量的 87.0%,灌木为 11.3%,草坪植被滞尘量最小,仅占总滞尘量的 1.7%。各树种滞尘能力大小与树冠总叶面积有密切关系,因此,一般情况下阔叶乔木大于针叶树,乔木大于灌木。植物黏附污染物的数量,主要取决于植物表面积的大小和粗糙程度等。云杉、侧柏、油松、马尾松等能分泌油脂、黏液;杨梅、榆、朴、木槿及草莓等叶表面粗糙、表面积大,具有很强的吸滞粉尘的能力。一些研究探讨了某些观赏植物的环境净化能力。Gonzalez-Chavez 等的研究指出菊属植物(Chrysanthemum L.)可作为尾矿地植物恢复的物种[1]。Chatterjee 等发现向日葵(Helianthus annuus L.)、万寿菊(Tagetes erecta L.)和鸡冠花(Celosia cristata L.)等观赏植物可用于湿地重金属污染的修复[2]。Liu 等发现凤仙花(Impatiens balsamina L.)、金盏菊(Calendula officinalis L.)和蜀葵属(Alcea L.)植物在铅和镉胁迫下有高的耐受和富集能力,并且蜀葵可作为 Cd 超积累植物[3]。有研究表明,紫茉莉(Mirabilis jalapa L.)可作为 Cd 超积累植物。一些观赏园艺植物如黄菖蒲(Iris pseudacorus L.)、凤凰木(Delonix regia (Boj.) Raf)和木麻黄(Casuarina equisetifolia L.)可作为生物监测和富集植物[4,5]。这些研究都表明有些观赏园艺植物可用于采矿和工业废弃地的修复。

8.2　水体生态修复中的人工湿地技术

人工湿地(constructed wetland)是模拟自然湿地机理的人工生态系统,利用湿地中基质、湿地植物和微生物之间的相互作用,通过一系列物理、化学及生物的协同作用来净化污水。人工湿地系统具有净化污染物效果好、运行费用低、易维护、景观效果好等特点,作为污水处理技术已被广泛应用于城镇生活污水、工矿业废水和农村生活污水的处理之中。

8.2.1　人工湿地处理工艺

目前,人工湿地废水处理工艺主要有 3 种形式,即表面流湿地(Surface Flow Wetlands,SFW)、地下潜流湿地(Sub-Surface Flow Wetlands,SSFW),以及垂直流湿地(Vertical Flow Wetlands,VFW)。

（1）表面流人工湿地系统

表面流人工湿地和自然湿地类似，通常是由天然沼泽、废弃河道等洼地改造而成。污水以比较缓慢的流速和较浅的水深流过土壤表面，经过表面流人工湿地系统中的各种生物、物理、化学作用，从而得到净化。其去污能力比自然湿地系统要好，而且具有投资少、操作简单、运行费用低等优点；但占地面积较大，水力负荷率较小，处理能力有限，受气候影响较大，夏季容易滋生蚊蝇。

（2）地下潜流人工湿地系统

地下潜流人工湿地，由一个或几个填料床组成床体，水从床体的一端水平流过到达床体的另一端。与表面流人工湿地相比，地下潜流人工湿地的水力负荷和污染负荷大，对BCOD、SS、重金属等污染物的去除效果好，且很少有恶臭和滋生蚊蝇现象。

（3）垂直流人工湿地系统

垂直流人工湿地，污水从湿地表面垂直流向填料床的底部，床体处于不饱和状态，氧可通过大气扩散和植物传输进入湿地系统，因而具有较高的氧化能力，也因此其脱氮除磷的效果要比水平流人工湿地好。但其对有机物的去除能力不如水平流人工湿地系统，落干/淹水时间较长，控制相对复杂。

8.2.2 人工湿地植物选择

1. 人工湿地植物筛选与配置

在人工湿地技术的应用中，湿地植物的筛选和合理配置是关系到其能否正常发挥污染治理效能的关键。水生植物按生态类型，可分为湿生植物、挺水植物、漂浮植物、浮叶植物和沉水植物。挺水植物可选择芦苇、菖蒲、水葱、灯芯草、荷花等；漂浮植物可选择满江红、浮萍、水浮莲、凤眼莲、槐叶莲等；浮叶植物可以选择睡莲、芡实、金银莲花和菱属等；沉水植物可选择轮叶黑藻、金鱼藻、狐尾藻、马来眼子藻、苦草以及伊乐藻等。岸带可以种植一些湿生植被，乔木如垂柳、水杉、中山杉、落羽杉、池杉、水松、美国红枫、柳叶栎、水紫树、棕榈、假槟榔等；灌木如杜鹃、木芙蓉、紫薇、夹竹桃等；花卉如栀子花、金丝桃、芭蕉、美人蕉、落新妇、芋、石蒜、麦冬、薄荷、矮牵牛等，这样可在净化水质的同时可营造良好的景观效果（表8-1）。

表 8-1　水体生态修复常用水生植物的生态习性和用途

名称	类别	生态习性	用途
满江红	漂浮植物	浮生水面，植株略呈三角形，直径 1 cm，繁殖极快，南方四季繁茂，北方冬季不能生长	可做鱼、猪等饲料及绿肥
慈姑	挺水植物	一年生草本，泥下生匍匐根，顶端膨大成球状，不耐寒，冬季死亡，繁殖较慢	球茎可食用，叶可作饲料
莲	挺水植物	多年生，具肥厚横走的根状茎，花大而美丽，生长初期要求水浅，荷尖挺出水面后可适应 1 m 左右水深	具观赏价值，莲藕可食用

名称	类别	生态习性	用途
茭白	挺水植物	宿根性,根茎发达,茎叶挺立水面,底质为厚层泥沙或淤泥,生物量高,繁殖快,促沉降效应明显,耐污耐肥,水质净化能力强	秆叶是家畜及鱼的良好饲料,根状茎可入药,茭瓜可食用,全株可做绿肥
菹草	沉水植物	广布种,光补偿点较高,净产氧能力较强,底质多为泥沙质,喜低温不耐热,芽殖体有很强的耐低温、缺氧和低光照的能力,芽殖体越夏是菹草生活史的明显特点;中等耐污种,净化能力强	鱼类喜食种,可用作饲料或绿肥
伊乐藻	沉水植物	多年生,喜温不耐热,可忍受冰点以下低温;夏季死亡,秋季开始生长,营养繁殖快,断枝随水漂流,在水中形成不定根,着泥后形成新植株;中等耐污种,净化能力强	粗纤维含量低,易被消化,为鱼类喜食
黑藻	沉水植物	一年生,喜温耐热,光补偿点较高,冬季不能生长,初春萌发,营养分枝能力强,可通过断枝繁殖,底质为深厚的淤泥或富含腐殖质的粉沙;耐污种	粗纤维含量低,易被消化,为鱼类喜食
微齿眼子菜	沉水植物	多年生,冬季茎、叶大部分死亡,但根系存活,越冬后迅速恢复生长,大部分生物量分布在水底层,光补偿点较低,以营养繁殖为主,底质常为泥沙质或淤泥质	粗纤维含量低,易被消化,为鱼类喜食
红线草	沉水植物	多年生,光补偿点较高,在近水面处产生分枝,多分布于沙质浅水区;较耐污,具有较强的水质净化能力和适应性,能分泌抑制藻类生长的物质	草食性鱼类的优良饵料,全草为良好的鸭饲料
金鱼藻	沉水植物	多年生,喜温,光补偿点高,但萌芽期可通过增加叶绿素含量使幼苗适应弱光环境条件,以营养繁殖为主,断枝萌生不定根后可形成新的植株,底质为泥沙或淤泥质,耐污,净化能力强,但风浪差	可用作鱼、家禽饲料
菱	浮叶植物	一年生,叶片浮出水面,有种子繁殖和营养繁殖两种方式,其生长受水体透明度影响较小,具较强耐污能力,能适应透明度较低水域	果可直接食用,还可提取菱粉,茎、叶可作饲料
芦苇	挺水植物	多年生草本,生在水边及湿润处,地下根系发达,对土壤要求不严格,适应性强,耐污能力和净化能力强	可作为优良的造纸原料及农村建房材料等

2. 人工湿地植物系统的构建方式

（1）单一式：由单一植物构建,如芦苇人工湿地植物系统。

（2）两种植物混植：芦苇具有较强的输氧能力,而茭白对氮、磷的吸收能力强,因此芦苇和茭白混种是一种较好的混植方式,也有芦苇和菖蒲混种的。

（3）组团混植：如千屈菜、再力花、睡莲组团栽植等。这种混植构建的人工湿地系统除具有污水净化功能外,还显示出良好的景观效果。

人工湿地宜配置多种植物,植物多样性越高,资源利用越充分,根区对 N、P 的去除程度越高。

3. 人工湿地植物的选择与配置原则

(1)功能性原则:根据不同的人工湿地类型和工艺单元选择适宜的植物。对于表面流人工湿地可配置沉水植物、漂浮植物以及挺水植物,对潜流和垂直流人工湿地可配置湿生植物和挺水植物。

(2)地域适应性原则:人工湿地植物的选择应以本地植物为主,选用天然湿地中尚存的,对水体污染物有较强净化能力的,具有较强的抗冻、抗热、抗病虫害等能力的植物。

(3)景观美化原则:植物选择应兼顾净化功能和观赏价值。

(4)经济性原则:建造人工湿地时应引入可实现生态和经济可持续发展的生态工程管理模式。选择污水治理效果好、经济价值高的湿地植物,实现人工湿地系统的多用途目标,如将收割后的植物残体用于堆肥以生产生物肥,回收的植物可以用作造纸原料、编织材料、牲畜的饲料或燃料等。

(5)生态安全性原则:引入外地的湿地植物时要注意防范生物入侵。中国的湿地系统中外来入侵的植物已有 10 种,包括香根草、凤眼莲、空心莲子草、大米草等,必须慎重采用。

8.3 边坡的生态防护技术

随着我国经济建设的快速发展,大量的交通和建筑施工形成了多种类型的边坡。边坡绿化不仅影响边坡整体景观效果,而且直接关系到边坡坡面水土流失状况和路基的稳定性[6]。近年来,边坡的生态防护建设日益受到重视。边坡防护可分为三类。一是植被防护。利用植被对边坡的覆盖作用、植被根系对边坡的加固作用,保护边坡免受降水和地表径流的冲刷,分为草皮及地被植物护坡、乔灌草搭配护坡和草种撒播护坡。常见的植物防护措施形式有种草、铺草皮、液压喷播植草护坡、框格防护、合成材料植被网草皮护坡、喷混植生植物护坡、绿化笼砖护坡、香根草生物边坡防护技术等。二是工程防护。对于不适宜植物生长的土质边坡、风化严重的岩石边坡以及碎石土的挖方边坡,只能采取工程防护措施。主要有抹面、喷浆、挂网喷射混凝土、浆砌片石护坡、框格防护、护面墙、预应力锚索框架地梁和设置 SNS 柔性防护系统等方法。三是综合防护,即植被防护与工程防护相结合的一种方法。主要有混凝土网格中空植草,如菱形、矩形网格护坡,六角空心砖护坡、叠拱护坡等[7,8]。不同的边坡防护类型各有其优劣。工程防护能够使边坡的土壤牢固地附着在工程材料上达到稳定边坡的作用,但成本高,整体景观效果差。植被防护可发挥植物固土、涵养水源等功能,并营造舒适的路域环境,且成本较低。综合防护将植被防护与工程防护结合,可有效稳定边坡和营造良好的景观效果[9]。

参考文献

[1] Gonzalez-Chavez M D A, Carrillo-Gonzalez R. Tolerance of Chrysantemum maximum to heavy

metals: The potential for its use in the revegetation of tailings heaps [J]. Journal of Environment Science China，2013，25：367-375

[2] Chatterjee S，Singh L，Chattopadhyay B，et al. A study on the waste metal remediation using floriculture at East Calcutta Wetlands, a Ramsar site in India [J]. Environment Monition Assess，2012，184：5139-5150

[3] Liu J N，Zho Q X，Sun T，et al. Growth responses of three ornamental plants to Cd and Cd-Pb stress and their metal accumulation characteristics [J]. Journal of Hazardous Materials，2008，151：261-267

[4] Caldelas C，Araus J L，Febrero A，et al. Accumulation and toxic effects of chromium and zinc in Iris pseudacorus L[J]. Acta Physiologiae Plantarum，2012，34：1217-1228

[5] Ukpebor E E，Ukpebor J E，Aigbokhan E，et al. Delonix regia and Casuarina equisetifolia as passive biomonitors and as bioaccumulators of atmospheric trace metals[J]. Journal of Environment Science China，2010，22：1073-1079

[6] 李青芳，何宜典. 公路边坡防护与生态恢复[J]. 水土保持研究. 2006，13(6)：273-275.

[7] 孙玉英. 黑龙江省公路土质边坡植物防护机理研究[D]. 哈尔滨：东北林业大学，2008.

[8] 周德培，张俊云. 植被护坡工程技术[M]. 北京：人民交通出版社，2003.

[9] 白史且，胥晓刚. 高速公路绿化工程技术[M]. 北京：中国农业出版社，2005.

实训案例 1　重金属处理下萱草的富集能力和生理生态响应

一、实训目的

通过实验研究,探讨某种园林植物的抗污染能力或生态修复潜力。

二、实训要求

拟定实验方案,完成实验布置和指标检测,总结实验结论并撰写报告。

近年来,由于采矿、工业生产和人类活动,重金属污染日益加剧,并通过食物链威胁人类健康。许多研究均关注重金属在土壤中的沉降和对陆地环境的污染。镉是影响植物生长和人类健康的有害重金属之一。锰和铜是参与植物光合、呼吸过程和作为某些酶组分的微量元素,但是过多的锰和铜也将引发多种生物毒性作用。目前,土壤修复受到了越来越多的关注,已成为全球亟待解决的问题。植物修复是一种有效、成本低和环境友好的清除重金属污染的技术方法。寻找理想的重金属积累植物和阐明其生理生态响应过程是成功实现植物修复的关键。具有高的重金属积累能力的观赏植物,可考虑作为新的植物修复物种来美化、监测和恢复重金属污染的土壤。但是,目前相关研究仍很不足,仅有少数重金属积累植物报道。

三、研究方法

1. 实验材料

选择株高和基径大小一致的健康萱草植株,栽植在 15 L 装有约 10 kg 匀质土壤的塑料花盆中。试验采用完全随机设计,取两种栽培种(猛子花和白花)和 4 种重金属处理(低 Cd:50 μg/g 干土、高 Cd:500 μg/g 干土;Mn:500 μg/g 干土;Cu:500 μg/g 干土),每个处理设置 15 个重复组。在植株移栽生长 1 个月后,进行重金属胁迫处理,未进行重金属处理的植株作为对照组。试验持续 2 个月。

2. 数据测定与统计分析

在试验结束时,随机选取每个处理的 4 株植株测定高度、基径、新根数、地下部和地上部生物量干质量。测定叶绿素 a、叶绿素 b 和类胡萝卜素含量、脯氨酸含量和根系的活力,用原子吸收光谱仪测定 Cd、Cu、Mn 含量。计算生物量富集率(bioaccumulation coefficient,BC)、转移因子(translocation factor,TF)和耐受指数(tolerance index,TI)。全株、地上部和地下部富集率(TBC、SBC、RBC)分别为全株、地上部和地下部中 Cd、Cu、Mn 含量与土壤中 Cd、Cu、Mn 含量之比。转移因子(TF)指植株将重金属从地下部转移到地上部的能力,表示为地上部 Cd、Cu、Mn 含量与地下部 Cd、Cu、Mn 含量之比。耐受指数(TI)指植株在重金属胁迫下的生长表现,表示为植株生长在重金属胁迫和对照环境下的总干物质质量之比。

数据采用 SPSS 16.0 统计分析,采用 one-way ANOVA 的 Duncan's 多重比较分析各

处理间的差异显著性（P＜0.05）。采用 two-way ANOVA(P＜0.05)分析栽培种和重金属效应对各测定指标的影响。

四、结果与分析

1. 重金属胁迫对萱草生长的影响

重金属胁迫对萱草的两个栽培种有不同的影响。高 Cd 处理显著抑制了猛子花的冠幅、根数、根系活力、地上部、地下部和全株生物量；Cu 处理仅抑制了猛子花的冠幅；而锰处理对猛子花的生长特征无显著影响。另一方面，高 Cd 处理显著降低了白花的株高、冠幅、根数，以及地下部、地上部干质量和全株生物量积累；而低 Cd 处理仅抑制白花的地下干质量和全株生物量积累；Cu 和 Mn 处理均显著降低了白花的地上部、地下部干质量和全株生物量，并且 Mn 处理降低了白花的根数、株高，说明 Mn 处理对白花有更多的负面效应。结果表明，高 Cd 处理对两个栽培种的生长和生理均有更大的抑制作用；3 种重金属对白花的抑制作用更显著。研究显示，萱草表现出重金属胁迫下生理生态响应和富集能力上的品种间差异。除了高 Cd 处理，Cu 和 Mn 胁迫下，猛子花比白花有更高的地上部、地下部干质量和全株生物量（表 1）。

表 1　重金属胁迫对萱草生长的影响

栽培种	处理	株高 （cm）	冠幅 （cm）	根数 （条）	地上部干质量 （g）	地下部干质量 （g）	全株生物量 （g）
猛子花	对照	44.55±1.47ab	60.00±5.15a	163.5±7.62a	7.09＋0.47a	15.31±0.58a	22.40±0.98a
	低 Cd	45.73±1.66ab	54.25±1.65ab	158.75±8.17a	6.86＋0.42a	14.56±0.42b	21.42±0.64ab
	高 Cd	40.55±2.58be	46.50±2.02be	134.25±6.10bc	5.79±0.25bed	11.10＋0.51c	16.90＋0.67c
	Cu	46.80±2.32a	49.25＋3.35b	154.25±8.98ab	6.50±0.34abe	14.67＋0.86ab	21.17±0.53ab
	Mn	47.48±2.40a	51.25±2.06ab	160.25±7.66a	6.84±0.67ab	15.08±0.71ab	21.92＋1.38a
白花	对照	35.85±0.69cd	52.00±3.92ab	143.00±9.32abe	5.65±0.16cd	13.70±0.47b	19.34±0.53b
	低 Cd	32.55±1.13de	49.50±1.71b	119.25＋6.59cd	4.85±0.28e	9.18±0.63c	14.03＋0.46d
	高 Cd	28.98±0.63e	39.25＋3.54c	83.75＋4.92e	3.46±0.14f	6.71±0.40c	10.16±0.28e
	Cu	33.60±1.81de	51.75±2.17ab	128.75＋7.22c	3.83±0.23ef	10.15±0.53c	13.98＋0.73d
	Mn	29.00±1.65e	54.00＋2.92ab	103.25±8.49de	3.53±0.28f	9.19±0.57e	12.72＋0.82d
$P:F_c$		***	ns	***	***	***	***
$P:F_m$		*	**	***	***	***	***
$P:F_{(c×m)}$		ns	ns	ns	ns	ns	**

注：表中数值为平均值±标准差(n=4)。F_c—品种效应；F_m—重金属效应；$F_{(c×m)}$—品种×重金属效应；同列不同小写字母表示差异显著，ns 表示不显著；"*"表示 P＜0.05；"**"表示 P＜0.01；"***"表示 P＜0.001。低 Cd—50 $\mu g/g$；高 Cd—500 $\mu g/g$；Cu—500 $\mu g/g$；Mn—500 $\mu g/g$。以下图、表中含意相同。

2. 重金属胁迫对萱草生理的影响

重金属胁迫对萱草的 2 个栽培种有不同的影响。高 Cd 处理显著增加了两者的脯氨酸含量。Cu 处理仅抑制了猛子花的脯氨酸含量。高 Cd 处理显著降低了白花的根活力，叶绿素 a、叶绿素 b、类胡萝卜素、脯氨酸含量；而低 Cd 处理仅抑制白花的根系活力。Cu 和 Mn 处理均显著降低了白花脯氨酸含量，并且 Mn 处理降低了白花的根系活力，说明 Mn 处理对白花有更多的负面效应。高 Cd 处理对两个栽培种的生长和生理均有更大的抑制作用，3 种重金属对白花的抑制作用更显著。与白花相比，猛子花在 2 种 Cd 胁迫处理下显示出更高的叶绿素 a、叶绿素 b 和类胡萝卜素含量，在所有处理中均显示出更高的脯氨酸含量，说明猛子花有更好的适应机制。根是物质吸收和合成的主要部位之一，在水分和矿质养分吸收中起着重要作用。与对照相比，仅有高 Cd 处理显著降低了猛子花的根系活力和根数，而所有重金属处理均显著抑制了白花的根系活力。研究表明，在重金属胁迫下，猛子花表现出更好的水分平衡、光合能力和根功能，更少的光合和蛋白质伤害，这也进一步证实了猛子花有更好的生长表现(图 1)。

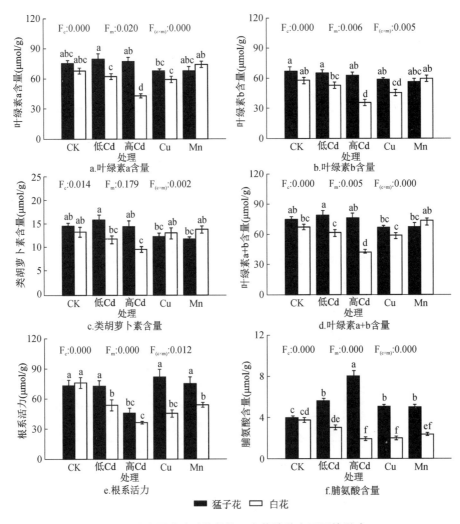

图 1　重金属胁迫对萱草的两个栽培种有不同的影响

3. 萱草对重金属的富集能力和耐受能力

两个栽培种在 Cd、Cu、Mn 处理下都有高的生物富集能力和耐受能力。转移因子（TF）、生物富集因子（BC）和耐受因子（TI）是评价重金属生物富集和耐受性的指标。Lux 等基于耐受因子（TI）将植物分为高耐受性（TI＞0.60）、中度耐受性（0.35＜TI＜0.60）、低耐受性（TI＜0.35）。结果表明,猛子花对重金属胁迫具备高的耐受性,而白花在低 Cd、Cu 和 Mn 处理下是高耐受性,而在高 Cd 处理下是中度耐受型（表2）。研究表明,两个栽培种有不同的重金属富集能力和生理生态响应。与 Cu、Mn 处理相比,高 Cd 处理显示出最强的负面作用。猛子花有高的 TI 值和高的生物富集能力,表明具有较强的植物修复潜力。Mn 处理下,白花有更高的 TF、SBC 值,可考虑作为土壤修复的提取植物。

表 2　萱草对重金属的富集能力和耐受能力

栽培种	处理	转移因子	全株富集效率	地下部富集效率	地上部富集效率	耐受指数
猛子花	低 Cd	0.36±0.02d	0.15±0.01e	0.11±0.01de	0.04±0.00d	0.96±0.02a
	高 Cd	1.08±0.21a	0.55±0.08a	0.26±0.02b	0.29±0.07a	0.76±0.06b
	Cu	0.37±0.03d	0.37±0.02b	0.27±0.02ab	0.10±0.00ed	0.96±0.04a
	Mn	0.71±0.06bed	0.54±0.04a	0.32±0.02a	0.23±0.03ab.	0.98±0.06a
白花	低 Cd	0.88±0.09be	0.08±0.00c	0.07±0.01e	0.03±0.00d	0.73±0.04b
	高 Cd	0.90±0.14be	0.31±0.01b	0.16±0.01c	0.15±0.02be	0.53±0.03c
	Cu	0.63±0.08ed	0.39±0.01b	0.24±0.01b	0.15±0.01be	0.73±0.05b
	Mn	2.27±0.23a	0.42±0.04b	0.13±0.02ed	0.29±0.02a	0.66±0.03b

注:表中值为平均值±标准差（n＝4）。同列不同小写字母表示在 0.05 水平上差异显著。

五、结论

重金属胁迫对萱草的 2 个栽培种有不同的影响。一方面高 Cd 处理显著抑制了猛子花的冠幅、根数、根系活力、地上部、地下部和全株生物量,而显著增加了脯氨酸含量;Cu 处理仅抑制了猛子花的脯氨酸含量和冠幅;而锰处理对猛子花的生长特征无显著影响。另一方面,高 Cd 处理显著降低了白花的株高、冠幅、根数、根活力,叶绿素 a、叶绿素 b、类胡萝卜素、脯氨酸含量,地下部、地上部干质量和全株生物量积累;而低 Cd 处理仅抑制白花的地下部干质量、全株生物量积累和根系活力;Cu 和 Mn 处理均显著降低了白花的地上部、地下部干质量、全株生物量、脯氨酸含量;并且在 Mn 处理下降低了白花的根数、株高、根系活力,说明 Mn 处理对白花有更多的负面效应。两个栽培种均对 Cd、Cu 和 Mn 有良好的耐受性和富集能力,均可用于富集重金属,可同时实现对污染土壤的净化和美化功能。在 Cd、Cu 和 Mn 处理中,猛子花具有更好的生理生态响应,可作为生物修复和固定植物;而白花在 Mn 处理下具有高的转化因子和地上部生物富集率,可作为生物提取植物。

实训案例 2　人工湿地植物应用分析

一、实训目的

通过对某个人工湿地植物应用的分析,掌握人工湿地植物选择和配置原则。

二、实训要求

调查人工湿地植物系统的植物类型、种类及应用方式,完成调查报告。

三、工程地概况

蓬溪县位于四川盆地中部偏东,涪江中游,地处 $105°03'24''\sim105°59'48''$E、$30°22'17''\sim$ $30°56'18''$N。属亚热带湿润季风气候区,气候温和,降水丰沛,四季分明。蓬溪县人工湿地系统位于赤城湖上游,是为了切实保护赤城湖饮用水源,由当地政府投资修建的,采用人工湿地污水处理工艺处理农村生活污水。

四、人工湿地植物系统的构建

结合蓬溪当地的自然地理条件,遵循适地适种、耐污能力强、净化能力强、根系发达、经济和观赏价值高、重物种间合理搭配等原则,采用的湿地植物主要为挺水植物,引入部分常绿灌木以增加景观效果,主要品种为宽叶香蒲、旱伞竹、菱草、芦苇、菖蒲等。污水经人工湿地潜流池和表流池处理,通过植物系统作用去除污染物。该人工湿地植物系统是根据不同的人工湿地工艺单元类型,选择相应的植物种类构建的,如表 1、表 2 所示。

表 1　蓬溪县人工湿地植物系统组成

工艺单元	植物种类	功能	生态型	栽植方式
芦苇湿地	芦苇	调节水量、污水预处理、景观美化、经济生产	挺水	单一栽植
1 号潜流湿地	宽叶香蒲	污水净化、景观美化、经济生产	挺水	单一栽植
2 号潜流湿地	旱伞竹	污水净化、景观美化	挺水	单一栽植
1 号表流湿地	水葱、菱草	污水净化、景观美化、经济生产	挺水	单一栽植
2 号表流湿地	菖蒲、芦苇	污水净化、景观美化	挺水	混植

针对农村生活污水的污染特征,方案选取了抗污染能力强的多种植物构建复合型的人工湿地系统。选取的植物既具有良好的污水净化功能,也具有较好的观赏特性,如将常绿型的宽叶香蒲、水葱与富有季相变化的芦苇、菱草等配置,形成了良好的景观变化层次。人工湿地中的植物除污水净化、景观美化外,也兼顾了经济效益,如芦苇湿地中的芦苇生长快、产量高,收割后可用于造纸、编织和作药材等,也是良好饲料;香蒲是造纸和人造棉

的重要原料,也可以用于编织;蒲菜可食用;荩草可入药等。

表2　人工湿地植物的形态特征、抗污染能力及生态习性

物种	科属	形态特征	抗污染能力及应用	生态习性
芦苇	禾本科芦苇属	多年生,高大挺水,地下根状茎发达,地上部分干高1~5 m,具有茎节,节下有白粉,叶片披针形或带状	耐污染能力强,多用于人工湿地各工艺段	喜土壤肥沃、水分充足环境,喜光照,旺盛生长期为3~7月份
宽叶香蒲	香蒲科香蒲属	多年生宿根草本植物,叶片较宽,叶色较深,叶片稍扭曲,株高1.3~2.0 m,冬季常绿型,具发达根系	耐污染能力强,用于潜流式人工湿地系统和污水前段处理,可作为湖岸护坡植物	适宜深水环境,生长期为3~11月份
旱伞竹	莎草科莎草属	多年生宿根草本,茎干粗壮直立,近圆柱形,丛生,叶片为叶苞片,呈伞状,花序有叶腋,为聚伞花序	根系对污水适应力强,常用于表面流和潜流式人工湿地	喜光,喜高温高湿,生长适宜的水位深度为3~5 cm,不耐低温,不适宜冬季淹水环境
菖蒲	菖蒲科菖蒲属	叶剑形,叶片光滑革质,具有特殊的气味,具发达的地下茎,地上部分为叶柄包合的假茎	用于潜流式人工湿地,滨湖带水土保持物种	喜土壤肥沃、水分充足环境,适宜散射光,不耐低温
荩草	禾本科菰属	1年生宿根草本,叶片纸质粗糙,高大挺拔,丛生	耐污染能力强,用于表面流和潜流式人工湿地系统,或污水处理系统的前端处理工艺	喜肥沃、有机质含量高土壤,生长旺盛期3~5月份,生长水位10~20 cm
水葱	莎草科水葱属	多年生宿根草本,常绿型,植株挺拔,呈针形,株高2 m左右,地下茎发达,始花期3月份	耐污染能力强,常用于潜流式人工湿地	喜肥沃、浅水层环境,喜强光,旺盛生长期3~10月份

五、人工湿地植物系统的养护管理

人工湿地植物系统的养护管理关系湿地能否正常运行。① 促进人工湿地运行初期植物正常生长。除气候、植物的适应性等因素外,水力负荷和人工湿地床体水位是影响运行初期植物成活率及生长的主要因素,如芦苇和香蒲在缓流或静止的水环境中才能保持较好的生长状态和成活率。② 合理的种植密度。种植密度应适中。密度太大,根部生长易使床体堵塞,降低水力负荷,缩短湿地使用寿命;太稀则降低水的处理效果,难以抑制杂草生长。③ 定期收割湿地植物。如果不及时收割,大部分进入植物组织的氮将通过分解作用又重新释放到水体中,降低植物的除氮效果。④ 加强杂草和病虫害的防治。可采用生物防治方法,保护有益动物,也可应用病毒制剂等微生物农药和植物性农药,避免化学药剂的二次污染。⑤ 防止人工湿地植物衰退。如果旱生植物在潜流人工湿地出现,表明潜流人工湿地的植物衰退程度较明显,在养护管理中要充分重视。

实训案例 3　绵阳市绵遂高速公路边坡防护方式及效果调查

一、实训目的

选取某公路边坡,进行边坡防护方式及效果调查。

二、实训要求

拟定调查方案,进行实地调查并完成研究报告。

三、研究目的

绵阳是四川省第二大城市,是我国重要的国防科研和电子工业生产基地,成渝绵经济圈中心城市之一,成都平原城市群的重要节点城市,并已成为四川省西北部的次级交通枢纽城市。成绵高速公路、成绵高速公路复线、绵遂高速公路、绵广高速公路、成德南高速公路贯穿全境。因此,对绵阳高速公路边坡的防护方式及效果的研究更有现实意义,

本研究通过对绵遂高速公路绵阳段边坡护坡植被的调查,分析边坡植被种类,挖掘出适合绵阳高速公路边坡绿化的优势种,为绵阳高速公路边坡防护植物的选择提供借鉴。

四、研究方法

选取绵遂高速公路绵阳段 3 种典型的防护方式的 9 个样地作为调查对象,总共做了45 个草本样方、3 个乔木样方、3 个灌木样方和 18 个土壤样方。

分析边坡类型,测量坡度、坡长,进行边坡植被情况调查,即:草本植物,记录植物名称,做 1 m×1 m 样方;灌木植物,记录棵数和种类,做 2 m×2 m 样方,测量灌木的冠幅和高度;乔木植物,做 5 m×5 m 样方,记录棵数和种类,测量乔木的胸径、高度和冠幅。在样方调查的基础上,分析植物盖度、相对盖度、频度、相对频度及重要值。

盖度＝该种的垂直投影面积/样方面积。

相对盖度＝该种的盖度/所有种的盖度之和。

频度是指一个种在所作的全部样方中出现的频率。

相对频度＝(该种的频度/所有种的频度之和)×100％

重要值＝(相对密度＋相对频度＋相对盖度)/3

针对草本植物,重要值＝(相对频度＋相对盖度)/2

根据绵遂高速公路边坡植物样方调查数据计算 Shannon-wiener 指数、均匀度指数和丰富度指数,进行物种多样性指数分析,计算公式如下:

$$H = -\sum (P_i \times \ln P_i)$$

式中，H 为 Shannon-Wiener 指数，P_i 表示第 i 个种的多度比例，即分盖度。

$$J = -\sum (P_i \ln P_i)/\ln s$$

式中，J 为均匀度指数，为样方中观察到的物种数，即 $J = H/\ln s$。

$$D = (S-1)/\ln s$$

式中，D 为物种丰富度指数，s 为样方中观察的物种数。

五、调查结果与分析

1. 调查结果

调查显示，绵遂高速公路边坡有工程护坡、植被护坡和综合护坡 3 种类型。工程防护边坡主要有两种防护模式，一种采用了卵石护坡，所有的大卵石排列整齐（图 1）；另一种卵石是散乱地镶嵌在混凝土中的，混凝土中还插入了塑料管，用于坡体自身排水，并且每隔 3 m 有一个水泥修筑的凹槽，用于雨水的排放（图 2）。工程边坡的植物种类很少，绿化覆盖面积小。总的来说，工程防护边坡工程量大，造价高，生态性差，但它对保证道路的安全作用是比较突出的，并且使用年限长。植被防护边坡中植物种类相对较多，主要为肾蕨、斑茅、白茅、油麻藤、金发草、高羊茅、菊花、龙须草、苣荬菜、金茅、小蓬草、美人蕉、黄荆、构树、合欢、刺槐、臭椿、马桑树和乌桕等。图 3 中的边坡是修建公路时高填深挖形成的。从表 1可以看出，该植被防护边坡草本植物种类丰富，绿化覆盖面积较大，生态性好。但该边坡存在一定的安全隐患，草本植物根系较浅，不利于固土护坡，再加上坡度较大，雨水会冲掉一部分植物，导致水土流失。综合防护边坡中有两种防护模式。第 1 种采用了混凝土中空植草护坡，框格大小为 4 m×2.6 m，框格内栽植高羊茅，边坡的坡脚栽植女贞。该边坡用混凝土做框架，能有效减少山体滑坡风险，提高道路的使用安全性（图 4）。第 2 种防护模式属于拱形骨架植草护坡（图 5、图 6），采用普通砖与混凝土砌筑而成，形成相同大小和形状的骨架，两个相邻的骨架之间还形成了一条竖向凹槽，用于排水。框格内种植草本，坡底栽植了小叶女贞和美人蕉，这种防护模式是绵遂高速公路上比较常用的。从表 1 中可看出，综合防护边坡的草本植物种类单一，绿化覆盖面积小。

图 1　工程防护边坡 1　　　　图 2　工程防护边坡 2　　　　图 3　植被防护边坡

图 4　综合防护边坡 1　　　　图 5　综合防护边坡 2　　　　图 6　综合防护边坡 3

可见绵遂高速公路绵阳段边坡防护方式种类较少,其中工程防护方式最多,典型的是卵石护坡;在综合防护模式中,拱形骨架植草护坡最常见。

2. 边坡植被组成

绵遂高速公路绵阳段护坡植物种类较少,总共 25 种植物,其中禾本科有 8 种,占总植物种的 32%;菊科、豆科各有 4 种,各占总植物种的 16%;桑科和木犀科各有 2 种,分别占总植物种的 8%;其他科属植物 5 种,占总植物种的 20%。25 种边坡植物中,草本植物 15种,占总植物种的 60%;藤本植物 1 种,占总植物种的 4%;灌木 3 种,占总植物种的 12%;乔木有 6 种,占总植物种的 24%,可见在边坡绿化中,草本植物是应用最多的,乔、灌次之,藤本最少。从生物学特性来看,草本植物生长快速,有效覆盖面积较大,对雨水的缓冲作用也较强,但因其根系浅,所以对于边坡的稳定性作用较小。相对于草本,乔木和灌木对边坡的稳定性作用较强,因为它们的根本身的抗拉强度与根—土黏合力,能够牵制土石滑移,从而加固土体。乔木和灌木的根系对雨水有引流作用,能把一部分雨水通过根系运输到土壤深处,减少了地表径流量。乔、灌的枝叶宽大,也能起到减少雨水冲刷地面的作用。藤本植物虽没有发达的根,但它借助自己的攀缘能力,能够快速地覆盖石质、硬土质等植物无法生长的地方,提高了边坡的绿化覆盖率;但边坡一般较长,藤本完全覆盖坡面需要的时间较长。从工程上来看,草本植物和藤本植物栽植简单,造价低;而乔木和灌木栽植技术要求高,造价也很高。绵遂高速公路绵阳段的综合防护边坡,框格内种植草本,坡脚处搭配种植乔木与灌木,既降低了造价,又美化了环境;但某些路段边坡中,灌木栽植比乔木还少,考虑到护坡植物既要起到固坡作用又要降低造价,建议灌木栽植应比乔木多。

重要值是研究某个种在群落中的地位和作用的综合数量指标,它可以确定群落的优势种,表明群落的性质,也可推断群落所在地的环境特点。从表 2 可以看出,综合边坡中高羊茅的重要值、相对盖度和相对频度是最高的,所以其优势种是高羊茅。植被边坡中金茅的重要值、相对盖度和相对频度是最高的,其优势种是金茅。

表 1　绵遂高速公路边坡植物物种名录

中文名	拉丁名	科	属	生活型	出现方式
高羊茅	*Festuca elata* Keng ex E. Alexeev	禾本科	羊茅属	多年生草本	人工种植
斑茅	*Saccharum arundinaceum* Retz	禾本科	甘蔗属	多年生草本	自然侵入

（续表）

中文名	拉丁名	科	属	生活型	出现方式
铺地黍	*Panicum repens* L.	禾本科	黍属	多年生草本	自然侵入
白茅	*Imperata cylindrica*（L.）Beauv	禾本科	白茅属	多年生草本	自然侵入
鬼针草	*Bidens pilosa* L.	菊科	鬼针草属	一年生草本	自然侵入
葎草	*Humulus scandens*（Lour.）Merr	桑科	葎草属	多年生草本	自然侵入
美人蕉	*Canna indica* L.	美人蕉科	美人蕉属	多年生草本	人工种植
肾蕨	*Nephrolepis cordifolia*（L.）C. Presl	肾蕨科	肾蕨属	多年生草本	自然侵入
油麻藤	*Mucuna calophylla* W. W. Smith	豆科	油麻藤属	多年生藤本	人工种植
菊花	*Chrysanthemum Xmorifolium*（Ramat.）Hemsl	菊科	菊属	一年生草本	自然侵入
拟金茅	*Eulaliopsis binata*（Retz.）C. E. Hubb	禾本科	拟金茅属	多年生草本	自然侵入
苣荬菜	*Sonchus wightianus* DC.	菊科	苦苣菜属	多年生草本	自然侵入
狗尾巴草	*Setaira viridis*（L.）Beauv.	禾本科	狗尾草属	一年生草本	自然侵入
金茅	*Eulalia speciosa*（Debeaux）Kuntze	禾本科	黄金茅属	多年生草本	自然侵入
金发草	*Pogonatherum paniceum*（Lam.）Hack	禾本科	金发草属	多年丛生草本	自然侵入
小蓬草	*Erigeron canadensis* L.	菊科	飞蓬属	一年生草本	自然侵入
小叶女贞	*Ligustrum quihoui* Carr.	木犀科	女贞属	灌木	人工种植
黄荆	*Vitex negundo* L.	唇形科	牡荆属	灌木	自然侵入
紫荆	*Cercis chinensis* Bunge	豆科	紫荆属	灌木	自然侵入
女贞	*Ligustrum lucidum* Ait	木犀科	女贞属	乔木	人工种植
合欢	*Albizia julibrissin* Durazz	豆科	合欢属	乔木	人工种植
构树	*Broussonetia papyrifera*（L.）L'Heritier ex Ventenat	桑科	构属	乔木	自然侵入
乌桕	*Triadica sebifera*（L.）Small	大戟科	乌桕属	乔木	人工种植
刺槐	*Robinia pseudoacacia* L.	豆科	刺槐属	乔木	人工种植
臭椿	*Ailanthus altissima*（Mill.）Swingle	苦木科	臭椿属	乔木	人工种植

在25种边坡植物中，只有9种植物是人工种植的，占总植物种的36%，其余的植物全是自然侵入的，占总植物种的64%。自然侵入的植物种类多，但大部分是野草，长势好，蔓延速度快，生活能力强，绿化覆盖面积大，对边坡的稳固性也起到一定的作用。人工种植的物种中出现频度最大的是高羊茅，自然侵入物种中出现频度最大的是金茅。

表 2　不同边坡类型的植物优势度分析

边坡类型	植物种类	相对盖度	相对频度	重要值
综合边坡	高羊茅	0.387	0.375	0.381
	铺地黍	0.353	0.208	0.281
	美人蕉	0.117	0.167	0.142
	肾蕨	0.052	0.125	0.088
	金茅	0.084	0.083	0.084
	苣荬菜	0.007	0.042	0.024
植被边坡	金茅	0.400	0.281	0.341
	金发草	0.064	0.062	0.063
	肾蕨	0.139	0.219	0.179
	油麻藤	0.089	0.094	0.091
	铺地黍	0.145	0.094	0.119
	白茅	0.043	0.062	0.053
	苣荬菜	0.018	0.062	0.040
	菊花	0.022	0.031	0.027
	高羊茅	0.014	0.031	0.022

3. 不同的边坡类型对边坡物种多样性的影响

物种多样性指物种的丰富程度,是衡量一定地区生物资源丰富程度的一个客观指标,它能够反映该地区生物群落结构的稳定性和群落抗干扰的能力。绵遂高速公路的植被防护边坡物种是最丰富的,有 20 种植物;而综合防护边坡为 9 种。综合边坡和工程边坡的护坡植物差不多 50% 是人工种植的,其余是自然侵入的;植被边坡的 Shannon-wiener 指数、均匀度指数和丰富度指数最高,说明植被边坡的物种多样性高,植物种类丰富,群落结构复杂,植被分布均匀。综合边坡的 Shannon-wiener 指数和均匀度指数相对较低,表明植被种类单一,分布不均匀(表 3)。

表 3　种边坡类型的物种多样性指数分析

边坡类型	Shannon-wiener 指数	均匀度指数	丰富度指数
综合边坡	1.016	0.567	2.791
植被边坡	1.545	0.671	3.909

六、结论与建议

在绵遂高速公路绵阳段调查了 3 种边坡,包括综合边坡、工程边坡以及植被边坡,记录了 25 种植物,其中禾本科、豆科、菊科植物占优势,占总植物种的 64%。其中人工种植的物种有 9 种,自然侵入的物种有 16 种。在这 25 种植物中,草本植物有 15 种,占总植种的 60%，是边坡植物的主体；乔木有 6 种，占总植物种的 24%；灌木和藤本稀少。自然侵入中频度最高的是金茅，而人工种植中频度最高的是高羊茅，为主要护坡植物。绵遂高速公路边坡防护效果总体不佳，边坡防护方式单一，大量采用的是工程护坡，生态性不佳，造价高。边坡植物种类较少，尤其是乔木、灌木和藤本植物应用较少。因此，提出以下建议。

（1）引入植被新品种，提高植被组合多样性

绵遂高速公路绵阳段人工种植的植物种类单一，建议多考虑耐旱性强、适应能力强的植物。绵遂高速公路人工种植的禾本科植物多为高羊茅，高羊茅属于冷季型，可以搭配暖季型草坪草。因为冷季型草坪草抗寒性强、绿色期长，但不抗夏季高温，易染病害；而暖地型草坪草抗旱、抗高温、抗病能力强，但绿色期短，两者搭配正好互补。此外，除禾本科外，可引入适应能力强的豆科植物。豆科植物有根瘤菌，具有固氮作用，能改善土壤情况。

草本和灌木植物搭配种植，其茎叶具有互补作用。下大雨时，灌木上层茎叶对雨水起到拦截、缓冲作用，从而减小雨水对下层草本叶片的冲击力，既保护了草本植物，又减小了雨水对地面的冲击。草本根系浅，密集分布在土体中，对土壤表层起到加筋作用，能够控制水土流失；而灌木根系能够垂直穿过坡地的浅层风化层，将根系锚固到深层稳定的岩石土层上，所以，灌草搭配能实现浅层根系和深层根系在土体空间的相互补充，使灌木和草本的根系在土体中交错分布，形成灌—草根系的网状结构，增加边坡稳定性。绵遂高速公路灌木种类太少，综合边坡中有在框格内种植乔木的，但造价较高，提议在边坡防护中加大灌草结合建植力度。

（2）建立生态边坡技术模式，加强后期养护管理

绵遂公路边坡调查显示，大量深挖形成的规模较大的边坡，对环境的破坏很大。在整个路线中工程防护边坡最多，造价高，生态性差。边坡防护实践中应针对边坡不同的坡度、土质及规模，相应地选择适合的防护模式。植物防护一般适用于坡度小于 40°的边坡，但当边坡稳定性很差时，应在大于 40°时就采用一些工程的方法辅助加固。对边坡坡度大于 70°且地质条件极其恶劣时，可采用工程防护措施对边坡进行辅助性加固，防止滑坡。综合护坡设计应当从防护与景观两个方面考虑，坡度大于 40°小于 70°时可考虑采用工程防护与植物防护相结合的综合护坡形式。从改善硬质景观的角度出发，可在坡头、坡底种植攀缘植物进行绿化与装饰，起到边坡防护和景观美化的双重效果。本文调查的边坡，坡度都在 45°~70°，选用综合防护是比较合适的。调查发现，在综合防护边坡中，防护骨架有出现破损的地方，如拱形骨架中空植草护坡的框架有掉落和破损，影响了边坡的美观，减弱了边坡的加固作用，应该加强边坡防护实体的后期管理，及时修复破损的地方。

目前，我国已经研发、引进了多种生态防护技术，如三维植被网、客土喷播技术、植生带和植被毯等，都已广泛应用于边坡防护中。对于未来边坡防护，应不断研究开发边坡防护新方法、新工艺和新模式，因地制宜地采用生态防护技术。